Forum für interdisziplinäre Forschung
Band 22

Agro-Gentechnik im ländlichen Raum – Potentiale, Konflikte, Perspektiven

"Studiengruppe Entwicklungsprobleme der Industriegesellschaft" (STEIG e.V.)

Impressum:

© 2007

Im Auftrag der „Studiengruppe Entwicklungsprobleme der Industriegesellschaft (STEIG) e.V."
(www.steig.de)
herausgegeben von Prof. Dr. Karin Donhauser, Prof. Dr. Dr. Bernhard Irrgang und Dr. Jörg Klawitter

Die Herausgeber dieser Ausgabe:

PD Dr. Barbara Köstner
Professur für Meteorologie
Technische Universität Dresden
01062 Dresden

Prof. Dr. Markus Vogt
Lehrstuhl für Christliche Sozialethik
Ludwig-Maximilians-Universität München
Geschwister-Scholl-Platz 1
80539 München

Dr. Beatrice van Saan-Klein
Umweltbeauftragte des Bistums Fulda
35043 Marburg

in Kooperation mit:

Interdisziplinäre Arbeitsgruppen „Zukunftsorientierte Nutzung ländlicher Räume" und „Gentechnologiebericht" der Berlin-Brandenburgischen Akademie der Wissenschaften, Berlin
(www.bbaw.de)

Bezugsmöglichkeit:

J.H. Röll Verlag GmbH
Postfach 1109, 97335 Dettelbach
Telefax 09324/99771
info@roell-verlag.de, www.roell-verlag.de

Agro-Gentechnik im ländlichen Raum –
Potentiale, Konflikte, Perspektiven

Hrsg. v.:
Barbara Köstner
Markus Vogt
Beatrice van Saan-Klein

Forum für interdisziplinäre Forschung

Bibliographische Information Der Deutschen Bibliothek
Die Deutsche Bibliothek verzeichnet diese Publikation in
Der Deutschen Nationalbibliographie;
detaillierte bibliographische Daten sind im Internet über
http://dnb.ddb.de abrufbar.

© 2007 Verlag J.H. Röll GmbH, Dettelbach

Alle Rechte vorbehalten. Vervielfältigungen aller Art,
auch auszugsweise, bedürfen der Zustimmung des Verlages.
Gedruckt auf chlorfreiem, alterungsbeständigem Papier.
Gesamtherstellung: Verlag J.H. Röll GmbH

Printed in Germany

ISSN 0933-6990
ISBN 10: 3-89754-269-2
ISBN 13: 978-3-89754-269-3

Inhalt

Beatrice van Saan-Klein, Markus Vogt, Barbara Köstner
Vorwort 7

Tobias Plieninger, Oliver Bens und Reinhard F. Hüttl
Grüne Gentechnik und ländliche Räume – eine Übersicht 11

Markus Vogt
GenEthik zwischen Interessens- und Überzeugungskonflikten.. 21

Ortwin Renn
Grüne Gentechnik: Konfliktlinien
und Möglichkeiten ihrer Überwindung 41

Mathias Boysen
Ökonomischer Nutzen der grünen Gentechnologie........... 57

Ines Härtel
Das Agro-Gentechnikrecht auf internationaler, europäischer
und nationaler Ebene 103

Jost Wagner
Analyse der sozialen Konflikte um den Einsatz
der Agro-Gentechnik im ländlichen Raum 117

Steffi Ober
Agrogentechnik versus Agrobiodiversität. Transgene Pflanzen
beeinträchtigen die biologische Vielfalt.................. 133

Andreas Ulrich, Bernd Hommel und Regina Becker
Auswirkungen des Einsatzes gentechnisch veränderter Pflanzen
auf eine nachhaltige Landwirtschaft 149

Inhalt

Anke Serr und Inge Broer
Potenzialanalyse eines Anbaus von gentechnisch veränderten
Nutzpflanzen für periphere ländliche Räume
in Nordostdeutschland 163

Doris Pick
Kompatibilität von Agro-Gentechnik und Integrierter
Regionalentwicklung in peripheren ländlichen Räumen 179

Josef Hoppichler und Markus Schermer
Gentechnikfreie Regionen als alternative
Entwicklungsperspektive in benachteiligten Gebieten 205

Volker Beckmann und Christian Schleyer
Neue Formen der Kooperation von Landwirten
bei der Befürwortung und Ablehnung der Agro-Gentechnik... 219

Barbara Köstner, Markus Vogt und Beatrice van Saan-Klein
Agro-Gentechnik – vom Konflikt zur Koexistenz? 245

Verband Katholisches Landvolk
Jetzt keine Einführung der Grünen Gentechnik 263

Autorinnen und Autoren 267

VORWORT

Im Jahr 2006 hat nach Angaben des „International Service for the Acquisition of Agri-Biotech Applications" die weltweite Anbaufläche von gentechnisch veränderten Pflanzen die 100 Millionen Hektar überschritten[1]. Die Aufhebung des Moratoriums gegen die Zulassung gentechnisch veränderter Organismen (GVO) in der EU im Februar 2004 hat in Deutschland und anderen Ländern zugleich mit dem gesetzlichen Regelungsbedarf eine anhaltende Debatte um die Abschätzung und Bewertung der Risiken sowie die Bedingungen für eine Koexistenz gentechniknutzender und gentechnikfreier Landwirtschaft ausgelöst. Spätestens bei Anmeldung neuer Anbauflächen lodern heftige Überzeugungs- und Interessenskonflikte immer wieder auf und führen insbesondere in der ländlichen Bevölkerung zu einer Belastung des sozialen Klimas. So hat sich die Grüne Gentechnik gegenwärtig zu einem zentralen Konflikt der Technikfolgenabschätzung entwickelt.

Aufgrund der Vielschichtigkeit der Problematik ist nicht zu erwarten, dass das Thema so bald an Brisanz und Aktualität verlieren wird. Deshalb widmet sich die Studiengruppe Entwicklungsprobleme der Industriegesellschaft (STEIG e.V.), nachdem sie bereits im Jahr 1989 ein FiF zum Thema „Risiko Gentechnologie?" und 2000 ein FiF zu „Gentechnik in der Pflanzenzucht" veröffentlicht hat, mit dem vorliegenden Band erneut der Grünen Gentechnik bzw. Agro-Gentechnik[2]. Die hohe Komplexität der offenen Fragen und Problemfelder sowie die Unterschiedlichkeit von Bewertungszugängen, Schauplätzen und Zusammenhängen sind eine exemplarische Herausforderung für interdisziplinäre Forschung. Die verantwortliche Nutzung der Möglichkeiten des technischen Fortschritts bedarf eines entsprechenden Fortschritts in der ethischen Reflexion und rechtlichen Gestaltung, um ökosoziale Verantwortung, globale Wettbewerbsfähigkeit und den sozialen Frieden nicht zu gefährden.

Grundlage des aktuellen Bandes sind Beiträge zu der Tagung *„Agro-Gentechnik im ländlichen Raum – Potentiale, Konflikte und Perspektiven"*, die am 15. Mai 2006 in der Berlin-Brandenburgischen Akademie der Wissenschaften auf gemeinsame Initiative der STEIG e.V., der interdisziplinären Arbeitsgruppe „Zukunftsorientierte Nutzung ländlicher Räume (LandInnovation)" und der interdisziplinären Arbeitsgruppe „Gentechnologiebericht" der Berlin-Brandenburgischen Akademie der Wissenschaften stattfand.

Mit den hier dokumentierten Beiträgen lassen sich Muster erkennen, wie Konflikt- und Argumentationslinien verlaufen, wie sich der Diskussionsstoff inhaltlich, räumlich und zeitlich organisiert und welche Lösungen heute versucht werden. Wenn man von der lokalen Diskussion um konkrete Anbauflächen absieht, geht es in der wissenschaftlichen Diskussion angesichts des breiten Spektrums gentechnischer Verfahren in Landwirtschaft und Ernährung inzwischen mehr um das *Was* und *Wie*, *Wann* und *Wo* als um ein kategorisches *Pro* oder *Contra*.

Nur die Prüfung jedes konkreten Einzelfalls und nicht eine pauschale Ablehnung auf der einen oder eine unkritische Euphorie gegenüber den Möglichkeiten technischer Fortschritte auf der anderen Seite wird der komplexen Problematik gerecht. Zu einem nicht unerheblichen Teil sind die ethischen Probleme, die im Zusammenhang mit der Grünen Gentechnik diskutiert werden, ein Spiegel der teilweise ökologisch, sozial und ökonomisch höchst problematischen Entwicklungen globaler Landwirtschaft und Ernährung. Das Modell einer sozial erweiterten Technikfolgenabschätzung misst Grüne Gentechnik auch daran, ob sie global, national und regional zu einer nachhaltigen Landwirtschaft beiträgt und für die Ärmsten der Armen das Recht auf Nahrung und Ernährungssouveränität fördert oder belastet.

Im vorliegenden Band werden im Zusammenhang mit der Agro-Gentechnik insbesondere regionale Differenzierungen im Hinblick auf Naturraumpotenziale, Erfordernisse der Anbausysteme und Entwicklungsstrategien von Regionen zur Sprache gebracht. Die regionale oder überregionale Ebene könnte sich als Entscheidungs- und Handlungsebene nicht nur, wie heute schon realisiert, gegen, sondern bei vorliegendem Konsens aller Betroffenen auch für Agro-Gentechnik anbieten. Konflikte bei der lokalen Koexistenz gentechniknutzender und gentechnikfreier Landwirtschaft ließen sich dadurch überwinden.

Beatrice van Saan-Klein, Markus Vogt, Barbara Köstner

ANMERKUNGEN

[1] http://www.isaaa.org/resources/publications/briefs/35/executivesummary/default.html
[2] Die Begriffe „Grüne Gentechnik" und „Agro-Gentechnik" werden in diesem Band weitgehend gleichsinnig verwendet. Mit „Agro-Gentechnik" wird insbesondere die direkt den Ackerbau betreffende Gentechnik und weniger ihre Verwendung in vor- und nachgeschalteten Bereichen der Landwirtschaft bezeichnet.

Grüne Gentechnik und ländliche Räume – eine Übersicht

Tobias Plieninger
Oliver Bens • Reinhard F. Hüttl

1

Der Anbau transgener landwirtschaftlicher Nutzpflanzen weitet sich international rasch aus. Gleichzeitig stößt der Einsatz der Gentechnik in der Landwirtschaft in großen Teilen der Öffentlichkeit, teilweise auch bei Landwirten selbst, auf Widerstand. Befürworter betonen die Potenziale der grünen Gentechnik, etwa effektivere Züchtungsverfahren, verbesserte Pflanzeneigenschaften (z.b. Inhaltstoffe, Resistenzen gegen Schaderreger, Wassernutzungseffizienz) und einen umweltschonenderen Pflanzenbau. Skeptiker befürchten dagegen z.b. unkontrollierbare ökologische Risiken, eine forcierte Industrialisierung der Landnutzung und den Verlust bäuerlicher Unabhängigkeit. Diese Debatte, die in Teilen seit über 30 Jahren geführt wird, hat sich zu einem der zentralen Umwelt- und Technikkonflikte entwickelt – eine Auflösung scheint in weiter Ferne. Mit dem Fall des EU-Anbaumoratoriums für gentechnisch veränderte Organismen verlagern sich die Konflikte zunehmend von der Gesetzgebung hin zu den Akteuren in Landwirtschaft und ländlichen Räumen.

Das vorliegende Buch stellt die Frage nach der möglichen Perspektive der grünen Gentechnik im Kontext einer nachhaltigen Landnutzung. Im Mittelpunkt stehen die vielfältigen sozialen, ökonomischen, ökologischen, betriebstechnischen, rechtlichen und ethischen Implikationen für ländliche Räume. Dabei wird ausdrücklich nicht der Versuch unternommen, zu einer gemeinsamen Position aller Autorinnen und Autoren zu finden – aufgrund der sich aus der Debatte um den Einsatz der grünen Gentechnik ergebenden Überzeugungskonflikte wäre ein solches Anliegen vermutlich zum Scheitern verurteilt. Vielmehr sollen Wissenschaftlerinnen und Wissenschaftler eines breiten Spektrums von beteiligten Disziplinen zu einer kontroversen Debatte zusammengeführt werden mit der Absicht, Verständnis für andere Sichtweisen zu wecken, die zahlreichen Konfliktebenen und -linien zu strukturieren und so – angesichts der vermeintlichen Unlösbarkeit der meisten Realkonflikte – zumindest bestehende Schein- oder Ersatzkonflikte aufzudecken.

Das Buch fasst die Beiträge einer Tagung zusammen, die – gefördert durch die Hermann und Elise geb. Heckmann Wentzel-Stiftung – am 15.05.2006 in der Berlin-Brandenburgischen Akademie der Wissenschaften stattfand. Diese war eine Veranstaltung innerhalb einer Reihe von Tagungen, in denen sich die interdisziplinäre Arbeitsgruppe „Zukunftsorientierte Nut-

Tobias Plieninger • Oliver Bens • Reinhard F. Hüttl

zung ländlicher Räume (LandInnovation)" mit aktuellen Entwicklungen der Nutzung peripherer ländlicher Räume auseinandersetzt. Veranstaltet wurde sie gemeinsam mit der „Studiengruppe Entwicklungsprobleme der Industriegesellschaft" (STEIG e.V.) und der interdisziplinären Arbeitsgruppe „Gentechnologiebericht" der Berlin-Brandenburgischen Akademie der Wissenschaften. Die AG LandInnovation hat zum Ziel, eine grundsätzliche Vision für die zukünftige Nutzung ländlicher Räume, insbesondere in der Region Berlin-Brandenburg, zu entwickeln. Sie befasst sich mit der Frage nach den Veränderungen, denen die ökologischen und sozioökonomischen Systeme in ländlichen Räumen unterworfen sind und nach den Beiträgen, die technologische und soziale Innovationen zu einer dauerhaft-umweltgerechten Entwicklung ländlicher Räume leisten können. Neben dem Anbau von Biomasse, der Anpassung der Infrastruktur, der Schaffung von Märkten für bisher nicht marktfähige Güter und Leistungen der Landwirtschaft sowie Neuerungen in der Tierproduktion ist die grüne Gentechnik eines der im Detail untersuchten Innovationsfelder.

Chancen und Risiken der grünen Gentechnik in ländlichen Räumen treten im Land Brandenburg, auf das sich die Arbeit der AG LandInnovation konzentriert, besonders deutlich zu Tage. Einerseits spricht die vorherrschende Agrarstruktur für den Einsatz transgener Pflanzen: Die Agrarbetriebe des Landes sind überdurchschnittlich groß, was Konflikte um die Koexistenz mit gentechnikfrei arbeitenden Betrieben verringert. Sie sind überwiegend professionell geführt und in überregionale Netzwerke mit global agierenden Akteuren wie Lebensmittelkonzernen und Saatzuchtunternehmen eingebunden. Die meisten Betriebe arbeiten hoch effizient und streben einen hohen Output an. Durch die starke Ausbreitung der Bioenergienutzung in Brandenburg entsteht eine große Nachfrage nach Agrarprodukten, was Anreize zu einer Maximierung der Biomasseproduktion auf den Ackerflächen gibt. Gleichzeitig stellt die in den vergangenen Jahren zunehmende Trockenheit die Agrarwirtschaft vor Schwierigkeiten und verlangt nach an veränderte Umweltbedingungen angepassten Kultursorten und Anbauverfahren. So verwundert es nicht, dass im Jahr 2006 annähernd die Hälfte der – noch bescheidenen – Anbauflächen transgener Pflanzen Deutschlands im Land Brandenburg und hier vor allem im agrarisch intensiv genutzten Oderbruch liegt. Andererseits kristallisieren sich aber gerade im Land Brandenburg auch die zahlreichen Konflikte um den Einsatz der grünen Gentechnik heraus: Unverträglichkeiten entstehen etwa mit den Betrieben des ökologischen Landbaus, deren Richtlinien den Einsatz von genveränderten Organismen grundsätzlich untersagen. Mit einer Anbaufläche von 129 765 ha hatte Brandenburg im Jahr 2005 den im Bundesvergleich aller Länder höchsten Flächenanteil im Ökolandbau. Weiteres Konfliktpotenzial entsteht dadurch, dass weite Teile der ländlichen Räume Brandenburgs vorrangig Naturschutz und Landschaftspflege gewidmet sind. So sind 32,4% der Landesfläche innerhalb von Großschutzgebieten (Nationalpark, Biosphärenreservate und Naturparke) gelegen. In einigen Kreisen, etwa im Landkreis Barnim, nehmen diese Schutzgebiete bis zu 70% der Fläche ein. Auch hat sich im Land Brandenburg eine der ersten und größten sogenannten „gentechnikfreien" Regionen Deutschlands, die Region Uckermark–Barnim, etabliert.

Das Buch beginnt mit einem Beitrag von Markus Vogt, der die grüne Gentechnik in die vielschichtigen Diskurse um Technik- und Risikobewertung, Fortschritt, Globalisierung, Gerechtigkeit, Armutsbekämpfung und Naturverhältnisse einordnet. Die Schwierigkeit einer Lösung bestehender Konflikte um die grüne Gentechnik liegt nach Ansicht Vogts darin, dass nicht nur Interessenkonflikte vorliegen, die durch Aushandlung oder Koexistenzregelungen von konventioneller/ökologischer Landwirtschaft und grüner Gentechnik zu lösen wären. Vielmehr geht es auch um tief greifende Überzeugungskonflikte zur Zukunft von Technik und Gesellschaft, die – so Vogt – „Charakterzüge eines Glaubenskonfliktes" tragen und daher nur schwer lösbar sind. Er plädiert dafür, die Diskussion nicht auf den Einsatz der grünen Gentechnik zu verengen, sondern breiter um die generelle Ausrichtung der Landwirtschaft zu führen, da er diese für den eigentlichen Kern der Auseinandersetzung hält. Gleichzeitig schlägt er ein Modell einer sozialethisch erweiterten Folgenabschätzung vor.

Ortwin Renn stellt die Debatte um die grüne Gentechnik in den Zusammenhang übergeordneter technikbezogener Konflikte. Knapp fasst er die wesentlichen Vorteile und Risikobereiche der grünen Gentechnik zusammen. Er stellt fest, dass sich nur wenige der Risiken grundsätzlich von denjenigen der konventionellen Pflanzenzüchtung unterscheiden, auch wenn deren Ausmaß möglicherweise verstärkt oder deren Entwicklung beschleunigt ist. In dem Beitrag wird deutlich, dass die Diskussion selten über die Abwägung von Chancen und Risiken geführt wird, sondern dass die Gentechnik in Teilen der Gesellschaft zum „Stellvertreter für das Unbehagen an der Entwicklung zur Modernisierung" wurde. Das große Misstrauen der Bevölkerung in die grüne Gentechnik liegt Renns Einschätzung nach mehr am fehlenden konkreten Nutzen als an der Bewertung der Risiken. Renn bemängelt das Fehlen einer umfassenden, faktenorientierten Abwägung aller Vor- und Nachteile der grünen Gentechnik. Zur Bewältigung der Auseinandersetzung um die Gentechnik fordert er einen „kontinuierlichen und verständigungsorientierten Dialog mit allen Parteien" ein.

Das Kapitel von Mathias Boysen präsentiert eine Übersicht zu Untersuchungen zum möglichen ökonomischen Nutzen der grünen Gentechnik. Die vorgestellten Studien verfolgen ökonomische Effekte entlang der Wertschöpfungskette von der Forschung bis zur Erzeugung von Lebensmitteln. Boysen konzentriert sich auf den Nutzen für die Agrarbetriebe und auf die Arbeitsplatzeffekte, die durch die grüne Gentechnik entstanden sind. Er zeigt auf, dass die Einschätzung der Effekte in den verschiedenen Studien teilweise um Größenordnungen voneinander abweichen, je nachdem, welche Branchen bzw. Methoden berücksichtigt werden und ob Brutto- oder Nettobeschäftigungseffekte quantifiziert werden. Dennoch erkennt er einen grundsätzlich positiven ökonomischen Nutzen für Agrarbetriebe wie für die Volkswirtschaft insgesamt. Er betont, dass die grüne Gentechnik insbesondere dann Arbeitsplätze schaffen kann, wenn sie nicht nur bisherige Agrarprodukte effizienter erzeugt, sondern auch neue Produkte mit veränderten Eigenschaften, etwa verbesserten Inhaltsstoffen („functional food") bereitstellt. Deren kommerzielle Vermarktung, so stellt Boysen fest, ist allerdings in naher Zukunft nicht zu erwarten.

Ines Härtel fasst in ihrem Beitrag die vielfältigen internationalen, europäischen und nationalen Regulierungen zur grünen Gentechnik zusammen. Dabei geht sie auf das grundsätzliche Spannungsverhältnis ein, das zwischen den Abkommen zur biologischen Sicherheit und dem den freien Handel fördernden Welthandelsrecht besteht. Dieses äußert sich in dem lange andauernden Gentechnikstreit zwischen den USA und der

EU, bei dem es sich, wie Härtel betont, um den komplexesten Streitfall in der Geschichte der Welthandelsorganisation (WTO) handelt. Sie zeigt auf, dass die wesentlichen Entscheidungen zur Regulierung der Gentechnik auf internationaler bzw. europäischer Ebene getroffen werden. Dennoch entzünden sich die politischen Konflikte in Deutschland größtenteils an den verbliebenen Kompetenzen der deutschen Legislative, insbesondere an den Kriterien der guten fachlichen Praxis und an der Haftungsregelung. Noch ist die zukünftige Ausgestaltung dieser Bestimmungen offen.

Zentraler Begriff des Kapitels von Jost Wagner ist die „Unabschließbarkeit" der mit der grünen Gentechnik in Verbindung gebrachten systemischen Risiken, die eine soziale, sachliche, zeitliche und räumliche Dimension besitzt. Er konstatiert im Bereich der grünen Gentechnik eine gewisse regulative Zurückhaltung. Diese hat sich dadurch herausgebildet, dass staatliche und politische Akteure aufgrund der Erfahrungen mit ähnlich gelagerten Konflikten (etwa um die Kernkraft) die mit Entscheidungen in Risikofragen verbundenen politischen Risiken scheuen. So ist der Staat vom „Entscheider" zum „Moderator" geworden. In der Folge wurden gesamtgesellschaftliche Auseinandersetzungen um die grüne Gentechnik individualisiert und in den ländlichen Raum hinein, auf die landwirtschaftlichen Betriebe, verlagert. Dadurch kann es zu lokalen Konflikten kommen, deren Lösung viele ländliche Gemeinschaften überfordert.

„Agrogentechnik versus Agrobiodiversität" lautet die provokante These von Steffi Ober. Sie analysiert in ihrem Beitrag die direkten und indirekten Auswirkungen transgener Saatgutsorten auf die genetische Vielfalt, die Artenvielfalt und die Ökosystemvielfalt. Wirkungen auf die biologische Vielfalt können durch eine veränderte Anbaupraxis und durch Auskreuzungen oder Verwilderungen transgener Sorten entstehen. Kritisch diskutiert sie besonders den Einsatz glyphosphat- und glufosinatresistenter Sorten und die Wirkungen von Bt-Toxinen auf die Insektenfauna. Auch befürchtet sie entstehende Resistenzen im Bt-Anbau, die u.a. Probleme für den ökologischen Landbau hervorrufen könnten. Schließlich beklagt sie das vielfache Fehlen eines effizienten Resistenzmanagements.

Andreas Ulrich, Bernd Hommel und Regina Becker beleuchten die Möglichkeiten, die sich aus der Nutzung transgener herbizid- und insektenresistenter Maissorten für eine nachhaltigere Landbewirtschaftung ergeben. Sie zeigen auf, dass solche Sorten eine pfluglose, konservierende Bodenbearbeitung fördern bzw. stabilisieren können und so dazu beitragen können, die Bodenfruchtbarkeit zu erhalten bzw. zu verbessern, die Anwendung von Pflanzenschutzmitteln zu reduzieren und den Energieeinsatz zu verringern. Gleichwohl sei im Falle von Bt-Mais darauf zu achten, dass dieser nicht vorbeugend, sondern nur im konkreten Insektenbefall verwendet wird, um die Entwicklung von Resistenzen zu vermeiden. Da die Verwendung transgener Sorten in Landbausystemen mit Bodenbearbeitung bislang keine Vorteile aufweist, plädieren die Autoren für eine differenzierte Bewertung in Abhängigkeit vom jeweils vorgesehenen Anbausystem.

Mit den spezifischen Beiträgen, die durch Gentechnik und konventionelle Verfahren gezüchtete Pflanzen mit neuartigen Eigenschaften zur Entwicklung peripherer ländlicher Räume leisten können, befassen sich Anke Serr und Inge Broer. Sie zeigen die durch Klimawandel, geänderte förderpolitische Rahmenbedingungen und Peripherisierung entstehenden Herausforderungen auf, vor denen die Landwirtschaft in Nordostdeutschland steht. Zudem untersuchen die Autorinnen Möglichkeiten, in dieser Region eine weitgehend subventionsfreie Landwirtschaft zu etablieren. Serr und Broer betonen dabei das Potenzial, das neue Nutzpflanzensorten zur Verbesserung der Struktur und des Wasserhaushalts der Böden sowie zur Reduktion benötigter Pflanzenschutzmittel besitzen. Perspektiven sehen sie insbesondere in Pflanzen mit Trockentoleranz und verbesserten Inhaltsstoffen.

Das Spannungsfeld von grüner Gentechnik und integrierter Regionalentwicklung steht im Vordergrund des Beitrags von Doris Pick. Während integrierte Regionalentwicklungskonzepte meist aus der Region heraus entstehen („bottom-up"), sei der Einsatz der grünen Gentechnik überwiegend von außen gesteuert („outside-in"). Anhand von Fallbeispielen aus den USA und aus Ostdeutschland zeigt sie auf, dass Konzepte und Modellprojekte der Regionalentwicklung bisher eher auf die Abwesenheit – in Form von „gentechnikfreien Regionen" – als auf die Verwendung transgener Pflanzen setzen. Dabei kommt es zu Vernetzungsprozessen innerhalb der Landwirtschaft einer Region, zwischen Landwirten und Abnehmern und zwischen Landwirtschaft und Futtermittelindustrie sowie zur Einbeziehung weiterer regionaler Akteure. Sie betont, dass eine zukunftsfähige Regionalentwicklung auf Langfristigkeit angelegte Beiträge zur Nutzung regionaler Chancen und zur Lösung regionaler Probleme leisten muss. Bei den bislang zur Verfügung stehenden transgenen Pflanzen sieht sie diese Voraussetzungen nicht erfüllt.

Alternative Entwicklungspfade für periphere Regionen aufzuzeigen, versuchen auch Josef Hoppichler und Markus Schermer. Im Zentrum ihres Beitrags steht das Konzept der „gentechnikfreien Regionen", zu denen sich viele Regionen (z.B. Oberösterreich und die Toskana), im Fall der Schweiz auch ein ganzer Staat erklärt haben. Da diese im Widerspruch mit dem Binnenmarktziel der EU-Freisetzungsrichtlinie stehen, haben sie innerhalb der EU bislang nur freiwilligen Charakter. Von transgenen Pflanzen freie Räume könnten für den Naturschutz und insbesondere die in-situ Erhaltung pflanzengenetischer Ressourcen sowie als Experimentierräume für alternative Technologieoptionen und als Ausgleichs- und Regenerationsräume von Bedeutung sein. Chancen für gentechnikfreie Entwicklungen sehen die Autoren speziell in Regionen, die sich über die lokale Nahrungsmittelqualität definieren, die sich besonders umweltfreundlich positionieren wollen, die von Tourismus und Naherholung leben und die hohe Anteile von Schutzgebieten haben. Sie plädieren dafür, „Gentechnikfreiheit" nicht nur als Negativ-Kriterium zu sehen, sondern als Faktor einer nachhaltigen Regionalentwicklung zu betrachten.

Mit den durch Anwendung bzw. Ausschluss der grünen Gentechnik entstehenden Formen der Kooperation unter Landwirten befasst sich der Beitrag von Volker Beckmann und Christian Schleyer. Sie zeigen auf, dass aufgrund der unsicheren rechtlichen Rahmenbestimmungen das Verhältnis benachbarter Landwirte untereinander zu einer entscheidenden Größe wird. Quantitativ gut erfassbar sind die Kooperationen im Rahmen von gentechnikfreien Regionen, die sich vor allem auf den süddeutschen Raum konzentrieren. Weniger bekannt sind Kooperationen von Landwirten zum gemeinsamen Anbau transgener Pflanzen. Hinweise für solche Kooperationen ergeben sich jedoch aus der starken räumlichen Konzentration der bisherigen Anbauflächen. Erfolgreiche Kooperationen hinsichtlich der Koexistenz zwischen konventionell oder ökologisch wirtschaftenden Landwirten und solchen, die transgene Pflanzen anbauen wollen, sind bisher nicht bekannt. Beckmann und Schleyer verdeutlichen, dass der individuelle Nutzen des Anbaus transgener Pflanzen von einer Reihe von Faktoren abhängt: vom Betriebstyp, der Schlaggröße, der Fruchtart, im Falle des Bt-Mais vom Befall mit dem Maiszünsler, sowie von der Höhe und der Zuordnung der Kosten der Koexistenz (Schadensersatzzahlungen, Schadensvermeidungskosten) auf die transgene Pflanzen anbauenden oder nicht anbauenden Betriebe.

Welche Lehren lassen sich aus der Beschäftigung mit der grünen Gentechnik im Kontext der Nutzung ländlicher Räume ziehen? Eine grundsätzliche Lösung des Konflikts scheint kaum möglich. Jedoch ist zu erwarten, dass transgene Pflanzen verbreitet auch in die Landwirtschaft in Deutschland Einzug halten werden. Dabei ist zu vermuten, dass sie sich besonders in den intensiv genutzten Agrarregionen Nordwest- und Ostdeutschlands, etwa in der Magdeburger Börde, etablieren werden. Das Land Sachsen-Anhalt ist aktuell bereits bemüht, die Anwendung der grünen Gentechnik aktiv zu fördern. Vereinfacht wird dieses durch die überregionale Ausrichtung vieler Betriebe und die beachtliche Größe der Schlagflächen. Großflächiger Befall mit dem Maiszünsler gibt dort weitere Anreize zum Einsatz transgener Maissorten. Gleichzeitig scheint absehbar, dass die Landwirtschaft in anderen Regionen auf alternative Entwicklungspfade setzen wird. Dies wird insbesondere die süddeutschen Regionen betreffen, in denen eine kleinräumige Landwirtschaft vorherrscht, heute schon „gentechnikfreie Regionen" verbreitet sind und in denen die Landwirtschaft eng mit Tourismus, Naherholung, Kulturlandschaftspflege und regionalen Wirtschaftskreisläufen verknüpft ist. Offen bleibt die Entwicklung in den bislang eher extensiv, aber großbetrieblich genutzten Agrarlandschaften Brandenburgs und Mecklenburg-Vorpommerns: Dort wird einerseits eine hochproduktive Landwirtschaft angestrebt, andererseits die Entwicklung der Großschutzgebiete durch Natur- und Kulturtourismus sowie Ökolandbau forciert. Es bleibt abzuwarten, ob es auch hier zu territorialen Ausdifferenzierungen innerhalb Nordostdeutschlands kommen wird bzw. welche der beiden divergierenden Entwicklungen der Landwirtschaft sich schließlich durchsetzen wird.

GenEthik zwischen
Interessens- und
Überzeugungskonflikten

Markus Vogt

2

ZUSAMMENFASSUNG

Die ethische und gesellschaftliche Brisanz des Konflikts um Agro-Gentechnik ergibt sich daraus, dass die vielbeschworene „Koexistenz" gentechniknutzender und gentechnikfreier Landwirtschaft und Ernährung letztlich nur eingeschränkt möglich ist: Deshalb versagt das klassische Modell der Konfliktbewältigung durch die Privatisierung von Entscheidungen und die Toleranz des Gewährenlassens. Interessenkonflikte werden überlagert durch Überzeugungskonflikte hinsichtlich einer zukunftsfähigen Technik und Gesellschaft. Agro-Gentechnik fordert die Gesellschaft zu einer öffentlich verantworteten Entscheidung darüber heraus, welche Landwirtschaft und Ernährung sie in Zukunft will. Für eine solche Bewertung der Agro-Gentechnik wird hier das Modell einer sozialethisch erweiterten Folgenabwägung vorgeschlagen, die natur- und sozialwissenschaftliche Aspekte der Risikobewertung kombiniert und sich gegen die Anonymisierung von Verantwortung richtet.

1. EINFÜHRUNG

1.1 Agro-Gentechnik zwischen Interessens- und Überzeugungskonflikten

Die Auseinandersetzungen um Agro-Gentechnik bilden einen höchst vielschichtigen und spannungsreichen Diskurs, in dem die oft hart und unvermittelt aufeinander treffenden Positionen nur dann einigermaßen rational bearbeitet werden können, wenn die unterschiedlichen Argumentationsebenen klar differenziert und einander zugeordnet werden. Wie in einem Brennglas spiegeln sich in diesem Diskurs zentrale Fragen der Technik- und Risikobewertung, der Globalisierung, der Gerechtigkeit und Armutsbekämpfung, des Naturverhältnisses von Mensch und Gesellschaft, der Beziehung zwischen Wissenschaft, Ethik und Öffentlichkeit sowie nicht zuletzt der Abwägung zwischen wirtschaftlichen, sozialen und ökologischen Gesichtspunkten.

Die Bewertung der Gentechnik ist also eine Querschnittsaufgabe, die sowohl natur- als auch sozialwissenschaftlichen Sachverstand erfordert und letztlich nur im Rahmen eines umfassenden Werthorizontes vorgenommen werden kann. Sie geht in besonderer Weise auch die Öffentlichkeit an, da die Erforschung und Anwendung der Gentechnik nicht auf den Raum von Labors und isolierten Wirkungsketten beschränkt bleibt, sondern letztlich alle mit ihren (positiven und negativen) Folgen leben müssen. Vor diesem Hintergrund ist es durchaus verständlich, dass in der Debatte um die Agro-Gentechnik nicht nur Interessenkonflikte ausgetragen werden, sondern ebenso Überzeugungskonflikte hinsichtlich einer zukunftsfähigen Technik und Gesellschaft.[1]

Überzeugungskonflikte können im Unterschied zu Interessenkonflikten nur in sehr eingeschränkter Weise durch Kompromisse gelöst und nach den Kriterien der Gerechtigkeit ausgehandelt werden. Sie führen vielmehr in der Regel zu Auseinandersetzungen, in denen die Kontrahenten einander unerbittlich mit dem Anspruch auf Wahrheit gegenübertreten. Denn Wahrheit oder vermeintliche Wahrheit lässt sich nicht teilen. Überzeugungskonflikte tragen daher Charakterzüge eines Glaubenskonfliktes.

Strukturell neu ist bei den großen modernen Technikkonflikten, wie dem Streit um Kernenergie sowie dem um Gentechnik, dass sie sich nicht privatisieren lassen und daher politisch das Lösungsmodell der Toleranz in wesentlichen Punkten versagt. Da es um das Gemeinwohl geht und potentiell alle von den wirklichen oder vermeintlichen Risiken betroffen sind, scheint für die einen das Gewährenlassen und für die anderen der Verzicht auf die mit der Technik verbundenen Möglichkeiten jeweils keine tragbare Lösung. Die Frage der Technik ist hier sowohl aus Sicht vieler Befürworter als auch erst recht aus Sicht ihrer Gegner konstitutiv für das Gemeinwohl. So wird die Gentechnik zu einem kollektiven Überzeugungskonflikt, der die Fähigkeit der Politik im Umgang mit Dissens vor neue Herausforderungen stellt.

Die Debatte ist keineswegs nur von theoretischer Relevanz, sondern steht mitten im Kontext einer dritten „grünen Revolution", die durch die fortschreitenden Entwicklungen der Agro-Gentechnik in Landwirtschaft und Ernährung weltweit ausgelöst wurde.[2] Mit einer Wachstumsrate von bis zu 20 % pro Jahr[3] gehört die Agro-Gentechnik derzeit zu den erfolgreichsten oder offensivsten Wirtschaftszweigen und ist Auslöser für einen tiefen Strukturwandel und eine weitreichende Richtungsentscheidung in der Landwirtschaft. Deren Bedingungen und Ziele bedürfen insofern einer ethischen und politischen Diskussion, als sie mit existentiellen Chancen und Risiken für die gesamte Bevölkerung verbunden sind und in eine Fülle von komplexen Wechselwirkungen mit anderen wirtschaftlichen, sozialen und politischen Handlungsfeldern verknüpft ist.

1.2 Die Vermischung von Diskursebenen als Grund für Missverständnisse

Zahlreiche Konflikte in der Diskussion über Agro-Gentechnik haben ihre Ursache darin, dass die Gesprächspartner auf unterschiedlichen Reflexionsebenen ansetzen und so aneinander vorbei reden. Jede Ebene hat ihre eigenen Sprachregeln, Voraussetzungen sowie Problemzusammenhänge und muss zunächst in sich reflektiert werden, bevor sie mit den anderen Ebenen verknüpft wird. Diese zweite Reflexionsstufe der Verknüpfung und Integration dieser unterschiedlichen Ebenen ist jedoch notwendig, da eine ethische Beurteilung und eine verantwortbare Praxis der Gentechnik nur möglich sind, wenn alle Problemebenen bearbeitet werden.

(1) *Abschätzung der ökologischen und gesundheitlichen Folgen* gentechnischer Eingriffe in der Pflanzenzucht. Hier weisen die bisherigen wissenschaftlichen Forschungen sowohl inhaltlich als auch methodisch große Lücken und Dissense auf. Langzeitstudien und angemessene Modelle für die mit linearen Vorstellungen oft nicht hinreichend erfassbare Komplexität genetischer Wirkungszusammenhänge sind notwendig, um hier in der Forschung empirisch gesicherte Grundlagen der Folgenabschätzung zu schaffen.[4] Eine interdisziplinäre Folgenabschätzung muss als selbstverständliche Begleitforschung der Gentechnik etabliert werden.

(2) *Ethische Abwägung von Chancen und Risiken der Grünen Gentechnik.* Dabei geht es im Kern um die Abwägung, Zuordnung und Integration von ökonomischen, sozialen und ökologischen Erfordernissen. Die Bewertung der Grünen Gentechnik muss letztlich an dem ethischen Prinzip der Nachhaltigkeit gemessen werden, das die Fragen der Gerechtigkeit, Wirtschaftlichkeit und Naturverträglichkeit systematisch zu einem Konzept zukunftsfähiger Entwicklung verknüpft. Eine Abstimmung zwischen dem Tempo von technischer und ökonomischer Entwicklung und ethisch-gesellschaftlicher Reflexion ist vonnöten.

(3) *Internationale Rahmenbedingungen für die rechtliche Durchsetzung und Kontrolle einer verantwortlichen Forschung und Praxis zu GVOs.* Diese Ebene betrifft die Fragen eines ethischen Grundkonsenses auf europäischer und globaler Ebene sowie dessen Umsetzung in internationales und nationales Recht. Ohne ein sanktionsbewehrtes internationales Recht und dessen Harmonisierung mit nationalen Regelungen sind ethische Normen und die Ausrichtung von Forschung und Praxis auf das Weltgemeinwohl nicht durchsetzbar.[5] Die ethische Bewertung und rechtliche Regelung des Einsatzes Grüner Gentechnik ist letztlich nur möglich im Kontext einer Verständigung über die Leitlinien einer neuen Welt-Agrarpolitik.

(4) *Akzeptanz der Bevölkerung und des politischen Umgangs mit Dissens:* Da viele Fragen der Bewertung Grüner Gentechnik aus methodischen Gründen prinzipiell offen bleiben und – da letztlich alle von den Folgen

betroffen sind – nur eingeschränkt nach dem klassischen Modell der Toleranz des Nebeneinanders unterschiedlicher Optionen gelöst werden können, ist der gesellschaftliche Diskurs um die Bewertung der Agro-Gentechnik unverzichtbar. Nötig sind eine ausreichende und verständliche Information der Öffentlichkeit, indem Herkunft und Bestandteile von GVOs transparent gemacht werden, sowie eine gesellschaftliche Verständigung über die Möglichkeiten und Grenzen einer Koexistenz gentechniknutzender und gentechnikfreier Landwirtschaft bzw. Ernährung. Die Frage der Akzeptanz in der Bevölkerung muss in der ethischen Reflexion als eine eigenständige Ebene betrachtet und im politischen Handeln auch tatsächlich ernst genommen werden.[6]

2. ETHISCHE ORIENTIERUNGEN

2.1 Gentechnik als Handwerk: sozialethisch erweiterte Folgenabwägung

Aus ethischer Sicht ist Gentechnik zunächst als Handwerk zu verstehen: Als solches ist sie nicht unmittelbar und pauschal als gut oder schlecht zu bewerten, sondern ethisch danach zu beurteilen, ob ihr Gebrauch, ihre Ziele und Mittel den Kriterien des Guten genügen.[7] Zum Handwerk gehört im Sinne von *ars* oder *technē* die Methode von Versuch und Irrtum; das Handwerk braucht keine vollständige Kenntnis des Gegenstandes, den es bearbeitet, es bedarf jedoch der Einbindung in einen ethisch-kulturellen Kontext, um die Ziele und Grenzen des technischen Handelns zu bestimmen, die sich nicht aus dem Handwerk heraus ergeben können. Auf eine „schiefe Ebene"[8] gerät die Praxis der Gentechnik dann und erst dann, wenn dieser ethische Kontext mit entsprechenden Grenz- und Zielbestimmungen des Handwerks fehlt oder nicht hinreichend in ihrer Gestaltung berücksichtigt wird.

Die Charakterisierung der Agro-Gentechnik als Handwerk führt somit von der pauschalen Frage „gut oder schlecht" zu der differenzierten Frage, in welcher Weise und innerhalb welcher Grenzen ihre Anwendung ethisch und demokratisch zu rechtfertigen ist. Ich schlage vor, diese Diskussion durch den Leitbegriff „Verantwortung" zu strukturieren.

2.2 Verantwortung als Methode: vier Dimensionen

Verantwortung wird ermöglicht durch die verbindliche Klärung, wer vor wem für was nach welchen Kriterien rechenschaftspflichtig ist. Es handelt sich also um einen „vierstelligen" Begriff, dessen Stärke darin liegt, dass er der Anonymisierung der Verantwortung, die ein Grundproblem moderner Technik ist, entgegentritt, indem er exakt Verantwortungssubjekt, Verantwortungsobjekt (Gegenstand, Reichweite), Kontrollinstanzen und schließlich Regeln der Entscheidungsfindung definiert.[9] Verantwortungsethik hat sich deshalb als Leitbegriff der Technikethik etabliert, weil sie primär (keineswegs ausschließlich) von der Folgenbewertung ausgeht und damit auch auf unbeabsichtigte Nebenwirkungen des Handelns (Non-target-Effekte) anwendbar ist, die ja bei technischem Handeln in der Regel ethisch weit problematischer sind als die direkt negativen Intentionen des Handelns.

In der Tradition werden diese unter der Rubrik „Handlungen mit Doppelwirkungen" diskutiert und nach den beiden Leitkriterien der Übelminimierung und der Verhältnismäßigkeit – denen auch im Recht sowie in der ökonomischen Kosten-Nutzen-Abwägung eine wesentliche Rolle für die Entscheidungsfindung zukommt – bewertet.[10] Verantwortung bezieht sich sowohl auf die Folgen des Handelns als auch auf die Folgen des Nichthandelns. Sie konkretisiert sich in Kriterien und Regeln der Abwägung, die man als eine Art „Handwerkszeug" für den offenen Prozess ethischer Entscheidungsfindung betrachten kann. Vor diesem Hintergrund schlage ich vor, die Methode der Verantwortungsethik als Ausgangspunkt für die ethische Bewertung der Agro-Gentechnik zu wählen.

(1) Verantwortungssubjekt: Bei der ersten Dimension, der Frage nach dem Verantwortungssubjekt, ist für eine moderne Gesellschaft und insbesondere für Agro-Gentechnik die Abwehr der Anonymisierung von Verantwortung maßgeblich: Man muss möglichst exakt klären, wie die Abgrenzungen der Verantwortung zwischen Forschern, Anwendern (Bau-

ern), Lebensmittelhändlern und Verbrauchern sinnvoll bestimmt werden können. Haftungsregeln müssen so definiert werden, dass beispielsweise auch bei Auskreuzungen gentechnisch veränderter Organismen, deren Herkunft nicht mehr eindeutig feststellbar ist, Verantwortungssubjekte greifbar sind, damit nicht der Nutzen privatisiert und der Schaden kollektiviert oder auf einzelne zufällig betroffene Landwirte abgewälzt wird. Hier liegt die Kunst und Aufgabe der Politik darin, verbindliche Strukturen für eine sachlich angemessene und praktisch handhabbare Zuordnung von Verantwortungs- und Rechenschaftspflichten zu definieren.

Verantwortungsethik in dem hier dargelegten Sinne ist eine Methode für die Strukturierung des Diskurses. Sie kann helfen, die unterschiedlichen Problemebenen und Dimensionen deutlicher zu unterscheiden, dadurch manche unnötige Polarisierung des Diskurses zu vermeiden und manche Defizite der rechtlichen Regelung exakter zu benennen.

(2) Verantwortungsobjekt: In Bezug auf die zweite Dimension, den Gegenstand der Verantwortung, geht es im Blick auf die Gentechnik vor allem um drei Aspekte: (a) Verantwortung im Umgang mit der Natur, (b) Verantwortung für eine ausreichende und erschwingliche Ernährung der Menschheit, (c) Verantwortung für die sozialen Folgen einer Umgestaltung der Landwirtschaft durch Gentechnik. Zentrales Kriterium im Umgang mit der Natur ist der Schutz der Artenvielfalt.

(3) Kontrollinstanzen: Es ist ethisch und moralisch unzulässig, wenn man ein Gesetz erlässt, das man nicht kontrollieren kann. Kennzeichnungspflicht, Transparenz und Haftung müssen national und international so geregelt werden, dass sie auch kontrollierbar sind. Denn Regeln, die diesem Anspruch nicht genügen, führen zur „Erosion der Moral" und der Erfahrung, dass der „Ehrliche der Dumme ist."[11] Die Chancen der Agro-Gentechnik werden nur dann überwiegen, wenn es gelingt, kontrollierbare Regelungen und Rahmenbedingungen für ihren Einsatz einzuführen. Es müssen Voraussetzungen dafür geschaffen werden, dass Verursacher- und Vorsorgeprinzipien anwendbar sind und dass mögliche Haftungsansprüche sinnvoll abgegrenzt und tatsächlich durchgesetzt werden können.

(4) Entscheidungsregeln der Verantwortung: Da der Konflikt zwischen den unterschiedlichen Akteuren, Zielen und Handlungskontexten der

Agro-Gentechnik nicht eindeutig auflösbar und die Gewichtung verschiedener Aspekte nur schwer abschätzbar ist, gestaltet sich ihre Bewertung als ein Prozess der Güterabwägung unter einem hohen Grad von systematischem Unwissen hinsichtlich der nur begrenzt vorausberechenbaren Entwicklungen und Zusammenhänge. Je größer die Schwierigkeit ist, inhaltlichen Konsens zu finden, desto größer ist die Bedeutung von formalen Regeln der Konfliktbewältigung. Deshalb ist gerade für Agro-Gentechnik die demokratische Legitimierung ihrer Einführung durch Transparenz der Entscheidungsprozesse, sowie eine angemessene Beteiligung der Betroffenen und eine differenzierte Berücksichtigung der öffentlichen Meinungsbildung ein unverzichtbares Element der Verantwortung.

2.3 Risiko-Mündigkeit

Methodisch gesehen ist die ethische Bewertung der Agro-Gentechnik vor allem eine Frage des konsistenten Umgangs mit der dialektischen Spannung von Fortschritt und Risiko: Wer kein Risiko eingeht, hat keine Zukunft. Wer zu viel Risiko eingeht, verspielt sie ebenfalls. Die „Heuristik der Furcht" (Worst-case-Annahme), wie sie Hans Jonas als Entscheidungsregel der Verantwortung vorschlägt, ist dann und nur dann gerechtfertigt, wenn man – wie er es für bestimmte Zusammenhänge der technologischen Zivilisation diagnostiziert – von einem erdrückenden Übergewicht der möglichen negativen Handlungsauswirkungen ausgeht.[12] Sie zielt nicht auf eine „apokalyptische Umkehrung der Fortschrittseuphorie", die jede Handlungsfähigkeit lähmt[13], sondern auf einen mündigen und differenzierten Umgang mit Risiken.

Man braucht hier für das ethische Handeln unter Risiko vor allem einen methodischen Ansatz, der die unterschiedlichen Arten von Risiken und Unsicherheiten klassifiziert und entscheidungstheoretisch bewertet. Dazu einige Aspekte aus risikosoziologischer Sicht:

- Risikoabschätzung ist die systematische Kombination von Wissen und Zufall.[14] Während es bei der Kernenergie entscheidungstheoretisch vor allem um das Problem des Umgangs mit möglichen Folgen von sehr ge-

ringer Wahrscheinlichkeit und extrem großem Schadensausmaß geht, sind die Risiken hinsichtlich der Agro-Gentechnik vor allem durch ein hohes Maß an „systematischem Unwissen" über ihr Ausmaß und ihre Wirkungen charakterisiert.
- Bewertungskriterien rationaler Risikoeinschätzung sind: Eintrittswahrscheinlichkeit multipliziert mit Schadensumfang (Versicherungsprinzip), Ubiquität (geografische Reichweite), Persistenz (zeitliche Ausdehnung), Reversibilität und Mobilisierungspotential.[15]
- Für die Folgenabschätzung unter komplexen Bedingungen sozialethisch besonders virulent sind systemische Risiken, d.h. Beeinträchtigungen mit Querschnittswirkungen in sozialen, wirtschaftlichen oder politischen Handlungsfeldern.[16]

Aufgrund dieser Vielschichtigkeit und systemischen Komplexität, die gerade für die Agrogentechnik in besonderer Weise charakteristisch sind, ist die Risikoabschätzung hier alles andere als eindeutig. Hinzu kommt, dass im gesellschaftlichen Umgang mit Risiken über diese Probleme der Berechnung oder Abschätzung hinaus vier weitere Elemente, die einer jeweils eigenen Logik folgen, virulent sind und zu möglichen Konflikten führen: Wahrnehmung, Bewertung, Management, Kommunikation.[17] Notwendig sind sowohl risikoorientierte Strategien, die auf der Grundlage weiterer Forschung zur Folgenabschätzung Wahrscheinlichkeit und Reichweite der Risiken möglichst zu begrenzen suchen, als auch vorsorgeorientierte Strategien, die Maßnahmen treffen, um beim Bekanntwerden von negativen Auswirkungen möglichst rasch reagieren zu können (z.B. Transparenz und Rückverfolgbarkeit), als auch diskursive Strategien, die auf eine hinsichtlich der gesellschaftlichen Wertvorstellungen angemessene Risikobewertung zielen und gleichermaßen Aufklärung, Vertrauensbildung, Konfliktmanagement angesichts bleibender Differenzen und eine gerechte Verteilung von Nutzen und Lasten umfassen.[18] Charakteristisch für die Art des Risikos bei Agro-Gentechnik ist, dass vorsorgeorientierte Strategien nur begrenzt möglich sind, da Rückholbarkeit bei Freilandanbau kaum zu garantieren ist.[19]

Für die Risiko-Ethik ist methodisch entscheidend, dass sie nicht mit rein quantitativen und naturwissenschaftlichen Aspekten formuliert werden kann, sondern dass auch die subjektive Seite und der Bezug zu sozialen Werten eine konstitutive Rolle spielen. Definiert man als Risiko „unerwünschte Folgen", dann ergibt sich bereits daraus, dass Risikotheorien sowohl eine analytische als auch eine normative Komponente umfassen. Aber auch die Risikoeinschätzung selbst hat bereits eine ethisch-normative Komponente, insofern die Menschen Risiken nicht nur in Bezug auf mögliche physische Schäden wahrnehmen, sondern auch als Beeinträchtigungen sozialer und kultureller Werte. Deshalb muss die Risikokalkulation als Folgenabschätzung unter komplexen Bedingungen eingeordnet werden in eine allgemeine Theorie der Verantwortung.

Um unter den komplexen Handlungsbedingungen moderner Gesellschaft zukunftsfähig zu sein und die Ressourcen der Problembewältigung aufrecht zu erhalten, müssen bestimmte Risiken gewagt werden. Diesem paradoxen Sachverhalt sucht der Begriff „Risikomündigkeit" Rechnung zu tragen. Zielgröße ist dabei nicht die absolute Minimierung jeglichen Risikos, sondern die Logik systemischer Optimierung durch die Vermeidung einer kritischen Schwelle von Risiken und Erhöhung der flexiblen Problemlösungspotentiale. Risikomündigkeit impliziert eine Akzentverschiebung von der Maximierung bzw. Minimierung einzelner Größen hin zur Optimierung eines Sets von Schlüsselgrößen.[20] Strikte Risikovermeidung würde zum resignativen Verlust von Innovations- und Reaktionsfähigkeit führen und könnte sich insofern am Ende als eine Strategie erweisen, die aufgrund der Lähmung von Handlungspotentialen mehr Risiken erzeugt als vermeidet.

Analytische Voraussetzung ist dabei zunächst die Annahme einer neuen Qualität von Modernisierungsrisiken und zivilisatorischer Selbstgefährdung in der „Weltrisikogesellschaft", weil sie das herkömmliche, auf statistisch kalkulierbare Unsicherheiten bezogene Risikokalkül sprengt, da „die ökologischen, atomaren, chemischen und genetischen Großgefahren […] erstens örtlich, zeitlich und sozial nicht eingrenzbar"[21] sind und die Risikogesellschaft deshalb als Welt-Risikogesellschaft verstanden werden muss. Zweitens sind sie nicht zurechenbar nach den Regeln von Kausalität, Schuld, Haftung, drittens nicht kompensierbar (Irreversibilität, Globalität) nach der gängigen Tauschregel ‚Zerstörung gegen Geld'.[22] Es bleibt nur die Wahl, die neuen Risiken entweder nachsorgelos dem alarmierten Sicherheitsverständnis der Bürger zuzumuten – wie Beck diagnostiziert –, also gewissermaßen zu kapitulieren, oder zu versuchen, der systemischen Qualität der Risiken eine systemisch verstandene „Risikomündigkeit" entgegenzustellen, die die Risiken zwar nicht aufheben kann, die aber doch versucht, die blinde Eskalation von Risiken zu meiden.

Risikomündigkeit ist die Fähigkeit, unter mehrfacher Unsicherheit - hinsichtlich der Handlungsfolgen, hinsichtlich unterschiedlicher ethischer Maßstäbe der Betroffenen, über die nur ein unvollständiger Konsens gefunden wird, sowie hinsichtlich der eigenen moralischen Rationalität, für die es unter Modernitätsbedingungen keine Letztbegründung und keine vollständige Kohärenz zu geben scheint – begründete Entscheidungen zu treffen. „Das Denken in Wahrscheinlichkeiten, das Abwägen mehrerer Möglichkeiten gehört zur kognitiven Infrastruktur der Moderne, denn die Moderne ist die Epoche der nur relativen, der gewissheitsfreien Rationalität. [...] Daher müssen wir in technischer wie in moralischer Hinsicht risikomündig werden und ein Management der Ungewissheiten entwickeln."[23]

„Gerade weil die Risikowahrnehmung aber nicht durch die Grammatik absoluter Rationalität geprägt ist, sondern eingebettet ist in ein plurales, unterschiedliche Wertperspektiven ausbalancierendes Wahrnehmungsverhalten, muss sie in partizipatorische Entscheidungsmodelle der Risikobeherrschung eingebettet bleiben."[24] Risikomündigkeit setzt demokratische Verfahren voraus, die unter repräsentativer Beteiligung der Betroffenen sowie der verschiedenen Kompetenzen in unaufhörlicher Selbstreflexion, Güterabwägung und Werte-Diskussion das Maß an sozialer Rationalität ausbilden, dessen die moderne Gesellschaft bedarf. Dabei wird auch „Erziehung zur Risikomündigkeit ein wichtiger Teil des Pensums einer Ethik der technisch-wissenschaftlichen Zivilisation sein."[25] Zur Risikomündigkeit gehört wesentlich eine klare Problem- und Gefahrenhierarchie in der Abschätzung komplexer Situationen und Gewichtung nicht unmittelbar vergleichbarer Risiken.[26]

3. AGRO-GENTECHNIK IM KONTEXT AMBIVALENTER LANDWIRTSCHAFTSPOLITIK

3.1 Dient Agro-Gentechnik der Überwindung des Hungers?

Der Frage, ob der Einsatz von Agrogentechnik zur Verbesserung der *Welternährung* führen wird, kommt gerade aus der Perspektive christlicher und humanistischer Ethik eine zentrale Bedeutung zu: Denn die biblische und sozialethische Option für die Armen misst die Gerechtigkeit einer bestimmten Wirtschaftsordnung, Politik, Technik oder Handlung wesentlich an ihrer Wirkung auf die Situation der Armen. Auszugehen ist von einer umfassenden Analyse der Ernährungskrisen der Menschheit.

Maßgeblich sind hier die Forschungen des Nobelpreisträgers Amartya Sen, die er unter dem Titel „Hunger and Powerty" und „Development as Freedom" veröffentlicht hat.[27] Sen kommt zu dem erstaunlichen Ergebnis, dass es weltweit unter den Bedingungen funktionierender kultureller und demokratischer Kommunikation noch nie größere Hungersnot gegeben hat.[28] Hunger war demnach in der zweiten Hälfte des 20. Jahrhunderts nicht primär ein Mengenproblem, sondern vielmehr Folge mangelnder Kaufkraft der Armen sowie verfehlter Landwirtschafts- und Verteilungspolitik. Armut wird heute wesentlich durch zerstörte landwirtschaftliche Strukturen verschärft. Gerechtigkeit, Demokratie, stabile politische und soziale Verhältnisse und kulturelle Faktoren scheinen für die Hungerbekämpfung ebenso maßgeblich zu sein wie die Frage der Menge von verfügbaren Nahrungsmitteln auf den globalen Märkten.

Mit dem Einsatz gentechnisch veränderter Pflanzen sind viele Vorteile verbunden, die zu dem Ziel einer ausreichenden und qualitativ hochwertigen Ernährung der Weltbevölkerung beitragen können. Dabei ist jedoch immer zu berücksichtigen, dass die Ernährungskrisen der Menschheit weniger das Resultat mangelnder Nahrungsmittel als vielmehr Folge verfehlter Landwirtschafts- und Verteilungspolitik sind oder sich zwangsweise als Konsequenz der mangelnden Kaufkraft, also der weltweiten Armut ergeben.

„Ernährungssicherheit ist primär keine (agrar-)technische, sondern eine soziale Frage."[29] Wer verspricht, die Frage des Welthungers allein durch Technik lösen zu können und mit der Grünen Gentechnik einen quasi religiösen Heilsanspruch der Hungerüberwindung verknüpft, macht die Technik zur Ideologie. Auch die führenden Gentechnikfirmen, wie z.B. Monsanto, sind inzwischen viel zurückhaltender mit diesem Argument geworden, schon deshalb, weil sie auf zahlungsfähige Kunden angewiesen sind, und die ganz Armen daher marktwirtschaftlich gesehen kaum eine relevante Zielgruppe sein können. Erst unter der Voraussetzung fairer Weltmarktstrukturen und einer nachhaltigen Ausrichtung der Weltagrarpolitik gibt es eine echte Chance, dass der Einsatz von Gentechnik in der Landwirtschaft wirklich den Armen zugute kommt.

Der großflächige Einsatz von Gentechnik in der Landwirtschaft dient meist der Exportorientierung. Er drängt teilweise über Jahrhunderte gewachsene Kulturen und Traditionen, die dem jeweiligen Anbaugebiet angepasst sind und einer von sozialen und wirtschaftlichen Krisen relativ unabhängigen Eigenversorgung der ärmeren ländlichen Bevölkerung dienen, zurück. Der Konflikt der Einführung Grüner Gentechnik mit diesen Strukturen, die für Hungerbekämpfung eine wesentliche Bedeutung haben, ist nicht zwangsläufig; aber der Konflikt ist wahrscheinlich und er muss bei der Einführung von Agro-Gentechnik, die sich gegenwärtig gerade bei Kleinbauern in Entwicklungsländern rasant ausbreitet, bedacht werden. Die differenzierten Forschungen zu (möglichen) Auswirkungen der Agro-Gentechnik auf Regionalentwicklungen in unterschiedlichen Kontexten verdeutlichen hier Zusammenhänge einer soziokulturell erweiterten Folgenabschätzung, ohne die eine Bewertung höchst rudimentär bleiben würde.

Die ethischen Probleme der mit Hilfe von Agro-Gentechnik „gemachten Natur" liegen nicht primär darin, dass die ökologischen und gesundheitlichen Risiken eine neue Qualitätsstufe darstellen würden, sondern darin, dass sie bisher eher problematische Strukturen der landwirtschaftlichen und agrarpolitischen Entwicklung verstärken oder zumindest in diese eingespannt sind und es so völlig offen ist, ob die tatsächliche Forschung und Nutzung wirklich konsequent auf Nachhaltigkeit sowie Ernährungssicherung der Ärmsten ausgerichtet sind.

3.2 Die Grammatik der Akzeptanz angesichts der Grenzen einer Koexistenz

Streng genommen ist der Begriff der „Koexistenz", der in der gesellschaftlichen Debatte zwischen konventionellem oder ökologischem und durch transgene Nutzpflanzen geprägtem Landbau nach dem Modell der Toleranz des Nebeneinanders unterschiedlicher Optionen vermitteln will, im Rahmen der kleinräumigen Landwirtschaft, wie sie insbesondere im Süden Deutschlands vorherrscht, ein Täuschung: Abstandsflächen, die garantieren, dass das Erbgut gentechnisch veränderter Pflanzen nicht unbeabsichtigt durch Pollenflug auf konventionelle Sorten übertragen werden kann, lassen sich kaum finanzieren und politisch durchsetzen. Übertragungen durch Bienen oder innerhalb der Lebensmittelverarbeitung sind nicht vollständig zu kontrollieren. Selbst wenn es gelingt, die Wahlfreiheit des Verbrauches durch Kennzeichnung zu gewährleisten, bleibt dies abstrakt, da die überwiegende Mehrheit schlicht überfordert ist, eine solche Fülle an Informationen im Alltag zu verarbeiten und zu berücksichtigen.

Pragmatisch versucht man sich auf Mindestbarrieren als Pufferzonen zu verständigen. Da diese aber einen horizontalen Gentransfer langfristig nicht vollständig verhindern können, muss ein gesellschaftliches Niveau der Risikobereitschaft definiert werden. Das scheint einerseits gerechtfertigt: Auch in der Natur gibt es Auskreuzung und keine absolut strikten Artgrenzen. Daher wäre es weder naturphilosophisch angemessen noch praktikabel, hier ein „Null-Risiko" als Norm vorzugeben. Andererseits scheint es problematisch, da durch mögliche Akkumulationseffekte der akzeptierte Grenzwert (derzeit 0,9 %) und die rechtlich zulässigen Pufferzonen zum Einstieg in eine allmähliche und nicht mehr rückholbare und flächendeckende Ausbreitung gentechnisch veränderter Organismen werden kann. Letztlich ist die Definition von „Koexistenz" nicht aus einem in der Natur vorgegebenen Schwellenwert abzuleiten, sondern als eine unter Berücksichtigung naturwissenschaftlicher Daten wesentlich sozialwissenschaftlich in Bezug auf die gesellschaftliche Willensbildung, Risikobereitschaft, Wertvorstellung und Konsensfähigkeit zu eruierende Größe.[30]

Dieser Prozess der gesellschaftlichen Willensbildung ist derzeit nicht abgeschlossen und höchst konfliktreich. Es ist daher den politisch Verantwortlichen anzuraten, den noch ausstehenden Forschungs-, Diskussions- und Regelungsbedarf abzuarbeiten, bevor ein großflächiger Anbau gentechnisch veränderter Organismen zugelassen wird. Hierzu ist eine Intensivierung der Forschung als sozialwissenschaftlich erweiterte Folgenabschätzung sowie der gesellschaftliche Dialog nötig. Das ethische Entscheidungsproblem besteht wesentlich darin, dass es aufgrund dieser höchst komplexen Vielfalt von Aspekten, Fakten, Hoffnungen und Befürchtungen auf sehr unterschiedlichen Ebenen und mit teilweise sehr unterschiedlichen Wahrscheinlichkeiten und Perspektiven keine eindeutige, objektive Abwägung geben kann. Deshalb kann eine verantwortliche politische Entscheidung nicht jenseits des faktischen wissenschaftlichen Dialogs und der gesellschaftlichen Akzeptanz getroffen werden. Sie ist als Handeln in nicht auflösbaren Konflikten durch formale Kriterien wie Transparenz, Beteiligung und Gewaltfreiheit zu legitimieren.

3.3 Agro-Gentechnik in der Dialektik von Fortschritt und Risiko

Letztlich geht es in der Diskussion um die Agro-Gentechnik um eine neue Definition von Fortschritt: Die Grenzen den Fortschritts sind heute nicht mehr primär die Grenzen menschlichen Könnens im Verfügungswissen über die Natur, sondern Grenzen der Steuerbarkeit und Ausrichtung dieses Könnens auf das Wohl von Mensch und Schöpfung. Die Leitfrage künftigen Fortschritts lautet: Was wollen wir können? Die humane Beherrschung unserer Möglichkeiten ist der maßgebliche Engpass der Zukunftsfähigkeit moderner Zivilisation. Fortschritt nach menschlichem Maß weiß um seine Werte und kennt seine Grenzen.[31]

Es liegt auf der Hand, dass bloßes Wachstum von Wissen und Wohlstand nicht den Gehalt *des* Fortschritts (im utopischen Sinn) ausmachen kann; notwendige Maßstäbe sind vielmehr Gerechtigkeit, Freiheit und Lebensqualität auf globaler Ebene. Fortschritt braucht Maßstäbe, die ihm Richtung geben, sonst schlägt er in sein Gegenteil um, weil seine Erfolge moralisch und technisch nicht mehr bewältigt werden können. Gerade aufgeklärtes Denken muss sich auf Werte, Regeln und Grenzen verständigen, wenn es einen „Fortschritt nach menschlichem Maß" ermöglichen will.[32]

Jeder Fortschritt ist mit Risiken verbunden. Diese weisen jedoch zu Beginn des 21. Jahrhunderts teilweise eine neue Struktur und Qualität auf, die das bisherige Fortschrittskonzept in Frage stellen. Aufgrund ihrer Langfristigkeit, Entferntheit und Komplexität entgehen sie oft der sinnlichen Wahrnehmung. Deshalb reagiert das natürliche „Frühwarnsystem" des Menschen unzureichend - entweder mit Panik oder mit Lethargie. Dies zeigt sich in dem teilweise höchst irrationalen Umgang mit Fortschritten und Risiken in der öffentlichen Diskussion und in der gesellschaftlichen Praxis (dem relativ hohen Risikobewusstsein in Fragen der Agro-Gentechnik steht eine vergleichsweise hohe individuelle Risikofreudigkeit im Mobilitätsverhalten und eine Reaktionsträgheit hinsichtlich der Risiken von Klimaveränderungen gegenüber).

Die Diskussion um Agro-Gentechnik bleibt abstrakt und erzeugt nur leere Gemeinplätze[33], wenn sie nicht konsequent in den Kontext der Fragen nach einer Neuausrichtung der Landwirtschaft insgesamt gestellt wird. Denn der Fortschritt, den sie erzeugt, ist ethisch gesehen kein Selbstzweck, sondern danach zu bewerten, welche Art von Landwirtschaft er begünstigt und damit welchen Werten er dient.

Die ethische und gesellschaftliche Brisanz des Konflikts um Agro-Gentechnik ergibt sich daraus, dass die vielbeschworene „Koexistenz" gentechniknutzender und gentechnikfreier Landwirtschaft und Ernährung letztlich nur eingeschränkt möglich ist: Deshalb versagt das klassische Modell der Konfliktbewältigung durch die Privatisierung von Entscheidungen und die Toleranz des Gewährenlassens. Interessenkonflikte werden überlagert durch Überzeugungskonflikte hinsichtlich einer zukunftsfähigen Technik und Gesellschaft. Agro-Gentechnik fordert die Gesellschaft zu einer öffentlich verantworteten Entscheidung darüber heraus, welche Landwirtschaft und Ernährung sie in Zukunft will.

AUSGEWÄHLTE LITERATUR

Beaufort, J./ Gumpert, E./ Vogt, M. (Hrsg.)(2003): Fortschritt und Risiko. Zur Dialektik der Verantwortung in (post-)moderner Gesellschaft (Forum für interdisziplinäre Forschung 21), Dettelbach.
Fulda u.a. (Hrsg.) (2001): Gemachte Natur. Orientierungen zur Grünen Gentechnik, Karlsruhe.
Hasted, H. (1991): Aufklärung und Technik. Grundprobleme einer Ethik der Technik, Frankfurt a.M.
Höffe, O. (1993): Moral als Preis der Moderne. Ein Versuch über Wissenschaft, Technik und Umwelt, Frankfurt a.M.
Nida-Rümelin, J. (1996): Ethik des Risikos, in: ders. (Hrsg.): Angewandte Ethik. Die Bereichsethiken und ihre theoretische Fundierung. Ein Handbuch, Stuttgart, 806-830.
Sen, A. (1999): Development as Freedom, New York.
Vogt; M. (2005): GenEthik. Ethische Orientierungen im Konflikt um Grüne Gentechnik (Schriften der Katholischen Landvolkbewegung 5/2005), Bad Honnef.

ANMERKUNGEN

[1] Zur Differenzierung zwischen Überzeugungs- und Interessenkonflikten vgl. Korff, W. (1992): Die Energiefrage. Entdeckung ihrer ethischen Dimension, Trier, 232-235.

[2] Vgl. Nunez, I.: Opportunities and Risks of Genetically Modified Organisms, in: Promotiae Iustitiae Nr. 79, 3/2003, 7-10, hier 8. Die ersten beiden „grünen Revolutionen" sind für Nunez die Einführung der Intensivdüngung und Maschinisierung seit den 1940er Jahren sowie die Veränderungen infolge der Globalisierung der Märkte seit den 1970er Jahren. Manche sprechen auch von einer „zweiten grünen Revolution", indem sie die Globalisierung, die ja eher die Rahmenbedingungen betrifft, hier weglassen.

[3] Vgl. Informationsdienst ISAAA (International Service for the Acquisition of Agri-biotech applications) mit regelmäßigen aktuellen Berichten des Vorsitzenden: www.isaaa.org.

[4] Zumindest werden die Vertreter der Gentechnik immer wieder mit der Anfrage konfrontiert, wie realistisch ihr Modell sei: Erbeigenschaften sind nicht einfach additiv in den Erbanlagen gespeichert, sondern ergeben sich aus dem Zusammenspiel verschiedener Komponenten. Der Austausch eines Elementes verändert also nicht bloß eine einzelne Eigenschaft, sondern ein ganzes Beziehungsgefüge. Neben den vorgenommenen und erwünschten Veränderungen ist von weiteren und höchstwahrscheinlich derzeit nicht absehbaren Veränderungen auszugehen, zu denen keinerlei Folgeabschätzungen vorgenommen werden können.

[5] Zum Begriff des Weltgemeinwohls vgl. Papst Johannes Paul II, Sollicitudo rei socialis (Verlautbarungen des Apostolischen Stuhls 82), Bonn 1987, Nr. 22 und 35-39.

[6] Vgl. Korff, W. (1992): „Grammatik der Zustimmung". Implikationen der Akzeptanzproblematik, in: ders.: Die Energiefrage. Entdeckung ihrer ethischen Dimension, Trier, 229-285. Aus ethischer Perspektive gewinnt die Akzeptanzproblematik vor allem deshalb eine eigenständige Bedeutung, weil die Risikoabschätzung angesichts von „systematischem Unwissen" über einige komplexe Wirkungszusammenhänge letztlich nur sehr unvollständig sein kann und weil mehr oder weniger die gesamte Bevölkerung mit den Folgen des Handelns oder Nichthandelns leben muss.

[7] Vgl. Rosenberger, M. (2001): Grünes Licht für grüne Technik? Gentechnik in Landwirtschaft und Lebensmittelverarbeitung aus der Sicht der Moraltheologie, in: E. Fulda u.a. (Hrsg.): Gemachte Natur. Orientierungen zur Grünen Gentechnik, Karlsruhe, 64-86, hier 68f.

[8] Habermas, J. (2001): Die Zukunft der menschlichen Natur. Auf dem Weg zu einer liberalen Eugenik?, Frankfurt a.M.

[9] Vgl. Vogt, M. (2003): Grenzen und Methoden der Verantwortung in der Risikogesellschaft, in: J. Beaufort/ E. Gumpert/ M. Vogt (Hrsg.): Fortschritt und Risiko. Zur Dialektik der Verantwortung in (post-)moderner Gesellschaft, Dettelbach, 85-108.

[10] Der Rat von Sachverständigen für Umweltfragen (1994): Umweltgutachten 1994, Stuttgart, Nr. 50-60.

[11] Vgl. Homann, K. (1993): Wider die Erosion der Moral durch Moralisieren, in: J. Beaufort u.a. (Hrsg.), Moral und Gesellschaft (Forum für interdisziplinäre Forschung 11), Dettelbach, 47-68.

[12] Jonas, H. (1979). Das Prinzip Verantwortung. Versuch einer Ethik für die technologische Zivilisation, Frankfurt a.M., 63f.; zu einer Einschätzung der Gentechnik, ebd. 52f.

[13] Hasted, H. (1991): Aufklärung und Technik. Grundprobleme einer Ethik der Technik, Frankfurt a.M., 172; Höffe, O. (1993): Moral als Preis der Moderne. Ein Versuch über Wissenschaft, Technik und Umwelt, Frankfurt a.M., 73-92. Höffe richtet sich gegen ein „Privileg der Furcht", die – wie im Mythos die Büchse der Pandora – die Hoffnungen einsperrt und die Übel freilässt. Die Heuristik der Furcht sei sinnvoll als nüchterner Kontrapunkt zu schwärmerischen Hoffnungen, nicht als Privileg (ebd. 85-89).

[14] Renn, O./ Klinke, A. (2003): Risikoabschätzung und -bewertung. Ein neues Konzept zum Umgang mit Komplexität, Unsicherheit und Ambiguität, in: J. Beaufort/ E. Gumpert / M. Vogt (a.a.O.), 21-51, hier 26; vgl. zum Folgenden auch: Nida-Rümelin, J. (1996): Ethik des Risikos, in: ders. (Hrsg.): Angewandte Ethik. Die Bereichsethiken und ihre theoretische Fundierung. Ein Handbuch, Stuttgart, 806-830.

[15] Renn/ Klinke 2003, 29.

[16] Renn/ Klinke 2003, 23; Nida-Rümelin 1996, 806-810.

[17] Renn/Klinke 2003, 25.

[18] Höffe, 1993, 76-80; Renn/Klinke 2003, 46.

[19] Höffe (1993, 80), folgert, daraus sehr restriktiv: „Solange die Risikoforschung nicht in all diesen Schritten erfolgreich ist, sind neuartige Experimente moralisch so erlaubt, wie Autos, die man dem Verkehr überlässt, ohne eine zuverlässige Bremstechnik einzubauen."
[20] Kersting, W. (2005): Kritik der Gleichheit. Über die Grenzen der Gerechtigkeit und der Moral, Weilerswist, 143-192 (Kritik am entscheidungstheoretischen „Maximalismus" sowie Reichweite und Grenzen von utilitaristischen Entscheidungstheorien in Dilemmasituationen) und 317-320 (Risikomündigkeit).
[21] Beck 1986, 120.
[22] Beck 1986, 120 [zit,. nach Brand/ Kropp 2004, 129].
[23] Kersting 2005, 317; zur Risikomündigkeit den ganzen Abschnitt 317-320.
[24] Kersting 2005, 318.
[25] Kersting 2005, 318. Dies ist ein zentraler Grund, warum Partizipation unabdingbar zum ethischen Strategiekern von Nachhaltigkeit hinzugehört; vgl. Kapitel 2.2.7 (Partizipation. Mittel und Ziel im Suchprozess nachhaltiger Entwicklung).
[26] Scheer 2005, 204-210.
[27] Zu einer deutschen Zusammenfassung der Ergebnisse vgl. Sen, A.: Ökonomie für den Menschen. Wege zu Gerechtigkeit und Solidarität in der Marktwirtschaft, München/ Wien 2000 (Original: Development as Freedom, New York 1999).
[28] Sen 2000, 13-23 und 196 - 229.
[29] Rosenberger 2001, 80. Er fährt fort: „Eine faire und gerechte Weltwirtschaftspolitik zu finden gehört daher zu den großen Aufgaben der nächsten Jahrzehnte. Erst dann können einzelne gentechnische Entwicklungen den Entwicklungsländern zum Vorteil gereichen." (ebd. 80f). Vgl. dazu auch Höffe, O. (1991): Moral als Preis der Moderne, Frankfurt a.M., 91f: Höffe kritisiert das Versprechen des „Endsiegs über den Hunger", das den Blick von jenen Problemen ablenke, deren Lösung den Hunger in der Welt tatsächlich beseitigen könnte: die Veränderung wirtschaftlicher und gesellschaftlicher Strukturen.
[30] Zu einem in dieser Weise auch sozialwissenschaftlich differenzierten Risikobegriff vgl. Renn, O./ Klinke, A.(2003): Risikoabschätzung und -bewertung. Ein neues Konzept zum Umgang mit Komplexität, Unsicherheit und Ambiguität, in: J. Beaufort/ E. Gumpert / M. Vogt (a.a.O.), 21-51.
[31] Rau, J. (2001): Fortschritt nach menschlichem Maß. Rede des Bundespräsidenten zu Gentechnik und Biomedizin, Berlin.
[32] Rau, J. (2001): Wird alles gut? Für einen Fortschritt nach menschlichem Maß. „Berliner Rede" am 18. Mai 2001, hg. vom Presse- und Informationsamt der Bundesregierung, Berlin; Spaemann, R. u.a. (Hg.) (1981): Fortschritt ohne Maß? Eine Ortsbestimmung der wissenschaftlich-technischen Zivilisation. München.
[33] Vgl. P. Valéry: „Auf die Vergötzung des Fortschritts antwortete man mit der Vergötzung der Verdammung des Fortschritts, das war alles und ergab zwei Gemeinplätze." (zitiert nach Hasted 1991, 6).

Grüne Gentechnik: Konfliktlinien und Möglichkeiten ihrer Überwindung

Ortwin Renn

3

ZUSAMMENFASSUNG

Seit rund 30 Jahren ist die Anwendung der Gentechnik auf Nutzpflanzen und Nutztiere ein Dauerbrenner in der öffentlichen Diskussion. Auf der einen Seite stehen wirtschaftliche Vorteile für Saatguthersteller, Pflanzen- und Tierzüchter, Landwirte und Nahrungsmittelindustrie, auf der anderen Seite werden von Verbrauchern und zivilgesellschaftlichen Gruppen massive Bedenken geäußert. Dabei hat sich die Diskussion von den anfänglich sehr starken Befürchtungen eines gesundheitlichen Risikos gentechnisch veränderter Lebensmittel auf ökologische und sozio-politische Folgen des Einsatzes gentechnisch veränderter Organismen in der Landwirtschaft verlagert. Aspekte wie Wahlfreiheit des Konsumenten, Abhängigkeit von großen agroindustriellen Konzernen und Auswirkungen auf Biodiversität sind zunehmend in den Fokus der Debatte geraten. Der folgende Beitrag versucht, die Argumente für und gegen die Nutzung der Gentechnik in der Landwirtschaft und Lebensmittelherstellung aufzuzeigen und den bisherigen Stand des Wissens auf diesem Gebiet in der gebotenen Kürze nachzuzeichnen. Darüber hinaus behandelt der Beitrag die Stimmungslage der Bevölkerung in dieser Frage und zeigt auf, dass die meisten Konsumenten weiterhin gentechnisch veränderte Lebensmittel ablehnen.

In diesem Spannungsfeld empfiehlt der Beitrag eine verstärkt diskursive Form der Auseinandersetzung. Im Mittelpunkt sollten dabei die Wahlfreiheit des Konsumenten sowie die Erfordernisse der Ko-existenz von gentechnisch veränderten und konventionell erzeugten Lebensmitteln stehen. Darüber hinaus müssen die indirekten Folgen für die Welternährung, die Entwicklung der Landwirtschaft in den reichen und armen Ländern sowie die Verwundbarkeit des Welternährungssystems mit bedacht werden.

1. GENTECHNIK ALS SYMBOL

Diskussionen um Technik sind nur zu einem Teil technische Diskussionen. Zwar können Entscheidungen für oder gegen eine neue Technik als Ergebnis einer Kosten-Nutzen bzw. Risiko-Nutzen-Bewertung verstanden werden, was aber konkret als Kosten, Nutzen oder Risiko bewertet wird, hängt ganz wesentlich von Wertmaßstäben der beurteilenden Menschen ab. Diskussionen um neue Technologien reflektieren daher auch unterschiedliche Wertvorstellungen, unterschiedliche Zielpräferenzen und unterschiedliche Gesellschafts- und Naturbilder. Letztendlich geht es bei technikbezogenen Konflikten um die Frage, wie wir in Zukunft leben wollen.

Untersuchungen zu den Bewertungen, Hoffnungen und Befürchtungen der Menschen in Bezug auf gentechnische Anwendungen belegen, dass die Einstellungen zur Gentechnik weniger durch die befürchteten Risiken oder die erhofften Chancen beeinflusst werden als durch einen grundsätzlichen Misstrauensvorbehalt gegenüber den Versprechungen der Moderne und der Sorge um eine auf Effizienz reduzierte Wirtschaftsmoral. Nicht zuletzt ist es die Infragestellung der grundsätzlichen Notwendigkeit, die genetisch kodierten Informationen gezielt zu verändern, die wie kaum ein anderes Thema positive und negative Emotionen weckt und die jede Debatte um Gentechnik zwangsläufig zu einer Auseinandersetzung um moralische Vorstellungen über Gesellschaft und Moderne werden lässt. Im Vordergrund der Kritik steht dabei die grundlegende Fragestellung, ob eine weitere Funktionalisierung von Pflanzen und Tieren für menschliche Zwecke überhaupt wünschenswert ist. Die erstaunlich starke Forderung nach einer Kennzeichnungspflicht gentechnisch veränderter Lebensmittel (mehr als 85% der Befragten befürworten dies) reflektiert das Misstrauen in die großtechnische Lebensmittelproduktion.

Somit ist es kein Wunder, dass die Gentechnik ähnlich wie die Kernenergie zum Stellvertreter für das Unbehagen an der Entwicklung zur Modernisierung avanciert ist. War es bei der Kernenergie die Spaltung der kleinsten zusammenhängenden Einheit, die Assoziationen zur Hybris des Menschen, sich über die Natur zu erheben, hervorgerufen hat, so ist es bei der Gentechnik der bewusste Eingriff in die Baupläne des Lebens, die Assoziationen an den Homunculus und an eine reine Zweckorientierung des Lebens für menschliche Bedürfnisse weckt. Um so wichtiger ist es deshalb, sich mit neuen Formen der gesellschaftlichen Debatte um Biotechnik und Gentechnik auseinander zu setzen.

2. ANWENDUNGSFELDER DER GENTECHNIK

Bei der Gentechnologie handelt es sich um eine sogenannte Querschnittstechnologie. Die Anwendungsbereiche der Gentechnologie lassen sich grob in vier große Felder unterscheiden:

Ein großes Feld ist die medizinische und pharmazeutische Anwendung, die oft als *"rote" Gentechnik* bezeichnet wird. In der Medizin liegen die Anwendungsfelder vor allem in der Therapie und in der Diagnose, in der Pharmazie wird die Gentechnik in erster Linie für die Entwicklung und in zweiter Linie für die Herstellung von Arzneimitteln verwendet. Bereits heute wird mit gentechnisch erzeugten Alpha-Interferonen die Leukämie und mit Beta-Interferonen die multiple Sklerose bekämpft und mit gentechnisch hergestellten Seren ein verbesserter Schutz gegen Hepatitis geboten. Diese und weitere Anwendungen sind zwar auch mit Risiken verbunden, die Nutzanwendungen überwiegen aber bei weitem die möglichen Gesundheitsrisiken. Dass Medikamente Nebenwirkungen haben können, ist kein Spezifikum gentechnisch hergestellter Pharmazeutika. Inwieweit von der Produktion gentechnisch erzeugter Pharmazeutika Risiken (Entweichung aus dem Labor) ausgehen, ist weiterhin umstritten; das Ausmaß dieser Risiken kann aber als relativ unbedeutend und regional begrenzt angesehen werden.

Völlig anders sieht dagegen die Bewertung der Gentechnik in ihrer Anwendung am Menschen selbst aus. Vor allem in der Diagnose von Krankheiten im pränatalen Stadium sowie in der Reproduktionsmedizin werden zentrale ethische Fragen aufgeworfen. Auf diese soll aber hier nicht weiter eingegangen werden. Sie sind bereits vielfach kommentiert worden.

Das zweite große Betätigungsfeld der Gentechnologie liegt in der Landwirtschaft, die meist als *"grüne" Gentechnik* bezeichnet wird. In der agrikulturellen Anwendung geht es beispielsweise um gentechnisch veränderte Rohstoffe zur Nahrungsmittelproduktion, Resistenzzüchtungen, Intensivierungszüchtungen, Produktivitätssteigerungen, Qualitätsveränderungen und Anreicherungen mit ernährungsphysiologisch erwünschten Zusatzstoffen (etwa Vitaminen).

Zum dritten findet man gentechnische Verfahren in speziellen Produktionsprozessen z.B. bei der Enzymproduktion für Waschmittel. Auch für die Herstellung von Zwischenprodukten für die chemische Synthese können gentechnische Verfahren eingesetzt werden. Dieser Anwendungsbereich ist wenig spektakulär, da die Verfahren selten mit Endprodukten für den Konsumenten verbunden sind. Dieser Anwendungsbereich wird häufig als *„weiße" Gentechnik* bezeichnet.

Zum Schluss findet man gentechnische Verfahren auch in der Umwelttechnik und Schadstoffbeseitigung. Hierzu zählt unter anderem die sogenannte "Bioremediation". Darunter versteht man den Einsatz von Mikroorganismen zur Entsorgung kontaminierter Böden und Gewässer. Dieser Anwendungsbereich wird meist als *„graue" Gentechnik* bezeichnet.

Die folgenden Ausführungen beziehen sich ausschließlich auf die grüne Gentechnik. Zunächst um eine Bilanz der mit dem Einsatz der grünen Gentechnik verbundenen Chancen und Risiken. Eine Erörterung der Einstellungen und Meinungen der Bevölkerung in dieser Frage schließt sich an, ehe im Schlussteil die Bedeutung von diskursiven Verfahren der Konfliktschlichtung als Chance für eine einvernehmliche Lösung in der Debatte um das Für und wider der Gentechnik hervorgehoben wird.

3. DIE GRÜNE GENTECHNIK

Die grüne Gentechnik umfasst alle Anwendungen der Gentechnik für die Felder Landwirtschaft und Ernährung. Die besonderen Vorteile der grünen Gentechnik sind:

1. Die bei jeder Züchtung unvermeidbaren Nebenfolgen im Sinne von nicht erwünschten aber durch weitere Kreuzung nicht vermeidbaren

Merkmalen (etwa geringe Halmfestigkeit) können durch gezielte gentechnische Eingriffe vermieden werden. Gentechnische Veränderungen sind gezielter und treffgenauer als konventionelle Züchtungserfolge. Mit der Gentechnik können Nutzpflanzen (und auch Nutztiere) stärker als bisher auf die gewünschte Nutzwirkung hin optimiert werden.
2. Mit der Gentechnik können bestimmte erwünschte Eigenschaften wie Pestizidresistenz oder Schädlingsresistenz in die Pflanze „eingebaut" werden. Bei den gentechnisch veränderten Pflanzen der ersten und zweiten Generation wurden vor allem solche Eigenschaften gefördert bzw. initiiert, die ertragssteigernd wirkten oder bei Anbau, Ernte, Transport und Lagerung wirtschaftliche Vorteile versprachen.
3. Mit der Gentechnik können ernährungsphysiologisch erwünschte Eigenschaften wie erhöhter Vitamingehalt oder Anreicherung mit bestimmten Spurenstoffen erzeugt werden. Dieser Vorteil wird vor allem bei den gentechnischen Anwendungen der sog. dritten Generation angestrebt.
4. Die Gentechnik ermöglicht prinzipiell die Modifikation von Nutzpflanzen zur Anpassung an bestimmte klimatische Bedingungen oder an regionale Besonderheiten. Ein Ziel ist etwa die Entwicklung von Trockenreis, der seinen Stickstoff aus der Luft bezieht. Inwieweit eine solche regional differenzierte Angeboterweiterung tatsächlich auch eintritt, ist vor allem von den Marktverhältnissen (Angebot und Nachfrage) und den politischen Rahmenbedingungen abhängig.

Diese potenziellen Vorteile werden von Gegnern wie Befürwortern gesehen, allerdings unterschiedlich gewichtet. Während die Befürworter diese Anwendungen als einen wichtigen Fortschritt für die Sicherung der weltweiten Ernährung im Umfeld großer Unsicherheiten (Klimawandel, Wasserverknappung, etc.) beurteilen, sind die Gegner überwiegend der Ansicht, dass die Anwendungen die Produzenten und die multinationalen Unternehmen begünstigen, aber weder für den Verbraucher Vorteile bringen noch die Welternährungslage nennenswert verbessern helfen.

Bei der Frage nach den Risiken sind die Meinungen der Gegner und der Befürworter der grünen Gentechnik stärker polarisiert als bei der Einschätzung der potenziellen Vorteile. Vor allem werden die fünf folgenden Risikobereiche intensiv diskutiert:

1. *Horizontaler Gentransfer:* Das Risiko liegt hier darin, dass Eigenschaften von Nutzpflanzen, die gentechnisch verändert wurden, durch Auskreuzen auf Wildpflanzen übertragen werden. Unter Umständen können sich die dann entstehenden neuen Wildpflanzen besser ausbreiten und dabei andere Pflanzen verdrängen. Dies könnte negative Folgen für die Biodiversität und die Verwundbarkeit von fragilen Ökosystemen haben. Kritiker der grünen Gentechnik sehen diese Gefahr vor allem dann gegeben, wenn Nutzpflanzen gegen Schädlinge wie Viren, Insekten, Pilze, Bakterien etc. resistent gemacht werden. Gentechnische Veränderungen könnten dann von den Kulturpflanzen auf Wildpflanzen überspringen, sofern sie miteinander verwandt sind oder ihren eigenen Vermehrungsrhythmus stören. Dagegen argumentieren die Befürworter der Gentechnik, dass sich die für menschliche Bedürfnisse maßgeschneiderten Kulturpflanzen kaum mit den wesentlich angepassteren "Unkräutern" im freien Wettbewerb der Pflanzen messen können, da sich die meisten Kulturpflanzen ohne Hilfe des Menschen kaum ausbreiten könnten. Andere ökologische Risiken der grünen Gentechnik liegen darin, dass gentechnisch manipulierte Pflanzen neue Stoffe entwickeln, die auch für Nützlinge schädlich sein können. Mit Hilfe der Gentechnik erzielte insektenresistente Pflanzen produzieren z.B. einen Giftstoff, der aus Bakterien stammt und der auch Nützlinge abtöten kann.

2. *Problematische Botenstoffe und Marker:* Bei der Gentechnik werden häufig Botenstoffe oder Marker eingesetzt, die auf die Resistenz der Pflanzen Einfluss nehmen (Promotoren, Trailor etc.). Diese Resistenzen etwa gegen Herbizide können sich auf andere Pflanzen (etwa Unkräuter) übertragen oder auch bei den Konsumenten der Pflanzen (Tiere und Menschen) Probleme erzeugen (etwa wenn Antibiotika eingesetzt werden). Viele Kritiker sind der Meinung, dass diese Botenstoffe unter anderem zur Antibiotika-Resistenz des Menschen beitragen können. Dagegen argumentieren Befürworter der Gentechnik, dass die

eingesetzten Antibiotika in der medizinischem Praxis nicht oder nicht mehr eingesetzt werden und mittelfristig ohnehin auf andere Botenstoffe ausgewichen werden kann (und sollte).
3. *Allergische Reaktionen:* Durch die Aufnahme von fremden Gensegmenten können beim Menschen allergische Reaktionen ausgelöst werden, wenn der Konsument auf das fremde Gensegment allergisch reagiert (etwa Erdbeergene in anderen Nutzpflanzen). Kritiker befürchten, dass beim Konsumenten über die Herkunft der Fremdgene keine Kenntnis herrsche, wodurch allergische Reaktionen nicht mehr vorhersehbar werden. Befürworter der Gentechnik sehen dagegen kein Grund zur Sorge: Bei fast allen als Fremdgene eingesetzten Arten liegen nach den Erfahrungen der medizinischen Praxis keine Fälle von allergischen Reaktionen vor. Außerdem könne man dieses Problem durch eine entsprechende Kennzeichnung regeln. Allerdings ist dabei zu beachten, dass bei einer starken Ausweitung des Einbaus von fremden Gensegmenten der Allergiker die Übersicht verliert, welche potenziell allergenen Stoffe in welchen Lebensmitteln vorhanden sind.
4. *Monofunktionalisierung:* Wenn wenige Getreidearten durch gentechnische Veränderung so widerstandsfähig und ertragreich werden, dass sie weltweit Verbreitung fänden und die Weltgetreideversorgung von ihnen abhinge, könnten neue bisher noch unbekannte Schädlinge oder Virenformen diese Versorgung global gefährden. Dieses Szenario ist zwar auch bei konventioneller Züchtung gegeben (immerhin leben über 80% der Menschen von nur noch 10 Nutzpflanzen), aber mit dem Einsatz der Gentechnik kann dieser Trend zu einigen dominanten Nutzpflanzen noch wesentlich beschleunigt werden. Aus wirtschaftlichen Gründen, so die Skeptiker, sei eher eine Einengung auf einige wenige weltweit einsatzfähige Nutzpflanzen zu erwarten als eine Differenzierung nach kleinräumigen Anforderungen. Dadurch könnte auch die Artenvielfalt weiter dezimiert und der Weg in eine nachhaltige Landwirtschaft verbaut werden. Befürworter der Gentechnik halten diesem Argument entgegen, dass es gerade mit dem Einsatz der Gentechnik möglich sei, regional angepasste Nutzpflanzen zu erzeugen. Ein Markt für regionale Produkte sei durchaus für die Industrie attrak-

tiv und werde auch genutzt. Vor allem ermögliche aber die Gentechnik, Nutzpflanzen an die zu erwartenden Klimaänderungen und den neuen Siedlungsstrukturen von Stadt und Land anzupassen. Zudem gebe es weder einen Zwang zur Monofunktionalisierung noch ginge diese Entwicklung von der Gentechnik aus.
5. *Abhängigkeit gegenüber agroindustriellen Konzernen:* Viele Kritiker der Gentechnik befürchten, dass gentechnisch verändertes Saatgut die bestehende Anhängigkeit der Landwirte von wenigen Großfirmen verstärken könnte. Da es sich bei gentechnisch verändertem Saatgut fast ausschließlich um Hybridsorten handelt, sind die Landwirte darauf angewiesen, immer wieder neues Saatgut bei dem jeweiligen Hersteller zu kaufen. Zudem werden von multinationalen Unternehmen Patente an Nutzpflanzen erworben, durch die sie ihre Macht gegenüber Konkurrenten und Abnehmern ausbauen können. Viele Beobachter sind daher besorgt, dass vor allem die Kleinbauern in den Entwicklungsländern in zunehmende Abhängigkeiten geraten, weil sie keine freie Wahl mehr haben zu entscheiden, welches Saatgut sie kaufen wollen und wie sie ihre traditionellen Rechte wahren können. Inzwischen bieten einzelne Firmen auch Gesamtpakete an (etwa Herbizide mit herbizidresistentem Saatgut), die langfristige Abhängigkeiten zementieren können. Dagegen sind die Befürworter der Gentechnik der Meinung, dass die Landwirte langfristig von solchen Arrangements profitieren werden und dass auch die armen Landwirte in Entwicklungsländern (und nicht nur die Großgrundbesitzer) mit den gentechnisch veränderten Sorten mehr Einkommen, vor allem aber Einkommenssicherheit, erzielen können. Nicht ohne Grund, so die Befürworter, würden immer mehr Entwicklungsländer auf gentechnisch veränderte Nutzpflanzen setzen und versuchen, solche auch mit Hilfe eigener Forschungsanstrengungen zu entwickeln.

Zusammenfassend kann man feststellen, dass eine Vielzahl heute noch nicht abschätzbarer Risikopotentiale mit der Weiterentwicklung der Gentechnologie verbunden sind. Viele dieser Risiken unterscheiden sich in ihrer Qualität nicht von den Risiken der herkömmlichen Pflanzenzüchtung, haben aber das Potenzial, die Entwicklung solcher Risiken zu beschleunigen oder ihr Ausmaß zu verstärken. Gleichzeitig sind mit dem Einsatz gentechnisch veränderter Pflanzen viele Vorteile verbunden, die zu dem Ziel einer ausreichenden und qualitativ hochwertigen Ernährung der Bevölkerung beitragen können. Dabei ist jedoch immer zu berücksichtigen, dass die Ernährungskrisen der Menschheit weniger das Resultat mangelnder Nahrungsmittel sind als vielmehr Folge verfehlter Landwirtschafts- und Verteilungspolitik, oder sich als Konsequenz der mangelnden Kaufkraft, also der weltweiten Armut ergeben. Daran werden auch verbesserte gentechnische Verfahren und Produkte wenig ändern. Zudem dienen die meisten heute vorgenommenen gentechnischen Modifikationen im Pflanzenbereich überwiegend den Interessen der Hersteller, Händler und Landwirte, während die immer wieder von den Befürwortern beschworene Anwendung zur Verbesserung der Welternährungslage bis heute ein noch uneingelöstes Versprechen darstellt.

4. EINSTELLUNGEN ZU GRÜNEN GENTECHNIK

Umfrageergebnisse zeigen deutlich, dass gentechnische Anwendungen dann am ehesten akzeptiert werden, wenn sie mit Zielen verbunden sind, die von der Bevölkerung als wünschenswert oder sozial nutzbringend angesehen werden. Dies ist zum Beispiel bei medizinischen und pharmazeutischen Anwendungen der Fall, wo Gentechnik zur Erreichung des universellen Ziels "Gesundheit" eingesetzt wird. Im Gegensatz dazu lehnt der weitaus größte Teil der Bevölkerung Anwendungen der Gentechnik bei der Agrarproduktion (mit Ausnahme der Erzeugung nachwachsender Rohstoffe) mehrheitlich ab.

Als Gründe für die Ablehnung werden vor allem gesundheitliche Risiken und eine Unkontrollierbarkeit der Risiken der Gentechnik genannt. Mehr als drei Viertel der befragten in nahezu allen Umfragen seit 1995 sprechen sich explizit für eine generelle Kennzeichnungspflicht gentechnisch veränderter Lebensmittel aus.

Fragt man nach den Ursachen für diese deutliche Ablehnung, dann spielt die fehlende Nutzenwahrnehmung eine größere Rolle als die Risikobewertung durch die Befragten. Eine Untersuchung mit Fokusgruppen in sechs Ländern der EU kam zu dem Schluss, dass für die meisten Konsumenten der Nutzen gentechnisch veränderter Lebensmittel entweder nicht erkennbar war oder in den Augen der Befragten nur bestimmten Interessengruppen zugute kommen würde. Aus den Auswertungen der Fokus-Gruppen, in denen offen die Ängste, Befürchtungen, aber auch Hoffnungen und Visionen der Teilnehmer angesprochen wurden, schälte sich eine Erkenntnis klar heraus: Je mehr Menschen die gentechnischen Veränderungen als ein Zeichen einer anonymen Bedrohung ihrer selbstbestimmten Lebenswelt erleben, desto skeptischer, ja geradezu feindseliger betrachten sie den Vormarsch der Gentechnik in den Nahrungsbereich. Die Angst, über die Effizienz von Zweckerfüllung Autonomie über die eigene Lebenswelt zu verlieren, äußert sich in der bewussten Abkehr von industriellen Fertigungsweisen und durchgestyltem Convenience-Food.

Die Gentechnik ist in der Wahrnehmung der Bevölkerung die Speerspitze einer hochtechnisierten, hochchemisierten Landwirtschaft, mit der Turbokühe, Hormonkälber und BSE-Rinder assoziativ verbunden werden und bei der einseitige ökonomische Verwertungsinteressen gegen die Interessen der Konsumenten und der Umwelt stehen. Das mag alles nichts mit Gentechnik im wissenschaftlich-technischen Sinne zu tun haben, aber in dieser argumentativen "Ecke" steckt die Gentechnik. Die Forderung nach einer Kennzeichnungspflicht gentechnisch veränderter Lebensmittel reflektiert das Misstrauen in die großtechnische Lebensmittelproduktion. Wenn versucht werden sollte, Gentechnik durch die "Hintertüre" ohne breiten Dialog einzuführen, ist mit erheblichen Irritationen der Öffentlichkeit zu rechnen. In Frankreich und England wurden bereits gentechnisch veränderte Lebensmittel von den Regalen der Geschäfte zurückgezogen, weil sie nicht verkaufbar waren.

5. UMGANG MIT DER GENTECHNIK-DEBATTE

Um die Chancen der Gentechnik nutzen, die Risiken effektiv begrenzen und zu einem verantwortbaren Umgang mit dieser neuen Querschnittstechnologie zu kommen, muss der gesellschaftliche Diskurs über die Nutzung der Gentechnik für Landwirtschaft und Ernährung verstärkt und zu einer vorsorgeorientierten Risikopolitik ausgebaut werden.. Zwar gibt es bereits eine große Anzahl von Stellungnahmen aus vielen kirchlichen wie nicht-kirchlichen Quellen, aber es fehlt eine bilanzierende, auf nachvollziehbaren Kriterien bezogene Abwägung der Vor- und Nachteile. Eine solche abwägende Bilanz müsste unter anderem folgende Kriterien mit einbinden:

- Auswirkungen auf das Recht auf Grundversorgung mit Nahrung und Primärgütern
- Umweltverträglichkeit der konventionellen und transgenen Nutzpflanzen
- Wirtschaftlichkeit
- Auswirkungen auf soziale Gerechtigkeit und Armutsbekämpfung
- Auswirkungen auf Menschenrechte (vor allem Selbstbestimmung und Menschenwürde)
- Langzeiteffekte auf Gesundheit, Umwelt und Entwicklung
- Möglichkeit der Koexistenz von konventionellen und transgenen Nutzpflanzen.

Zur Umsetzung einer abwägenden Beurteilung der grünen Gentechnik ist eine Form der Auseinandersetzung angebracht, bei der gemeinsame Anstrengungen unternommen werden, die konsensualen und dissenten Bewertungen gentechnischer Anwendungen zu identifizieren und eine Verständigung über die verbleibenden Dissense herbeizuführen. Ein solcher Diskurs ist gerade zum jetzigen Zeitpunkt notwendig, da in der EU das europäische Anbaumoratorium aufgehoben wurde und damit die Einführung gentechnischer Nahrungsmittel in Europa auch in größerem Umfang möglich geworden ist. Nachdem die EU die Kennzeichnungspflicht eingeführt und die dazu notwendigen Regeln festgeschrieben hat, stehen europaweit gültige Regelungen für die Spezifizierung der Sortenreinheit sowie für die Sicherstellung der Koexistenz zwischen konventionellen und transgenen Nutzpflanzen noch aus. Da durch Pollenflug das Erbgut gentechnisch veränderter Pflanzen unbeabsichtigt auf konventionelle Sorten übertragen werden kann, müssen Mindestbarrieren als Pufferzonen definiert und spezielle Anbauregeln festgeschrieben werden. Diese Regelungen sind bis heute umstritten. Auch in Deutschland wird im Rahmen der Novellierung des Gentechnikgesetzes über die Regelungen zur Koexistenz gerungen.

Bevor nun Fakten geschaffen und dadurch auch die Fronten weiter verhärtet werden, ist es nunmehr an der Zeit, einen umfassenden und fairen Abwägungsdiskurs einzuleiten. Dabei dürfte es die wichtigste Aufgabe sein, ein Abdriften in Fundamentalismus und Sprachlosigkeit zu vermeiden. Das gilt übrigens für beide Seiten. Weder ein wagemutiges „Jetzt erst recht" noch ein ängstliches „Bloß nicht weiter" können den Anspruch einer Leitorientierung für die künftige Entwicklung in der Gentechnik erfüllen. Stattdessen sollten die Verantwortlichen in Wirtschaft, Wissenschaft, Politik, Kirche und Gesellschaft auf offene Diskurse setzen, in denen aus der Kenntnis der moralischen Grenzen und der Wahrnehmung von möglichen Chancen Kreativität frei werden kann. Sowohl die produktive Angst vor dem Ungewissen und die damit verbundene Anerkennung von Grenzen der Gestaltungsmöglichkeiten auf der einen, wie auch die handlungsleitende Kraft von positiven Zukunftsbildern und die Entwicklung der dazu notwendigen technischen und organisatorischen Mitteln auf der anderen Seite, schaffen die Voraussetzung dafür, dass sich der künftige Umgang mit den gentechnischen Möglichkeiten am Menschen an der richtigen Balance zwischen „Geschehen-Lassen" und „Geschehen-Machen" orientieren kann.

Die Forderung nach einer diskursiven Bewältigung der biotechnischen Chancen und Risiken ist daher nicht nur ein Anliegen zur rationalen Bewältigung der heutigen Gentechnikdebatte, sondern auch ein Instrument zur Gestaltung einer lebendigen und dynamischen politischen Kultur. Dazu bemerkt der Risikoexperte Prof. Mathias Haller:

"Bei der jüngsten Schlüsseltechnologie, der Biotechnologie, stehen ... die Chancen nicht schlecht, dass von allem Anfang an die nicht-technischen Faktoren mit ins Blickfeld rücken und alle Beteiligten verpflichtet sind, den Risiko-Dialog in die Gesamtbetrachtung einzuschließen und so nach Wegen zu suchen, die positiven Faktoren zu nutzen, ohne mit den negativen Zustände zu schaffen, die gesellschaftlich unerwünscht sind. Dass es sich hier um ein besonders schwieriges Gebiet handelt, weil die Wertebene den Ausschlag gibt, dürfte von niemanden bestritten werden; dass es sich lohnt, den Risiko-Dialog systemisch und systematisch durchzuführen, wohl auch nicht"

Benötigt wird also ein kontinuierlicher und verständigungsorientierter Dialog mit allen Parteien, die direkt oder indirekt mit dieser Thematik befasst werden. In diesem Dialog kann es nicht darum gehen, die eine oder andere Seite zu überreden, sondern bei den Teilnehmern die sachliche Grundlage für die faktengetreue Einschätzung der Chancen und Risiken sowie die Sicherheit eines ethisch fundierten Urteilvermögens zu schärfen. Erst das faktische Wissen um die Möglichkeiten der Gentechnik und die ethische Reflektionsfähigkeit über die Wünschbarkeit der Folgen können in der Debatte um Gentechnik dazu beitragen, dass Menschen sich über ihre eigenen Werte und Zukunftsvorstellungen bewusst werden und sich die Politik auf fundierte und ausgewogene Meinungsbildung abstützen kann. Vor allem aber sollten wir mit einem Schuss Demut in diese Debatte gehen. Denn Hochmut kommt bekanntermaßen immer vor dem Fall.

LITERATUR

Baier, A. et al.(2001): Grüne Gentechnik und ökologische Landwirtschaft. Bericht des Umweltbundesamtes. UBA-Texte 23/01

Arbeitskreis evangelischer Unternehmer in Deutschland (2000): Grüne Gentechnik. Von ritualisierten Streit zum sachorientierten Diskurs. Zweite Auflage. Frankfurt: Herbert Utz Verlag Wissenschaft.

Bund für Lebensmittelrecht und Lebensmittelkunde. (Hrsg.), (2000): Kompendium Gentechnologie und Lebensmittel. Bonn: BLL

Busch, R. J.; Haniel, A.; Knoepffler, N.; Wenzel, G. (Hrsg.), (2002): Grüne Gentechnik - Ein Bewertungsmodell. Frankfurt: Herbert Utz Verlag Wissenschaft

Haller, M. (1999): "Erübrigt sich angesichts der Globalisierung der Risiko-Dialog?" in: P. Gomez; G. Müller-Stewens und J. Ruegg-Stürm. (Hrsg.): *Entwicklungsperspektiven einer integrierten Managementlehre* (Haupt: Bern u.a.), S. 73-117

Hampel, J. und Pfenning, U. (1999): "Einstellungen zur Gentechnik," in: J. Hampel und O. Renn (Hrsg.): *Gentechnik in der Öffentlichkeit. Wahrnehmung und Bewertung einer umstrittenen Technologie.* (Campus: Frankfurt/Main), S. 28-55

Hampel, J. und Renn, O. (1999): *Gentechnik in der Öffentlichkeit. Wahrnehmung und Bewertung einer umstrittenen Technologie.* Frankfurt und New York: Campus

Jany, Kl.-D., Greiner, R. (1998): Gentechnik und Lebensmittel. Karlsruhe: Berichte der Bundesforschungsanstalt für Ernährung

Katalyse Institut (1999): Gentechnik in Lebensmitteln. Ein kritischer Ratgeber für Verbraucher. Hamburg: Rowohlt Sachbuch

Kempken, F., Kempken, R. (2000): Gentechnik bei Pflanzen - Chancen und Risiken. Berlin: Springer-Verlag

Midden, C. et al. (2002): „The Structure of Public Perception," in: M.W. Bauer and G. Gaskell (Hrsg.): Biotechnology. The Making of a Global Controversy (Cambridge University Press. Cambridge, UK), S. 203-223

Positionspapier von KLJB, KLFB und KLB (1999): Gentechnik in Landwirtschaft und Lebensmittelherstellung. Münstertal (download unter www.landpastoral.de)

Renn, O. und Hampel, J.(2001): Gentechnik, öffentliche Meinung und Ethik. In: M. Weber und P. Hoyningen-Huene (Hrsg.): Ethische Probleme in den Biowissenschaften. Heidelberg: Synchron Verlag, S. 133-146

Torgersen, H. et al. (2002): „Promise, Problems and Proxies: Twenty-five Years of Debate and Regulation in Europe," in: M.W. Bauer and G. Gaskell (Hrsg.): Biotechnology. The Making of a Global Controversy (Cambridge University Press. Cambridge, UK), S. 21-95, hier S. 77ff.

Willmitzer, L. (1995): Gentechnologie bei Pflanzen. Biologie in unserer Zeit, 25. Jg., 4/95, S. 230-238

Umweltbundesamt (Hrsg.), (1996): Gentechnik in Entwicklungsländern - Ein Überblick: Landwirtschaft. Berlin: UBA

Wissenschaftlicher Beirat der Bundesregierung Globale Umweltveränderungen (WBGU) (1999): *Welt im Wandel: Der Umgang mit globalen Umweltrisiken.* Berlin: Springer.

Ökonomischer Nutzen der grünen Gentechnologie

4

Mathias Boysen

ZUSAMMENFASSUNG

Die Quantifizierung ökonomischer Effekte hängt entscheidend von der genauen Definition der „grünen Gentechnologie" ab. Neben den einbezogenen Branchen und den der grünen Gentechnologie zugerechneten Methoden ist bei den Arbeitsplatzzahlen darauf zu achten, ob ausschließlich zusätzliche Arbeitsplätze erfasst werden oder auch solche, die bisherige Arbeitsplätze ersetzen. Verschiedene Definitionen erklären die großen Divergenzen in den Arbeitsplatzangaben unterschiedlicher Studien.
Offen ist gegenwärtig, wie schnell und in welchem Maße sich die grüne Gentechnologie in der deutschen Landwirtschaft durchsetzen wird. Verschiedene Faktoren weisen auf eine langsame wie insgesamt verhaltene Entwicklung: Zum einen hat der kommerzielle Anbau in Deutschland überhaupt erst im Jahr 2006 auf lediglich 950 Hektar begonnen. Zum anderen unterscheiden sich die Rahmendaten in Deutschland deutlich von denen in Ländern, in denen sich die grüne Gentechnologie in den letzten 10 Jahren teilweise rasant entwickelt hat. Die EU-weiten Vorschriften zur Kennzeichnung gentechnisch veränderter Produkte führen dazu, dass die Verarbeitung gentechnisch veränderter Pflanzen getrennt von den konventionellen Pflanzen erfolgt. Eine solche Markt- und Produktionstrennung existiert in den USA nicht. Ebenso existieren keine Regelungen zur Koexistenz der Landbewirtschaftungsformen.
Zahlreiche Studien dokumentieren, dass die Landwirte einen unmittelbaren Nutzen aus dem Anbau transgener Sorten gezogen haben. Dies belegt auch die rasante Adaption gentechnisch veränderter Sorten z.B. in den USA und Kanada. Daneben profitieren die Saatguthersteller von der erfolgreichen Einführung gentechnisch veränderter Sorten. Ihr konkreter Anteil variiert je nach Fallstudie. Gleiches gilt für die Höhe des ökonomischen Vorteils für die Käufer der Rohwaren, wobei es unwahrscheinlich ist, dass Endverbraucher an der Ladentheke wegen des geringen Preisanteils der Rohwaren bei vielen Lebensmitteln einen großen Preisvorteil aus dem Anbau gentechnisch veränderter Sorten ziehen.

In der öffentlichen Debatte über die grüne Gentechnologie bildet der ökonomische Nutzen eine zentrale Argumentationslinie. Der Einsatz der Gentechnologie wird als Schlüsseltechnologie im Bereich der Pflanzenzüchtung und in der Lebensmittelproduktion gewertet und als solche für den Fortbestand bestehender wie für die Gewinnung neuer Arbeitsplätze als essentiell angesehen. Allerdings bleibt diese Charakterisierung keineswegs unwidersprochen. Kritiker bezweifeln offen den ökonomischen Nutzen der grünen Gentechnologie oder befürchten den Verlust von Arbeitsplätzen durch ihren Einsatz.

Solche widersprüchlichen Aussagen lassen sich nur dann entwirren, wenn es gelingt, die unterschiedlichen Prämissen und Herangehensweisen der Quellen bzw. Argumente zu differenzieren, auf denen sie aufbauen. Bereits bei der Definition, was genau unter der grünen Gentechnologie zu verstehen ist, streiten sich die Geister: Geht es allein um die Züchtung und den Anbau gentechnisch veränderter (transgener) Pflanzen? Soll der Lebensmittelbereich einbezogen werden und wenn ja in welchem Maße? Auch bei der Definition des ökonomischen Nutzens besteht keineswegs Einigkeit: Welcher Nutzen soll betrachtet werden, der betriebswirtschaftliche von Einigen oder der volkswirtschaftliche einer Gesamtheit? Und wird ein kurzfristiger oder ein langfristiger Zeithorizont angenommen? Offenkundig ist die Frage nach dem ökonomischen Nutzen komplex und ohne Differenzierung nicht zu beantworten.

Die nachfolgenden Darstellungen geben einen Überblick über die verschiedenen ökonomischen Argumentationen. Die grüne Gentechnologie wird hierbei in einem breiten Rahmen betrachtet, der die vollständige Wertschöpfungskette von der Forschung bis zu den Lebensmitteln integriert und lediglich gentechnisch veränderte Tiere ausklammert. Im Mittelpunkt stehen zwei Gesichtspunkte, die den ökonomischen Nutzen bemessen: Die Gewinne auf Betriebsebene, die mit dem Einsatz der grünen Gentechnologie erzielt werden können, sowie bezogen auf die deutsche Volkswirtschaft die Zahl der Arbeitsplätze in den entlang der Wertschöpfungskette involvierten Wirtschaftssektoren. Obwohl ausschließlich auf die ökonomischen Aspekte eingegangen wird, darf dabei nicht vergessen werden, dass ökologische und soziale Aspekte eng mit ökonomischen Aspekten verzahnt sind. Ihre Darstellung und Bewertung erfolgt im zentralen Bericht der interdisziplinären Arbeitsgruppe Gentechnologiebericht (Hucho et al., 2005)[1].

In den meisten Studien wird zur Bemessung des ökonomischen Nutzens der Anbau gentechnisch veränderter Sorten dem Anbau konventioneller Sorten derselben Nutzpflanze gegenüber gestellt. Dies muss keineswegs die einzige Alternative sein, die ein Landwirt zur Bewirtschaftung seiner Flächen zur Verfügung hat, und auch gegenüber anderen Alternativen könnte der ökonomische Nutzen bestimmt werden. So besteht im Prinzip die Möglichkeit, die Form der Landbewirtschaftung insgesamt umzustellen (andere Nutzpflanzen, andere Fruchtfolgen, etc.). Diese Argumentation findet sich häufig bei Gentechnikkritikern, die eine andere generelle Ausrichtung der Landwirtschaft fordern. Ein solcher komplexer Vergleichsmaßstab macht Szenarien für eine landwirtschaftliche Entwicklung erforderlich, die an die natürlichen Gegebenheiten einer Region anzupassen wären. Eine solche umfassende Betrachtung wäre sinnvoll, um den Blick auf Entwicklungsalternativen der Landwirtschaft als Ganzes zu richten. Für die Frage der Wirtschaftlichkeit, d.h. ob und welchen konkreten ökonomischen Nutzen ein Landwirt vom Anbau gentechnisch veränderter Sorten haben kann, erscheint der Vergleich mit konventionellen Sorten auf der Betriebsebene geeigneter. Hierbei sind verschiedene Faktoren relevant: Veränderung bei den Produktionskosten, d.h. den Arbeitsstunden, dem Maschineneinsatz, dem Saatgut, den Pestizidkosten (Menge und Preis), sowie Veränderungen im Ertrag (Menge und Preis).

WELTWEITE ANBAUFLÄCHEN GENTECHNISCH VERÄNDERTER SORTEN

Das Anwachsen der weltweiten Anbauflächen gentechnisch veränderter Pflanzen dient als zentraler Beleg für deren wirtschaftlichen Erfolg. Zweifelsohne ist der kontinuierliche Anstieg der Anbauflächen seit dem Anbaubeginn 1996 bemerkenswert: Zuletzt stieg die Fläche gentechnisch veränderter Nutzpflanze von 81 Mio. Hektar im Jahr 2004 auf 90 Mio. Hektar im Jahr 2005 an (James, 2006)[2]. Zum Vergleich: Die als Ackerland genutzte Fläche in

Deutschlands betrug 2005 11,9 Mio. Hektar Ackerland (Statistische Ämter des Bundes und der Länder, 2006)[3]. Gentechnisch veränderte Nutzpflanzensorten zeigen sich demnach offenkundig wirtschaftlich durchsetzungsfähig gegenüber konventionellen Sorten. Diese Erfolgsgeschichte gilt aber nicht uneingeschränkt für alle auf dem Markt zugelassenen transgenen Pflanzen. So konnte die so genannte *FlavrSavr*-Tomate, die in Deutschland Ende der 1990er Jahre für Furore sorgte und bei der durch eine Unterdrückung des Pektinabbaus das Reifen verzögert wird, die Erwartungen nicht erfüllen und wird deswegen nicht länger angebaut (Transgen, 2006)[4]. Ebenfalls nicht erfolgreich waren die ersten beiden zugelassenen transgenen Pflanzen mit veränderten Inhaltsstoffen, eine Rapssorte mit verändertem Lauringehalt und eine Sojasorte mit erhöhtem Ölsäuregehalt (Zulassung in den USA 1994 bzw. 1997; Sauter et al., 2006)[5]. Diese frühen Beispiele der Veränderung von Output-Merkmalen verdeutlichen, dass jede einzelne gentechnisch veränderte Sorte separat zu betrachten bleibt. Für die Fragestellung, ob Landwirte einen ökonomischen Nutzen aus dem Anbau gentechnisch veränderter Pflanzen ziehen können, muss der ökonomische Nutzen jeweils einzeln für die Nutzpflanzenart und das Merkmal, welches mit Hilfe der Gentechnologie verändert wurde, bemessen werden.

Tabelle 1: Traits und Sorten gentechnisch veränderte Pflanzen 2005

	Hektar (Millionen)	Anteil [%] an gentechnisch veränderten Pflanzen	gesamt %
Herbizid-tolerantes Soja	54.4	60	
Herbizid-toleranter Raps	4.6	5	
Herbizid-toleranter Mais	3.4	4	71
Herbizid-tolerante Baumwolle	1.3	2	
Bt Baumwolle	4.9	5	18
Bt Mais	11.3	13	
Bt/Herbizid-toleranter Mais	6.5	7	11
Bt/Herbizid-tolerante Baumwolle	3.6	4	
Insgesamt	90	100	100

Quelle: James, C. (2006): „Global Status of Commercialized Biotech/GM Crops: 2005". ISAAA Briefs 34-2005. Unter: http://www.isaaa.org.

Unter der Prämisse, dass der einzelne Landwirt seine Anbauentscheidung souverän unter einer Kosten-Nutzen-Optimierung für seinen Betrieb trifft, spricht der dargestellte Anstieg der Anbaufläche transgener Nutzpflanzen dafür, dass viele der derzeitigen gentechnisch veränderten Pflanzen ökonomische Vorteile für Landwirte aufweisen (vgl. auch Menrad et al. 2003)[6]. Dies entspricht dem Konzept der ersten Generation grüner Gentechnik, welche derzeit angebaut wird: Ziel der gentechnischen Veränderungen sind agronomische Merkmale (Input-Merkmale). Weltweit trugen im Anbaujahr 2005 71 % aller transgenen Sorten eine Herbizidtoleranz, 18 % eine Insektenresistenz und 11 % eine Kombination von Herbizidtoleranz und Insektenresistenz. Gleichzeitig konzentrierte sich der Anbau gentechnisch veränderter Sorten auf vier Nutzpflanzen: Sojabohnen (54,4 Mio. ha.), Mais (21,2 Mio. ha.), Baumwolle (9,8 Mio. ha.) und Raps (4,6 Mio. ha.). Setzt man diese Zahlen in Relation zu den jeweiligen Anbauflächen, so fällt die dominierende Stellung des Sojaanbaus auf: Transgene Sorten wurden auf 60 % der weltweiten Soja-Anbauflächen kultiviert, dagegen nur auf 28 % der Baumwoll-Anbauflächen, auf 18 % der Raps-Anbauflächen und auf 14 % der Mais-Anbauflächen (James, 2006)[7]. Interessant ist der Vergleich dieser Daten mit den weltweiten Flächen des ökologischen Landbaus (IFOAM, 2005)[8].

Tabelle 2: Flächenanteile gentechnisch veränderter Pflanzen an der weltweiten Anbaufläche ausgewählter Nutzpflanzen

	1996[1)]	1997[1)]	1998[1)]	1999[1)]	2000	2001	2002	2003	2004	2005
Sojabohne					36 %	46 %	51 %	55 %	56 %	60 %
Mais					7 %	7 %	9 %	11 %	14 %	14 %
Baumwolle					16 %	20 %	20 %	21 %	28 %	28 %
Raps					11 %	11 %	12 %	16 %	19 %	18 %

[1)] 1996 - 1999 Angabe der Flächenanteile nur in Bezug auf Anbaufläche von gentechnisch veränderten Pflanzen insgesamt.

Quelle: James, C. (1996-2005): ISAAA Briefs 5,8,17,21,23,24,27,30,32,34.

Direkte Untersuchungen der Betriebsergebnisse unterstreichen den ökonomischen Vorteil: Nach der Studie von Brookes und Barfoot (2005)[9] über die ökonomischen Effekte des Anbaus transgener, herbizidresistenter Sorten, akkumulierten sich von 1996 bis 2004 die Nettogewinne für die Landwirte weltweit auf 27 Mrd. US$. Im Jahr 2004 betrug der Einkommensvorteil für die Landwirte weltweit 6,5 Mrd. US$. Den größten Anteil hieran hatte Soja (1996-2004: 17,3 Mrd. US$; 2004: 4,1 Mrd. US$), wobei über 40 % auf eine zweite Anbausaison in Argentinien zurückzuführen sind. Im Jahr 2004 betrug der Einkommensvorteil 6,7 %, wenn man ihn in Verhältnis zum Wert der weltweiten Soja-Produktion setzt. Die zweitwichtigste Pflanze war Baumwolle (1996-2004: 6,5 Mrd. US$; 2004: 1,6 Mrd. US$; letztere entsprechen 5,8 % des Wertes der weltweiten Baumwollproduktion). Hervorzuheben ist hierbei, dass insektenresistente Sorten den Großteil ausmachen (1996-2004: 5,7 Mrd. US$; 2004: 1,5 Mrd. US$; 5,3 %). An dritter Stelle folgt Mais (1996-2004: 2,5 Mrd. US$; 2004: 567 Mio. US$; letztere entsprechen ca. 1,1 % des Wertes der weltweiten Maisproduktion). Wie bei Baumwolle haben bei Mais insektenresistente Sorten den größten Anteil (1996-2004: 1,9 Mrd. US$; 2004: 415 Mio. US$; 0,8 %). Die vierte Position nimmt herbizidtoleranter Raps ein (1996-2004: 713 Mio. US$; 2004: 135 US$; letztere entsprechen 1,3 % des Wertes der weltweiten Rapsproduktion). Andere gv-Sorten kommen zusammen auf lediglich 37 Mio. US$ für die Jahre 1996 bis 2004.

Tabelle 3: Weltweiter Einkommenszuwachs auf der Ebene der landwirtschaftlichen durch gentechnisch veränderten Nutzpflanzen, 1996 – 2004

Trait	Einkommenszuwachs in Mio. US$ auf der Ebene landwirtschaftlicher Betriebe		Einkommenszuwachs 2004 als %-Anteil der Gesamtwerte der jeweiligen weltweiten Nutzpflanzen-Produktion
	Im Jahr 2004	Im Zeitraum 1996 bis 2004	
GM HT Soja	2,440 (4,141) [2]	9,300 (17,351) [2]	4.0 (6.7) [2]
GM HT Mais	152	579	weniger als 0.5
GM HT Baumwolle	145	750	0.53
GM HT Raps	135	713	1.34
GM IR Mais	415	1,932	0.8
GM IR Baumwolle	1,472	5,726	5.3
Andere[1]	20	37	N/a
Insgesamt [3]	4,779 (6,480) [2]	19,037 (27,088) [2]	3.1 (4.2) [2]

Anmerkungen: HT = Herbizidtoleranz, IR = Insektenresistenz
1) Andere = Virusresistente Papaya und Zucchini, Mais mit resistenz gegen den westlichen Maiswurzelbohrer (Diabrotica virgifera virgifera).
2) Angaben in Klammern einschließlich der Erträge der zweiten Anbausaison in Argentinien.
3) Die Zeile „Insgesamt" bezieh sich nur auf die Hauptnutzpflanzen Soja, Mais, Raps und Baumwolle

Quelle: Brookes, G., Barfoot, P. (2005): "GM: Crops: The Global Economic and Environmental Impact – The First Nine Years 1996 – 2004". AgBioForum, 8 (2&3), S. 187 – 196.

Entscheidend für den Einkommensvorteil ist laut Studie die Verringerung des Einsatzes von Pflanzenschutzmittel sowohl bei herbizidresistenten als auch insektenresistenten Sorten. Weniger Herbizide und Insektizide bedeuten geringere Kosten für die Landwirte nicht nur beim Kauf sondern auch bei der Applikation, da der Arbeitseinsatz und die Maschinennutzung geringer ausfallen (Convinience-Effekt). Bei Baumwolle, Mais und Raps mit Insektenresistenz weisen die transgenen Sorten außerdem einen höheren Durchschnittsertrag aus (vgl. Sankula et al., 2005)[10]. Frühere Studien, wie die von Gianessi et al. (2002)[11] oder Marra et al. (2002)[12] über die US-Landwirtschaft, kommen zu vergleichbaren Ergebnissen: „For every transgenic field type, crop, and state combination, the average profit is higher for the transgenic crop than for the conventional counterpart" (ebenda).

Kritiker der grünen Gentechnik wie der Bund für Umwelt und Naturschutz Deutschland widersprechen dieser positiven Einschätzung und verweisen u.a. auf eine Studie von Benbrook (2003)[13], die nach einem Abfallen des Pestizideinsatzes in den Jahren nach 1996 – dem Anbaubeginn gentechnisch veränderter Pflanzen in den USA – einen deutlichen Anstieg seit 2001 ausweist; Grund sei das vermehrte Auftreten von resistenten Unkräutern (ebenda: 3). Hieraus automatisch einen ökonomischen Nachteil zu folgern, ist allerdings voreilig (BUND 2004: 22)[14]. Für eine Bewertung der Wirtschaftlichkeit ist neben der Menge der verwendeten Pestizide ihr Preis relevant (ebenso ist für eine ökologische Fragestellung neben der Menge an Pestiziden u.a. ihre Toxizität und ihre Persistenz zu berücksichtigen). Ein Anstieg der Pestizidmenge ist daher nicht gleichbedeutend mit einer Verschlechterung des wirtschaftlichen Ergebnisses auf Betriebsebene. Tatsächlich benennt Benbrook die fallenden Preise für Glyphosat (das in Kombination mit den transgenen Roundup-Ready-Pflanzen eingesetzt wird) als einen Grund für den Anstieg der Applikationsmenge (ebenda: 6). Zu beachten ist außerdem, dass für die Anwendungsformen der grünen Gentechnologie differenzierte Ergebnisse vorliegen: Für die Bt-Pflanzen Baumwolle und Mais errechnet die Studie einen positiven Saldo (ebenda: 4), d.h. eine Einsparung an Pflanzenschutzmitteln.[15] In jedem Fall erlaubt die Studie keinen Aufschluss über das ökonomische Betriebsergebnis eines einzelnen Landwirts.

Die Betriebsebene hat die Untersuchung von Duffy (2001)[16] kritisch im Visier. Die Studie vergleicht für den US-Bundesstaat Iowa den Anbau transgener und nicht-transgener Sorten von Soja und Mais und gelangt zu dem Ergebnis, dass die Landwirte keinen wirtschaftlichen Vorteil aus dem Anbau gentechnisch veränderter Pflanzen ziehen: Bei Soja gleichen ein etwas geringerer Ertrag und höhere Saatgutpreise die Ersparnisse bei den Herbiziden und der Unkrautbekämpfung aus.[17] Bei Baumwolle wird nur ein sehr geringer Mehrertrag festgestellt, wohingegen höhere Saatgutpreise und höhere Düngekosten zu Buche schlagen.[18] Die Daten korrelieren im Wesentlichen mit einer früheren Untersuchung (Duffy, 1999)[19].

Doch wenn die Landwirte keinen ökonomischen Nutzen aus dem Anbau transgener Sorten ziehen, warum haben sich diese Sorten dann in kurzer Zeit in Iowa wie im Rest der USA so stark durchgesetzt? Der Autor der Studie selbst gibt dazu erste Antworten: Bei Soja bestehe ein Vorteil darin, dass die Landwirte leichter und schneller ernten können. Des weiteren setzen die Landwirte gentechnisch veränderte Sorten möglicherweise überwiegend dort ein, wo besonders große Probleme mit Unkräutern bestehen. Den Bt-Mais nutzten die Landwirte wiederum als eine Absicherung gegen einen möglicherweise starken Schädlingsbefall; in Regionen, wo dieser besonders intensiv ist, könne die Betriebsrechnung sehr wohl positiv (für die transgene Sorten) ausfallen.[20]

Deutlich wird damit, dass der Anbau transgener Sorten nicht in jedem Fall und an jedem Ort wirtschaftlich vorteilhaft für die Landwirte sein muss: Entscheidend ist der Befallsdruck von Unkräutern oder durch Schädlinge auf einer bestimmten Fläche. Selbst wenn man über direkte Daten auf Betriebsebene verfügt und Anbaukosten transgener Sorten mit den Anbaukosten zuvor vergleicht, so ist der Vergleich nicht ohne Fehlerrisiko, denn Schädlingsbefall und klimatische Umweltfaktoren verbleiben variabel.

ANBAU IN DEUTSCHLAND UND EUROPA

In Deutschland wird von den Nutzpflanzen, für die transgene Sorten existieren, nur Mais angebaut. Nachdem seit 1998 ein umfangreicher Erprobungsanbau bzw. Praxisanbau mit insektenresistentem Bt-Mais durchgeführt wurde, erhielten fünf Sorten des Bt-Mais MON810 in Deutschland im Jahr 2006 erstmals die Sortenzulassung. Das Sortenregister weist für 2006 eine Anbaufläche von insgesamt 950 Hektar aus (BVL, 2006)[21]. Die angebauten Sorten sind gegen den Maiszünsler resistent, der sich seit einigen Jahren von Süden in Deutschland ausbreitet. Da sich dieser Schädling nur schwer und kostenaufwendig bekämpfen läst, ergreifen die Landwirte erst ab einer bestimmten Beifallsstärke Schritte, um den Schädlingsbefall abzuwenden. Hierzu zählen ackerbauliche Maßnahmen, der Einsatz chemischer oder biologischer Pflanzenschutzmittel, biologische Verfahren (Trichogramma-Schlupfwespen) (Transgen, 2006)[22] sowie der Anbau von Bt-Maissorten, die gegen den Maiszünsler gentechnisch immunisiert sind. Die verschiedenen Maßnahmen haben jeweils Vor- und Nachteile bezüglich des Aufwands und der Wirksamkeit: So erlauben Boden- und Witterungsverhältnisse nicht immer eine effiziente Bodenbearbeitung, die zudem eines gemeinsamen Vorgehens der Landwirte einer Region bedarf. Für die Ausbringung chemischer oder biologischer Pflanzenschutzmittel existieren nur schmale Zeitfenster. Dieselbe Schwierigkeit existiert ebenso bei der biologischen Schädlingsbekämpfung (ebenda). Der Einsatz von Bt-Mais verringert zwar den Arbeitseinsatz, dafür hat das gentechnisch veränderte Saatgut gegenüber dem konventionellen einen höheren Preis, der mit den Kosten der anderen Pflanzenschutzmaßnahmen abzuwägen ist.

Aus diesen Optionen kann der einzelne Landwirt auswählen und die für seine spezielle Anbaufläche wirtschaftlichste Lösung ermitteln. Wichtiger Parameter ist dabei der Schädlingsbefallsdruck. Es liegt auf der Hand, dass ein Landwirt die Mehrkosten für eine Schädlingsbekämpfung erst dann ergreift, wenn diese einen wirtschaftlichen Mehrwert für ihn erbringen. Zwei Regionen mit hohem Schädlingsbefallsdruck in Deutschland sind das Oberrheintal und der Oderbruch. Für die Jahresintervalle 1998-2000 (Oberrheintal) bzw. 2000 bis 2002 (Oderbruch) wurden in Anbauversuchen (Degenhardt et al. 2003)[23] bei Bt-Mais Mehrerlöse von 66 bzw. 38 Euro pro Hektar gegenüber dem konventionellen Anbau mit Insektizidbehandlung ermittelt.[24] In dieser Rechnung sind die Aufwendungen für das Insektizid (40 € pro ha.) und der Preisaufschlag für das Saatgut (35 € pro ha.) berücksichtigt. Für die dritte Variante, die Behandlung mit Trichogramma-Schlupfwespen, weist die Studie ein Minus von 70 Euro bzw. 112 Euro pro Hektar gegenüber dem konventionellen Anbau aus. Diese Mehrkosten des biologischen Verfahrens müssten über höhere Verkaufspreise für Ökoprodukte ausgeglichen werden. In Spanien wird insektenresistenter

Bt-Mais seit 1998 angebaut, und im Jahr 2006 machte seine Anbaufläche ca. 12 Prozent (54.000 ha) der spanischen Maisanbaufläche aus (Transgen, 2006)[25]. Alle Anbauflächen liegen in Regionen mit einem mittleren bis hohen Befallsdruck. Gerade hier ist Anbau von Bt-Mais wirtschaftlich attraktiv, und in den ersten Anbaujahren haben spanische Landwirte ihren Ertrag um durchschnittlich 6,3 Prozent durch den Anbau von Bt-Mais steigern können. Den Preisaufschlag für Saatgut könnten die spanischen Landwirte außerdem durch Einsparungen bei den Insektiziden ausgleichen, so dass sich ihr wirtschaftliches Ergebnis (bei hohem Befallsdruck) im Saldo um durchschnittlich 12,9 Prozent (5,5 % - 32,5 %) verbessert hat (Brookes, 2002)[26]. Zu betonen bleibt, dass der Schädlingsbefallsdruck die Rentabilitätsgrenze bestimmt, ab welcher ein Einsatz von Bt-Mais-Sorten, die Durchführung alternativer Schädlingsbekämpfungsmaßnahmen oder Verzicht jeglicher Maßnahmen wirtschaftlich ist.

LANGFRISTIGER BETRACHTUNGSHORIZONT: RESISTENZEN, KOEXISTENZ UND MARKTTRENNUNG

Für die Beurteilung des ökonomischen Nutzens auf Betriebsebene sind ferner langfristige Entwicklungen mit einzubeziehen. Hierzu zählen die Schwankungen landwirtschaftlicher Produktion und die Veränderungen bei Angebot, Nachfrage und Marktpreisen (Menrad et al.: 144)[27] ebenso wie die Berücksichtigung der Frage, ob der erstmalige Erfolg bei der Bekämpfung von Schädlingen und Unkräutern tatsächlich dauerhaft ist. Eben dies wird von Gentechnik-kritischer Seite in Frage gestellt. Möglicherweise können statt der primären Schädlinge andere zum Problem werden (Benett 2005[28]; Cornell University, 2006[29]). Und in der Tat können gegen Pestizide resistente Schädlinge bzw. gegen Herbizide resistente Unkräuter erhebliche Schwierigkeiten bereiten (Dailey, 2005)[30]. Dieses Problem besteht prinzipiell auch bei der konventionellen Landwirtschaft und nicht erst seit der Einführung transgener Sorten. Ein vermehrter Anbau von Nutzpflanzen mit einem bestimmtem Wirkmechanismus gegen Unkräuter oder Schädlinge könnte allerdings die Herausbildung von Resistenzen gegen diesen Wirkmechanismus beschleunigen. Ein ökonomischer Vorteil schmilzt schnell dahin, wenn neben dem Aufpreis für das Saatgut weiterhin hohe Kosten für Pflanzenschutzmittel anfallen. In diesem Fall dürften die Landwirte auf wirtschaftlich interessantere Anbauverfahren umsteigen, die alternativ zur Verfügung stehen. Doch trotz der Berichte über das Ansteigen von Unkräutern, die gegen das in Verbindung der herbizidtoleranten Pflanzen aufgebrachte Herbizid immun sind (Übersicht unter: www.weedscience.org), kann man für den US-amerikanischen Raum feststellen, dass gentechnisch veränderte Sorten einen hohen Grad der Marktdurchdringung etabliert haben: Seit 1997 stieg der Anteil gentechnisch veränderter Soja-Sorten kontinuierlich auf 81 % im Jahr 2003 an und wuchs bis 2006 auf 89 %. Bei Mais erreichte der Anteil gentechnisch veränderter Sorten im Jahr 1999 40 %, sackte dann in den beiden Folgejahren zunächst auf 25 bzw. 24 % ab und stieg seitdem wieder auf 61 % im Jahr 2006 an. Vergleichbare Entwicklungen lassen sich sowohl für Raps und Baumwolle als auch für die anderen Länder dokumentieren, in denen gentechnisch veränderter Sorten eingeführt wurden (USDA, 2006[31]; James, 2006[32]).

Das Thema Resistenzen bei Schädlingen und Unkräutern leitet über zu den indirekten Kosten, die ein Landwirt beim Anbau gentechnisch veränderter Sorten zu berücksichtigen hat. So wird in den USA der Gefahr einer Resistenzbrechung bei Bt-Pflanzen (Marquard et al., 2005: 81)[33] durch ein adäquates Resistenzmanagement begegnet. Dies bedeutet beispielsweise für Bt-Mais, dass nach Vorgabe der EPA mindestens ein Fünftel der Anbaufläche Refugien ohne Bt-Mais sein müssen, andernfalls verlieren Farmer ihre Erlaubnis zum Anbau des Bt-Mais (Agricultural Online, 2004)[34]. Bislang wurden von keiner Resistenzbrechung im Zusammenhang mit dem Anbau von Bt-Pflanzen berichtet (Tabashnik et al., 2003)[35]. Dennoch besteht die Gefahr, dass sich die Entwicklung von resistenten Schädlingen lediglich verzögert; wie auch beim Einsatz konventioneller Pflanzenschutzmittel kann sie langfristig nicht verhindert werden.

In Deutschland sind außerdem Auflagen wie Mindestabstände zur Einhaltung der Koexistenz zu beachten, die verhindern bzw. begrenzen sollen, das gentechnisch verändertes Erbgut auf benachbarte Anbauflächen auskreuzt (GenTG, §16b, (3))[36]. Diese Koexistenzregelungen bedeuten einen entscheidenden Unterschied zwischen dem Anbau in den USA und Deutschland (und der Europäischen Union insgesamt). Entscheidende Stellgröße für die Kosten der Koexistenz sind die Höchstgrenzen, die als gesetzlich zulässig für eine Auskreuzung transgenen Materials in die Pflanzen der Nachbarschaftsfeldern verankert werden (DG Agri, 2000)[37]. Zum Teil könnten die Abstandsflächen zwar gleichzeitig als Flächen zum Resistenzmanagement dienen, die beiden Maßnahmen haben jedoch unterschiedliche Zielsetzungen. So ließen sich Abstandsflächen durch eine enge nachbarschaftliche Kooperation zwar vermeiden, gleichzeitig wären in großen, quasi geschlossenen Anbaugebieten mit gentechnisch veränderten Sorten Flächen zum Resistenzmanagement unverändert vorzuhalten. Die erwähnten Kooperationen unter benachbarten Landwirtschaftsbetrieben und Umstellungen zur Einführung des neuen Anbausystems stellen weitere indirekte Kosten dar (Menrad, 2003: 147)[38].

Aktuell ist die zentrale Frage der Koexistenz: Wer trägt die Kosten, wenn gentechnische veränderte Sorten – trotz aller Sicherheitsvorkehrungen – auf Nachbarfelder auskreuzen? Das deutsche Gentechnikgesetz sieht für einen solchen Fall eine gesamtschuldnerische und verschuldensunabhängige Haftung aller Landwirte vor, die gentechnisch veränderte Pflanzen anbauen (GenTG, §32-37). Dieses Haftungsrisiko kann unkalkulierbare finanzielle Folgen für die betroffene Landwirte haben (Transgen, 2006)[39]. Eine alternative Lösung wäre ein Haftungsfond, wobei offen ist, wer einzahlt und ob auch Gelder vom Staat einfließen. Eine zweite Alternative bestünde in einer Versicherung, die der anbauende Landwirt zu tragen hätte. Wegen der aktuellen Gesetzeslage erscheinen der Versicherungsbranche die Risiken jedoch zu wenig kalkulierbar, und es werden derzeitig keine entsprechenden Policen angeboten. Eine dritte alternative Regelung wird im Nachbarland Dänemark praktiziert: Erhoben wird eine Hektar-abhängige Steuer auf den Anbau transgener Pflanzen, die das finanzielle Risiko für den anbauenden Landwirt begrenzt und mit der etwaige Schäden abgegolten werden (EC, 2005)[40]. In allen vorgestellten Fällen ist der Anbau transgener Sorten mit Mehrkosten für den anbauenden Landwirt verbunden.

Zu den skizzierten Trennungskosten auf der Ebene der landwirtschaftlichen Primärproduktion kommen die Kosten der Markttrennung und Kennzeichnung auf der Ebene der Verarbeitung und des Verkaufs gentechnisch veränderter Pflanzen hinzu. Nach den seit Jahr 2004 gültigen EU-Verordnungen 1829/2003 (EG, 2003a)[41] und 1830/2003 (EG, 2003b)[42] über gentechnisch veränderte Lebens- und Futtermittel müssen Produkte gekennzeichnet werden, die aus Rohstoffen hergestellt wurden, die mehr als 0,9 % gentechnisch verändertes Material enthalten haben. Diese Kennzeichnung ist unabhängig davon, ob die DNS dieses gentechnisch veränderten Materials noch nachgewiesen werden kann.[43] Für die Verarbeitungsketten von den Rohprodukten bis hin zu den Lebensmitteln, ist im Bereich der Europäischen Union somit ein umfangreiches Zertifizierungssystem erforderlich.[44] Und dieses Zertifizierungssystem bedeutet Mehrkosten für die Verarbeitung von konventionellen wie von gentechnisch veränderten Pflanzen. Um Vermischungen zu vermeiden, müssen außerdem zwei getrennte Logistiken vorgehalten werden; beispielsweise die separate Lagerung, der Transport und die Verarbeitung oder das Reinigen von Silos oder Verarbeitungsanlagen nach dem Durchsatz gentechnisch veränderter Pflanzen. Welches Anbausystem diese Kosten trägt – das konventionelle, das mit gentechnisch veränderten Pflanzen oder beide – wird u.a. davon abhängen, welches der beiden der Regelfall sein wird.

Wie hoch die konkreten Kosten der Markttrennung in der EU sind, lässt sich sehr schwer quantifizieren. Brookes et al. (2005)[45] nehmen an, dass sie die direkten Mehrkosten einer Lebensmittelproduktion ohne gentechnisch veränderte Ausgangsprodukte deutlich übersteigen. Für Soja ermitteln sie eine Preisdifferenz von 4 % - 5 %, um die gentechnikfreies Soja gegenüber dem gentechnisch veränderten in der EU teurer ist. Dieser Aufschlag kommt dabei keineswegs den Farmern zu gute, die nicht-transgenes Soja kultivieren. Für Mais wird eine Preisdifferenz von 3 % - 4 % angegeben. Derzeit, so die Studie, werden die zusätzlichen Kosten noch von der gesamten Versorgungskette getragen. Außer für Lebensmittel mit einem hohen Rohstoffanteil (z.B. Margarine oder Speiseöl) schlagen die Kosten für die Vermeidung von Inhaltsstoffen aus transgenen Pflanzen bei Lebensmittelpreisen kaum zu Buche. Möglicherweise sei dies zukünftig, bei wachsender Knappheit gentechnikfreier Produkte (vor allem bei Soja), nicht länger der Fall.

Wie bereits bei der Primärproduktion existieren in den USA keine vergleichbaren Regelungen zur Markttrennung und Kennzeichnung. Wie sich hier ein Übertragen des europäischen Systems auf die Preisstrukturen auswirken würde, ist unbekannt. Ebenfalls offen bleibt, in welchem Maße das europäische Regelungssystem ein Export-Hemmnis für die US-Landwirtschaft bedeutet und ob sie gegen das internationale Handelsrecht verstoßen könnte. Gegen das Anbau-Moratorium der Europäischen Union, das 2004 endete, hatten im Jahr 2003 die USA zusammen mit verschiedenen anderen Anbauländern gentechnisch veränderter Pflanzen Klage vor der WTO erhoben (Biosicherheit, 2003)[46] und im Frühjahr 2006 vorläufig Recht erhalten (FAZ, 2006)[47].

SAATGUTSEKTOR UND GEWINNVERTEILUNG

Voreilig wäre es, aus den bisherigen Daten die These abzuleiten, die Landwirte seien alleiniger oder hauptsächlicher Nutznießer gentechnisch veränderter Pflanzen. Für diese Aussage muss man zuvor die gesamte agrarökonomische Wertschöpfungskette in den Blick nehmen, d.h. neben den Landwirten im Ackerbau die Saatguthersteller, die agrochemischen Unternehmen, die Landwirte in der Tierzüchtung (bei Nutzung der Pflanzen als Futter), die Lebensmittelverarbeiter (bei Nutzung der Pflanzen als Lebensmittel), den Lebensmittelhandel und die Lebensmittelkonsumenten.

Kritiker der grünen Gentechnik argumentieren häufig, dass insbesondere Agrarkonzerne die Gewinner der grünen Gentechnik seien (BUND, 2004: 22)[48]. Tatsächlich lagen bei Markteinführung die Saatgutpreise gentechnisch veränderter Sorten um 20 bis 35% über den Preisen des konventionellen Saatguts (DG Agri, 2000)[49]. Dieser Preisunterschied beruht vor allem auf einer Technologiegebühr für die Entwicklungskosten der gentechnisch veränderten Nutzpflanzen. Andere Formen, mit denen die Entwicklungskosten auf die Landwirte übertragen werden, sind neben dieser Technologiegebühr (technological fee) höhere Saatgutpreise, eine vertragliche Verpflichtung zur Nutzung bestimmter Pflanzenschutzmittel oder ihre Kombination (Franks, 1999)[50].

Unbestritten ist gentechnisch verändertes Saatgut zwar teurer als das konventionelle, entscheidend ist jedoch die Frage, ob Landwirte damit einen ökonomischen Vorteil für sich selbst erwirtschaften können. Dass ein solcher existiert, betonen die eingangs zitierten Untersuchungen. Wie groß ist nun ihr ökonomischer Nutzen im Verhältnis zu dem der Saatgutfirmen? Hierzu zwei Untersuchungen: Für die ersten Jahre des Anbaus gentechnisch veränderter Baumwolle in den USA (1996 – 1998) weisen Falck-Zepeda et al. (2000)[51] aus, dass die Landwirte durchschnittlich 45 % des ökonomischen Vorteils gegenüber konventionellen Sorten abschöpfen. In absoluten Zahlen betrug dieser ökonomische Vorteil durchschnittlich 215 Mio. US$ pro Jahr. Die Saatgutfirmen erhielten hiervon einen Anteil von 36 % und die Käufer einen Anteil von 19 %. Den ökonomischen Vorteil des Soja-Anbaus in Argentinien für das Jahr 2001 beziffern Qaim und Traxler (2002)[52] auf 1,2 Mrd. US$. Aufgrund niedriger Preise hatten daran die Käufer mit 53 % den größten Anteil, gefolgt von den Saatgutfirmen mit 34 % und den Landwirten mit 13 %. Weitere Studien über den ökonomischen Vorteil gentechnisch veränderten Sojas existieren außerdem für die USA (z.B. Moschini at al., 2000)[53]. Dass transgene Pflanzen nur oder vor allem den Saatgutanbietern zu Gute kommen, kann somit nicht bestätigt werden. Eine anderes Fazit trifft Duffy (2001)[54]: Die rasche Verbreitung gentechnisch veränderter Sorten belege zwar, dass auch Landwirte einen Vorteil hieraus ziehen, allerdings würden ihre Gewinne nicht steigen. Hauptnutznießer der ersten Generation grüner Gentechnologie seien die Saatgutfirmen. Und aufgrund der geringen Kosten der Rohwaren sei es schwer abzuschätzen, ob und welchen Nutzen die Konsumenten haben.

Ein weiterer Kritikpunkt an Saatgutfirmen ist die Kopplung des herbizidtoleranten Saatguts an solche Herbizide, die vom selben Unternehmen verkauft werden. Ein Beispiel ist hierfür der US-amerikanische Saatgutkonzern Monsanto, der weltweit führend beim Verkauf transgener Sorten ist. Für seine Saatgutsparte, die verschiedene transgene, gegen das Herbizid Roundup resistente Sorten umfasst, weist Monsanto für das Finanzjahr 2004/05 einen Bruttogewinn[55] von 1,9 Mrd. US$ aus (ein EBIT[56] von

374 Mio. US$).[57] Zusätzlich machen in der Pflanzenschutzsparte „Agricultural Productivity" Roundup und andere Herbizide auf Glyhosat-Basis knapp 2/3 des Bruttogewinns von 1 Mrd. US$ aus.[58] Bei den transgenen Roundup-Ready-Sorten kann der Landwirt somit nicht auf Herbizide anderer Anbieter ausweichen; er erwirbt Saatgut und Herbizid im Paket. Für das Jahr 2005 beziffert James (2006)[59] den Wert des Saatguts transgener Sorten inklusive der Technologiegebühr auf 5,25 Mrd. US$.

Diese Einschränkung der Handlungsfreiheit des Landwirts könnte dann ein Problem darstellen, wenn der Anbieter beider Komponenten seine gestiegene Marktmacht ausnutzt, beispielsweise um langfristig höhere Preise durchzusetzen. Nimmt ein Unternehmen zudem eine marktbeherrschende Stellung ein, könnte es versucht sein, bestimmte Sorten durchzusetzen, beispielsweise wie im Fall der konventionellen Kartoffelsorte „Linda" (Hamburger Abendblatt, 2005)[60]. Das Erreichen einer solchen Marktdominanz wird dem Konzern Monsanto, der im August 2006 seinen Konkurrenten Delta & Pine Land für 1,5 Mrd. US$ übernommen hat (BLOOMBERG, 2006)[61], von Gentechnikkritikern unterstellt (www.monsantowatch.org). Derzeit kontrollieren die zehn größten Saatgutunternehmen in etwa die Hälfte des globalen Saatgutmarktes, der im Jahr 2005 ein Volumen zwischen 19 und 25 Mrd. US$ besaß; der globale Markt für Pestizide betrug im selben Jahr ca. 35 Mrd. US$ (ETC-Group, 2005)[62]. Falck-Zepada et al. (2000)[63] kommen in ihrer Studie allerdings zu dem Schluss, dass trotz monopolistisch strukturiertem Input-Markt die Landwirte und die Innovatoren transgener Baumwollsorten (Delta & Pine Land, Monsanto) den ökonomischen Vorteil in etwa gleich aufteilen.

EXKURS: WECHSELWIRKUNGEN ZWISCHEN TECHNISCHEN UND ÖKONOMISCHEN, SOZIALEN UND ÖKOLOGISCHEN ENTWICKLUNGEN

Eine die Markstellung ausnutzende Unternehmenspolitik – so unbestritten nachteilig sie für Landwirte und Verbraucher sein könnte – sollte jedoch nicht einer Technologie per se angelastet werden. Beispielsweise wird wegen der marktdominanten Stellung von Microsoft und seiner Firmenpolitik nicht die Mikroelektronik oder die Informatik angeprangert, und auch Klagen gegen den Softwarekonzern richteten sich gegen seine Geschäftspraktiken und nicht gegen die von ihm vermarkteten Technologien.

Zudem verfolgt auch die konventionelle Züchtung die Ziele der grünen Gentechnologie: Herbizidtoleranz, Schädlingsresistenz oder die Veränderung der Inhaltsstoffe. Kritik müsste sich demnach gegen das Wettbewerbsziel der Saatgutformen richten (Kampf um Marktanteile bis zur Marktbeherrschung) und nicht gegen die zur Zielerreichung eingesetzte Technologie.

Eine solche Differenzierung zwischen einer Technologie und ihrer Anwendung erscheint allerdings nur analytisch sinnvoll. Zum einen ist die Kritik an ökonomischen Zielsetzungen in unserer wertepluralistischen Gesellschaft weder überraschend noch ein neues Phänomen. Zum anderen werden in öffentlichen und wissenschaftlichen Diskussionen nicht nur ökonomische Ziele sondern unterschiedliche weitere Zielsetzungen an die Agrarproduktion und -politik adressiert, die zum Beispiel regionalstrukturpolitische, soziale und ökologische Aspekte aufgreifen (BMBF, 2005)[64]. In dieser Diskussion jenseits des einzelnen Landwirtschaftsbetriebs verschwimmen die Diskussionsebenen. Technische und ökonomische Betrachtungsweisen sind hier nicht von sozialen oder ökologischen Folgewirkungen zu trennen. Hinter der Debatte um die grüne Gentechnik steht hierbei weniger eine Auseinandersetzung um die Technologie, als vielmehr ein Grundsatzstreit darüber, welche Art der Landwirtschaft präferiert wird (Beusmann, 2002)[65].

Die Technologie der gezielten genetischen Veränderung von Nutzpflanzen ermöglicht zwar in der Tat bestimmte landwirtschaftliche Ansätze, die eine weitere Intensivierung der Agrarproduktion bedeuten: So kann die Kombination aus herbizidtoleranter Pflanze und Totalherbizid andere Kräuter so effizient bekämpfen, dass teilweise das Nahrungsvorkommen für Insekten und andere Arten sinkt (The Royal Society, 2003)[66]. Diese ökologische Wirkung hängt allerdings weniger von der gentechnisch veränderten Pflanze ab, als vielmehr davon, wie intensiv das Herbizid in der landwirtschaftlichen Praxis eingesetzt wird (Biosicherheit, 2003)[67]. Sollte der Gentechnologieeinsatz in der Pflanzenzüchtung außerdem bewirken, dass die Preise für pflanzliche Rohstoffe sinken, könnte der ökonomische Wettbewerb der Farmer untereinander die Fortsetzung des Verschwindens kleinbäuerlicher Strukturen nach der Logik des „Wachsens oder Weichens" zur Folge haben. Die Möglichkeiten der Gentechnologie im „grünen" Bereich reichen jedoch prinzipiell weiter und erlauben auch Beiträge für andere, beispielsweise soziale Zielsetzungen wie im Falle des so genannten Golden Rice (http://www.goldenrice.org).

Die grüne Gentechnologie ausschließlich als Beschleuniger des ökonomischen Wettbewerbs zu charakterisieren wäre somit falsch. Diese theoretische Zieloffenheit der Technologie sollte gleichzeitig nicht den Blick auf ihre praktische Anwendung in der Gegenwart verstellen: Aus Gründen der technischen Machbarkeit (Übertragung einzelner Gene) und sicherlich auch aus ökonomischen Gründen liegen die ersten Anwendungsgebiete der grünen Gentechnologie im Bereich jener agronomischen Zielsetzungen, die für Saatgut- und Agrochemiekonzerne sowie die Landwirte ökonomisch interessant sein können.

GENTECHNOLOGIE IM LEBENSMITTELSEKTOR

Der Anbau gentechnisch veränderter Pflanzen und der Saatgutsektor sind nicht die einzigen Wirtschaftssektoren, die zu der grünen Gentechnologie gerechnet werden. Traditionell wurden mit der „roten" Gentechnologie die medizinischen Anwendungen zusammengefasst, während die „grüne" Gentechnologie die gesamten Sektoren Landwirtschaft und Lebensmittelherstellung bezeichnete, gleichwohl das namensgebende grüne Chlorophyll weder für die Tierzucht, noch bei Lebensmittelenzymen eine passende assoziative Brücke darstellt. Nichtsdestoweniger wird in vielen Veröffentlichungen der vollständige Lebensmittelsektor der grünen Gentechnologie zugerechnet.

Die komplexen Kennzeichnungsbestimmungen in der Europäischen Union offenbaren das schwierige Problem einer passenden Definition dessen, was dem Gentechnologieeinsatz bei Lebensmitteln zuzurechnen ist.

Beispielsweise war Sojaöl aus gentechnisch veränderten Sojabohnen bis 2004 nicht kennzeichnungspflichtig, da selbst mit sehr sensitiven Nachweisverfahren nicht zu identifizieren war, ob die Ausgangspflanzen gentechnisch verändert waren oder nicht. Seit 2004 gilt in der EU eine nachweisunabhängige Kennzeichnung (EG, 2003; Transgen, 2005)[68], viele bis dato auf dem Markt erhältlichen Lebensmittel hätten gekennzeichnet werden müssen, denn nach neuer Regelung sind sie „Gentechnik-Produkte" gewesen. Ebenfalls seit dem Jahr 2004 sind Futtermittel aus gentechnisch veränderten Pflanzen zu kennzeichnen. Die Lebensmittel aus den damit gefütterten Tieren (Fleisch, Milch, Eier, etc.) fallen nicht unter diese Kennzeichnungspflicht. Legt man die Logik der nachweisunabhängigen Produktkennzeichnung zu Grunde, die auf die Verbrauchersouveränität rekurriert, wäre auch die Milch zu deklarieren – mit der Konsequenz, dass sehr viele der heute erhältlichen Produkte „Gentechnik-Produkte" sind. Konsequent angewendet müsste das Prinzip der Verbrauchersouveränität außerdem bedeuten, Zusatzstoffe wie Riboflavin oder Glutamat oder Enzyme wie Chymosin bei der Käseherstellung auszuweisen, da sie von gentechnisch veränderten Mikroorganismen gewonnen werden. Denn die Kennzeichnung impliziert nicht die Ausweisung eines Risikos (nur solche Inhaltsstoffen, die aus transgenen Sorten stammen, sind erlaubt, die nach einer Sicherheitsprüfung zugelassen wurden), sondern soll den Lebensmittelkunden ermöglichen, sich bei der Entscheidung pro oder contra Gentechnikeinsatz frei zu entscheiden. Festzuhalten ist daher: Die Definition dessen, was als Produkt der grünen Gentechnik gilt, wird neben der Technik durch Gesellschaft und Politik bestimmt.

Obwohl Lebensmittelzusätze und Enzyme derzeit nicht als Produkte der Gentechnologie gesetzlich zu kennzeichnen sind, gehört ihre Gewinnung aus gentechnisch veränderten Mikroorganismen zweifelsohne zum Repertoire der Gentechnologie. Der Einsatz von Enzymen zur Herstellung von Lebensmitteln ist dabei keineswegs neu: Der Einsatz des Labferments für die Käsereifung und die Nutzung von Hefen zur Bier- und Weinherstellung sind bekannte Beispiele für eine „klassische" Lebensmittel-Biotechnologie. Seit Jahrzehnten verrichten verschiedene Enzyme ihren Dienst bei der Herstellung von Lebensmitteln, z.B. beim Stärkeabbau durch Amylasen (u.a. Getränke, Backwaren), bei der Spaltung und der Modifikation von Fetten durch Lipasen (u.a. Käse, Aromen, Nudeln) oder beim Abbau und der Modifikation von Eiweißen durch Proteasen (u.a. Käse, Fleisch, Fleisch). Der Beitrag der Gentechnologie besteht darin, Mirkoorganismen wie Hefen, Pilze oder Bakterien, gentechnisch so zu verändern, dass sie das gewünschte Enzym in großer Menge produzieren. Diese Mikroorganismen werden in abgeschlossenen Systemen herangezogen, aus denen ihre Produkte „abgeerntet" werden. Die Gentechnologie nimmt in der Enzymtechnik bei Lebensmitteln eine Schlüsselstellung ein. Ihre Nutzung ermöglicht nicht nur eine deutliche Kostensenkung bei der Produktion von Enzymen, sondern auch die Erschließung neuer Enzymtypen, kurze Entwicklungszeiten und die Erhöhung der Produkt- und Produktionssicherheit (Menrad, 2005: 11)[69]. Zudem schafft die Gentechnologie die Voraussetzung für die Entwicklung maßgeschneiderter Enzyme für bestimmte Anwendungen (Protein Engineering). Bereits im Jahr 2001 waren über vierzig verschiedene Mikroorganismen mit gentechnischen Modifikationen für die Enzymherstellung im Lebens- und Futtermittelbereich im Einsatz (Menrad et al., 2003: 181)[70]. Analog war die Anwendung von Enzymen aus gentechnisch veränderten Mikroorganismen weit verbreitet: In der Stärkeindustrie betrug ihr Anteil im EU-Markt 65 % (US-Markt: 65 %), bei Käse 25 % (90 %) und bei Backwaren 10-20 % (70-80 %). Nur bei Fruchtsäften lag ihr Anteil im Jahr 2001 (auf dem EU- wie auf dem US-Markt) unter 10 % (Ebenda: 180). Experten gehen davon aus, dass bis zum Ende der Dekade ihr Anteil auf 90 % ansteigen wird (Menrad, 1999)[71].

So groß die ökonomische Bedeutung der Gentechnologie im Enzymbereich ist, im eigentlichen Kernbereich der Lebensmittelbranche, den pflanzlichen Rohstoffen, spielt sie – anders als in den USA – aus ökonomischer Sicht in Europa keine Rolle. Dass gegenwärtig fast keine deklarierten Produkte im Handel zu finden sind, ist darauf zurückzuführen, dass die Lebensmittelindustrie ihre Rezepturen nach In-Kraft-Treten der neuen EU-Verordnung verändert hat, um wie zuvor keine Produkte deklarieren zu müssen.

BESCHÄFTIGUNGSWIRKUNG DER GRÜNEN GENTECHNOLOGIE

Neben Umsatzzahlen und Marktanteilen, ist die Zahl der Arbeitsplätze im Bereich der grünen Gentechnologie ein wichtiger Gradmesser für deren ökonomische Bedeutung. Insbesondere in der politischen Diskussion wird die Frage, wie relevant die grüne Gentechnologie ist, mit dem Argument der Arbeitsplätze geführt. Dabei ist umstritten, in welchem Umfang der Einsatz der grünen Gentechnologie Arbeitsplätze schafft. Die Beantwortung dieser Frage hängt entscheidend davon ab, welche Wirtschaftssektoren man (i) der grünen Gentechnologie zurechnet und ob man (ii) ausschließlich zusätzliche Arbeitsplätze betrachtet oder den Ersatzbedarf einbezieht, also die Arbeitplätze, die im Züge des technischen Fortschritts und zur Sicherung der Wettbewerbsfähigkeit andere ersetzen. Eine weitere Schwierigkeit der Datenlage ist (iii) wie dargestellt die Definition dessen, was Technologien der „grünen Gentechnologie" sind und was nicht.[72][73]

Im Juni 2006 veröffentlichte der BUND eine Studie, die für den „Kernbereich" der grünen Gentechnik deutlich weniger als 500 Arbeitsplätze ermittelt und damit der Aussage widerspricht, die grüne Gentechnik sei ein Jobmotor: „Darstellungen, wie jene vom DIB [Deutsche Industrievereinigung Biotechnologie], der Union der Deutschen Akademien der Wissenschaft und des deutschen Bundesverbandes, die von Tausenden Arbeitsplätzen im Zusammenhang mit der ´Grünen Gentechnik´ ausgehen, konnten hier nicht nachvollzogen werden" (Helmerich et. al, 2006: 13)[74]. In dieser Analyse werden explizit nur privatwirtschaftliche Arbeitsplätze im Bereich der Agro-Gentechnik berücksichtigt, die mit der Entwicklung oder mit der Produktion gentechnisch veränderter Pflanzen in Verbindung stehen.

Die Studie betrachtet nur einen schmalen Ausschnitt der in Frage kommenden Wirtschaftssektoren: Ausgeklammert werden Arbeitsplätze in der Biotechnologie, in der keine gentechnischen Veränderungen vorgenommen werden (z.B. der Bereich der Verarbeitung gentechnisch veränderter Pflanzen), Zuliefererbetriebe und der Dienstleistungsbereich (z.B. Marketing und Regulation). Ebenfalls nicht einbezogen werden öffentlich finanzierte Arbeitsplätze an Universitäten und Forschungseinrichtungen.

Begründet wird diese Einschränkung damit, dass mit der Fragestellung der Studie, ob die grüne Gentechnik als „Jobmotor" gelten könne, allein der privatwirtschaftliche, nicht-öffentlich finanzierte Bereich ausschlaggebend sei (ebenda: ii).

Aufgrund der Konzentrationsprozesse in der Agrarindustrie (Saatgutkonzerne) wird prognostiziert, dass keine neuen (zusätzlichen) Arbeitsplätze bei verstärkter Anwendung der Gentechnologie zu erwarten seien (ebenda). Aufgemacht wird somit eine Nettorechnung, bei der wegfallende und neue Arbeitsplätze verrechnet werden. Einbezogen wird außerdem nur ein bestimmter technischer Ausschnitt der Gentechnologie, nämlich die Entwicklung und die Produktion gentechnisch veränderter Pflanzen. Explizit ausgeklammert wird beispielsweise die Marker-Technologie, bei der mit Hilfe bestimmter Gensequenzen der Erfolg klassischer Züchtung geprüft und beschleunigt wird (ebenda: 6).

Einen umfassenderen Ansatz wählt die Studie von Menrad und Frietsch (2006)[75]. Die Autoren betrachten alle Wirtschaftssektoren, die mit der „modernen" Biotechnologie in Verbindung stehen, d.h. neben der Landwirtschaft auch die Bereiche Pharma, Chemie, Umweltbiotechnik und Lebensmittel. Untersucht werden die so genannten „Bruttoeffekte" bei Arbeitsplätzen, daher werden keine Arbeitsplätze abgezogen, die aufgrund des Einsatzes moderner Biotechnologien wegfallen (ebenda: 85). Für die Festlegung, was solchen modernen Biotechnologien im Einzelnen zuzurechnen ist, wird auf die OECD-Definition zurückgegriffen: Anwendungen von Wissenschaft und Technologie auf lebende Organismen sowie auf deren Bestandteile, Produkte und Modelle, mit dem Ziel, lebende und nicht-lebende Materialien für die Produktion von Wissen, Waren oder Serviceleistungen zu verändern (OECD, 2001)[76]. Für das Jahr 2000 kommen die Autoren insgesamt auf 614.000 Arbeitsplätze, die direkt, in Anwenderbranchen oder in vorgelagerten Wirtschaftszweigen, mit der modernen Biotechnologie in Deutschland befasst sind (Menrad und Frietsch, 2006: 97)[77]. Bei 220.682 dieser Arbeitsplätze wird von einer hohen Bedeutung der modernen Biotechnologien für die Wettbewerbsfähigkeit ausgegangen. Hiervon ist die grüne Gentechnologie nur ein Teil dieser Gesamtbetrachtung und entsprechend sind die Zahlen im Detail zu betrachten.

Die direkten Beschäftigungswirkungen – definiert als die Bereitstellung von Wissen, Methoden, Technologien und Produkten – beziffern die Autoren für das Jahr 2000 insgesamt mit ca. 69.500 Arbeitsplätzen (Menrad et al., 2003)[78]. Diese traten zu mehr als der Hälfte in Universitäten und Forschungseinrichtungen auf (ca. 36.000 Arbeitsplätze), gefolgt von den Biotechnologie-Ausstattern (ca. 20.500) und den KMU im Bereich moderner Biotechnologien (ca. 10.100). In allen drei Teilbereichen ist die grüne Gentechnologie, verstanden als moderne Biotechnologie im Sinne der OECD-Definition im Bereich von Pflanzen zwar mitenthalten, jedoch nicht separat ausgewiesen. Lediglich der Teilbereich Pflanzenzüchtung (ca. 3.000) ist unmittelbar der grünen Gentechnologie zuzuordnen. Aus den Sektoren, die den obigen Teilbereichen vorgelagert sind, kamen im Jahr 2000 noch einmal 36.100 Arbeitsplätze hinzu, davon ca. 2.900 in der Pflanzenzüchtung (Menrad und Frietsch, 2006)[79].

Die Autoren zählen neben Feldern mit direkter Beschäftigungswirkung der modernen Biotechnologie zusätzliche so genannte Anwenderbranchen auf – definiert als solche, die Wissen, Methoden, Technologien und Produkte nutzen. Für das Stichjahr 2000 weisen sie ca. 167.000 Arbeitsplätze auf, die mit modernen Biotechnologien in Verbindung standen, mehr als doppelt so viele, wie in den „direkten" Bereichen. Das Gros dieser Stellen befand sich im Sektor der Lebensmittelverarbeitung (ca. 131.000 Arbeitsplätze), die übrigen verteilten sich in etwa gleich über die Anwenderbranchen Pharma, Chemie und Umweltbiotechnik. Aus Sektoren, die diesen Branchen vorgelagert sind, kamen noch einmal 341.500 Arbeitsplätze hinzu, davon die Mehrzahl (301.500) in Sektoren, die der Lebensmittelverarbeitung vorgelagert waren. Deutlich wird damit, dass in Anwendungsbranchen und vor allem in den ihnen vorgelagerten Sektoren, deutlich mehr Arbeitsplätze mit modernen Biotechnologien in Verbindung stehen, als in den „direkten" Branchen. Dies unterstreicht in den Augen der beiden Autoren den Schlüsseltechnologie-Charakter der Biotechnologie als Ganzes (Ebenda: 96).

Tabelle 4: Zahl der Beschäftigten in Deutschland im Jahr 2000, deren Arbeitsplätze von der Biotechnologie beeinflusst werden

Bereich	Zahl der Beschäftigten		
	in Bereich	in vorgelagerten Sektoren	Gesamtzahl
Universität/Forschungs-Einrichtungen	35.979	11.700	47.679
Biotechnologie KMU	10.103	3.300	13.403
BT-Ausstatter	20.470	18.200	38.670
Pflanzenzüchtung	2.964	2.900	5.864
Summe direkt	**69.516**	**36.100**	**105.616**
Pharma	13.046	11.300	24.346
Chemie	11.274	18.800	30.074
Umweltbiotechnik	11.189	9.900	21.089
Lebensmittelverarbeitung	131.376	301.500	432.876
Summe Anwenderbranchen	**166.884**	**341.500**	**508.384**
Gesamteffekte	**236.400**	**377.600**	**614.000**
Hohe Bedeutung der Biotechnologie für die Wettbewerbsfähigkeit			220.682

Quelle: Menrad, K., Frietsch, K. (2006): „Zukünftige Ausstrahlung der Biotechnologie auf die Beschäftigung in Deutschland." Schmollers Jahrbuch 126, S. 83 – 107.

Allerdings sind die aufgelisteten Arbeitsplätze nur zu einem unbekannten Anteil der grünen Gentechnologie zuzurechnen. Für deren potenziell größten Anwendungsbereich, die Landwirtschaft, wurden für das Jahr 2000 aufgrund des Anbaumoratoriums der Europäischen Union keine Arbeitsplätze ausgewiesen. Dies ändert sich erst in einer Zukunftsprojektion, in der die Autoren die ermittelten Beschäftigungseffekte des Jahres 2000 in drei Szenarien auf das Jahr 2010 hochrechnen. Im so genannten „Trend-Szenario" mit mittlerer Diffusionsgeschwindigkeit gehen die Autoren für den Landwirtschaftssektor von ca. 178.000 Personen aus, deren Stellen von modernen Biotechnologien tangiert sein werden. Parallel verdoppelt sich die betreffende Stellenzahl in der Lebensmittelverarbeitung und ihren Vorleistungsstrukturen auf ca. 840.000. In der Pflanzenzüchtung dagegen stagniert die Zahl der von modernen Biotechnologien betroffenen Arbeitsplätze; die Stellenzahl an Universitäten und Forschungseinrichtung wird als leicht rückläufig angegeben.

Bezüglich der grünen Gentechnik ist aus gegenwärtiger Sicht jedoch nicht von einer mittleren sondern von einer deutlich verringerten Diffusionsgeschwindigkeit auszugehen. Zum einen ist die öffentliche Diskussion weiterhin von starker Skepsis gegenüber der grünen Gentechnologie und ihren Produkten geprägt (Gaskell et al., 2006)[80], zum anderen haben die Verschärfung der Regulierungs- und Zulassungsbestimmungen der EU dazu beigetragen, dass bislang (2006) nur 22 gentechnisch veränderte Sorten in der Europäischen Union als Lebensmittel sowie 16 als Futtermittel zugelassen wurden (eigene Daten). Menrad und Frietsch (2006: 93)[81] gehen beispielsweise davon aus, dass gentechnische Sorten von Raps, Mais und Kartoffeln nach dem Ende des Quasi-Moratoriums in Deutschland ab dem Jahr 2005 angebaut werden können – de facto hat der kommerzielle Anbau in Deutschland erst im Jahr 2006 auf ca. 950 Hektar begonnen (BVL, 2006)[82].

Grundsätzlich geht die Studie davon aus, dass die grüne Gentechnologie wie bereits andere Zweige der modernen Biotechnologie im Rahmen des technischen Fortschritts in die unterschiedlichen Branchen diffundiert – aufgrund des Wettbewerbsdruck mehr oder minder automatisch. Vergleichsmaßstab ist die Adoption gentechnisch veränderter Pflanzen in den USA, wo im Jahr 2006 Diffusionsraten von 89 % bei Sojabohnen, 61 % bei Mais und 83 % bei Baumwolle erreicht wurden (USDA, 2006)[83]. Unter dieser Annahme bildet die große Mehrheit der Arbeitsplätze in Pflanzenbau und -verarbeitung das Stellenpotenzial der grünen Gentechnologie, abzüglich jener Teilbereiche, die sich ausdrücklich gegen die Verwendung gentechnisch veränderter Sorten ausgesprochen haben, wie beispielsweise der Ökolandbau. Aufgrund der unterschiedlichen Landwirtschaftstrukturen in Europa, der unverändert geringen öffentlichen Akzeptanz für (anders als in den USA zu kennzeichnende) Lebensmittel aus gentechnisch veränderten Pflanzen und wegen der speziellen europäischen Vorschriften insbesondere zur Koexistenz der Landbewirtschaftungsformen, ist ein ähnlich schneller Adaptionsprozess wie in den USA unwahrscheinlich. Außerdem ist derzeit nicht absehbar, wo mittelfristig die Markttrennung zwischen den verschiedenen Agrarformen verlaufen und welchen Anteil die Landwirtschaft mit gentechnisch veränderten Sorten einnehmen wird. Mittelfristig verfrüht wäre daher, den konventionellen Agrarbereich in seiner Gesamtheit als potenziellen Diffusionsraum der grünen Gentechnologie zu betrachten.

Keine Antwort gibt die Studie auf die Frage, ob und in welchem Ausmaße zusätzliche Arbeitsplätze durch den Einsatz der grünen Gentechnologie entstehen. Da deren Diffusionsgeschwindigkeit stark vom Wettbewerbsdruck beeinflusst wird, stellt sich diese Frage allerdings sehr deutlich: Solange keine neuen Produkte angeboten werden, sondern nur die bisherigen Agrarprodukte anders technisch hergestellt werden, dürfte die grüne Gentechnologie als Rationalisierungstechnologie wirken und einen Arbeitsplatzabbau bewirken. Gleichzeitig muss betont werden, dass die Nichtumsetzung durchführbarer Rationalisierungen im freien Wettbewerb schnell Wettbewerbsnachteile bedeuten können. Die Frage lautet dann nicht länger, ob zusätzliche Arbeitsplätze entstehen, sondern ob mittel- bis langfristig nicht mehr Arbeitsplätze verloren gehen, als bei Umsetzung einer Rationalisierung.

Der Wettbewerbsdruck könnte rein theoretisch durch eine protektionistische Marktabschottung gemindert werden, wobei hier die internationalen Handelsvereinbarungen praktische Grenzen vorgeben. Zweitens käme jene Produktion ins Hintertreffen, die sich auf Weltmärkte und deren Preise orientiert. Und drittens fällt es von der Logistik her immer schwerer, gentechnisch veränderte Produkte auf dem Weltmarkt zu vermeiden: 90 % des hier gehandelten Sojas ist gentechnisch verändert oder mit solchem vermischt. Bei Mais lag der Anteil bei 80 % und bei Raps 73 % (Brookes; 2005: 20)[84]. Kurzum, eine vollständige Abkopplung von den Weltmärkten bei Pflanzenrohstoffen ist dauerhaft nur unter großem politischen, finanziellen und logistischen Aufwand realisierbar.

ZUKÜNFTIGE ANSÄTZE DER GRÜNEN GENTECHNOLOGIE

Gegenstand der bisherigen Darstellungen waren in erster Linie jene gentechnisch veränderten Pflanzen, die derzeit angebaut werden. Hieran schließen sich zwei Fragen an: Erstens, welche weiteren Ansätze werden derzeit im Bereich der grünen Gentechnologie technologisch entwickelt? Und welche Auswirkungen auf die Anwendungsbranchen und auf die Arbeitsplatzzahlen lassen sich zweitens abschätzen?

Unter der so genannten zweiten und dritten Generation der grünen Gentechnologie versteht man allgemein jene gentechnisch veränderten Pflanzen, die – nicht zuletzt wegen komplizierterer Gentransfers – entweder vor der Markteinführung stehen oder sich noch im Forschungs- und Entwicklungsstadium befinden. Meist werden dabei Sorten ausgeklammert, deren gentechnische Veränderung auf agronomische Eigenschaften zielt, wie sie bereits bei den aktuell im Anbau befindlichen gentechnisch veränderten Pflanzen realisiert wurden (hauptsächlich Schädlings- und Herbizidresistenz, etc.).

Neue Ansätze auf dem Gebiet agronomischer Eigenschaften sind verbesserte Toleranzen gegen Trockenheit, Salz oder Schwermetalle. Sie würden erlauben, ungünstigere Bodenstandorte zu erschließen, d.h. sie erweitern die Anbauoptionen. Weitere Zielsetzung der zweiten und dritten Generation der grünen Gentechnologie sind verbesserte Inhaltsstoffe in Pflanzen für Nahrungsmittel (Functional Food) oder Futtermittel (z.B. höherer Anteil essentieller Aminosäuren) (Sauter et al., 2006)[85]. Offen bleibt, ob komplett neue Anwendungen entwickelt werden oder ob mögliche Produkte aus solchen Pflanzen bisherige Produkte ersetzen werden. Die Durchsetzung dieser Techniken hängt dabei davon ab, ob gentechnisch veränderte Pflanzen mit den alternativen, etablierten Produktionsplattformen (chemische Synthese, mikrobielle Produktion, Isolierung aus natürlichen Quellen, usw.) konkurrieren können (Ebenda). Ferner konstatiert der TAB-Bericht die lange Entwicklungszeit, die lebensmitteltechnologische Weiterprozessierung der Pflanzenrohprodukte und die möglicherweise trotz des Verbrauchernutzens kaum verbesserte Akzeptanz als komparative Nachteile. Zudem müssen die derzeitigen Prototypen für die kommerzielle Entwicklung noch weiter entwickelt werden. Mit einer Marktreife solcher qualitativ optimierter Pflanzen ist frühesten in fünf bis zehn Jahren zu rechnen. Wichtig anzumerken ist außerdem, dass Pflanzen mit veränderten Inhaltsstoffen („value-enhanced crops") keineswegs ausschließlich auf der Agenda der grünen Gentechnologie stehen, sondern auch ein Ziel der klassischen Züchtung darstellen. Auf den 1,7 Mio Hektar, die im Jahr 2001 mit solchen „value enhanced crops" in den USA kultiviert wurden, wuchsen zu mehr als 95 % nicht-transgene Sorten (US Grains Council, 2001)[86]. Eine derartige konventionelle Züchtung, eine Hochöl-Sorte, dient Jefferson-Moore und Traxler (2005)[87] als Fallstudie für zukünftige Adaption gentechnisch veränderter Sorten. Ihr Fazit fällt eher skeptisch aus: Für die nähere Zukunft erwarten sie keine erhebliche Adaption solcher Sorten, solange die Landwirte keinen Preisaufschlag bekommen, um Ertragsrückgänge und Transaktionskosten aufgrund der Anbauumstellung zu kompensieren. Eben dies scheint allerdings bei der Soja-Sorte Vistive der Fall zu sein, die einen reduzierten Gehalt an Linolensäure im Öl aufweist (ca. 3% statt 8%; Monsanto, 2006a).[88] Zwar wurde dieses wertsteigender Merkmal nicht mit Hilfe der Gentechnologie erreicht, gleichwohl handelt es sich im eine transgene Sorte, da gleichzeitig eine Herbizidresistenz auf gentechnologischem Weg eingebracht wurde. Das gentechnisch veränderte Merkmal ist somit ein agronomisches Merkmal, das die erste Generation grüner Gentechnologie zuzurechnen ist, und keines, für das mit Hilfe der Gentechnik direkt in den Stoffwechsel eingegriffen wurde. Die konventionell erreichte Inhaltsstoffveränderung scheint sich derzeit am Markt gut zu etablieren, für das Jahr 2006 beziffert der Monsanto die Anbaufläche von 200.000 Hektar (Monsanto, 2006b)[89].

Zwei weitere Ansätze betreffen ebenfalls die Produktion spezieller Inhaltsstoffe in gentechnisch veränderten Pflanzen, allerdings nicht für die tierische oder menschliche Ernährung sondern für die chemische oder pharmazeutische Wirtschaft (Plant Made Industrials, PMI, und Plant Made Pharmaceuticals, PMP). Beide Ansätze erweitern die grüne Gentechnologie auf weitere Anwendungsbranchen, die Chemie und die Pharmazie: Unverändert ist zu differenzieren, inwieweit diese Ansätze neue Produkte ermöglichen oder ob durch sie bekannte Produkte auf andere Weise hergestellt werden, sofern sie sich gegen diese Alternativen durchsetzen können. Ähnlich wie bei den für Lebensmittel optimierten Pflanzen bewerten Sauter et al. (2006)[90] den aktuellen Entwicklungsstand der PMI und PMP sehr zurückhaltend: Von den weltweit in Entwicklung befindlichen PMP hätten lediglich zwei den Orphan-Drug-Status zur Behandlung seltener Krankheiten bekommen. Vollkommen unrealistisch sei die Aufnahme von Biopharmazeutika in der Form unprozessierter Früchte (Impfbanane). Von pauschalen Kostenvorteilen gegenüber anderen Produktionsweisen könne nicht ausgegangen werden, vielmehr hänge die Wettbewerbsfähigkeit der PMP entscheidend von den Fortschritten bei den konkurrierenden Produktionssystemen sowie von der Regulation des Anbaus und des Risikomanagements ab. Die kommerzielle Nutzung von PMI sehen die Autoren ebenfalls skeptisch. Eine Produktion größerer Mengen sei auf absehbarer Zeit unwahrscheinlich, und für die Produktion nachwachsender Rohstoffe würden Pflanzen eher züchterisch optimiert werden.

Gegenwärtig stehen neue Anwendungen der Gentechnologie, bei denen Inhaltsstoffe für funktionelle Lebensmittel, die chemische Industrie oder die Pharmabranche aus gezielt hierfür gentechnisch veränderten Pflanzen gewonnen werden, nicht unmittelbar vor einer breiten kommerziellen Vermarktung. Entsprechend liegt das Arbeitsplatzpotential vor allem im Forschungssektor. Falls sich die Gentechnologie bei Pflanzen in diesen Bereichen zukünftig allerdings gegen die konkurrierenden Alternativen durchsetzen, würden verschiedene Wertschöpfungsketten und damit potentiell eine hohe Zahl von Arbeitsplätzen mit der grünen Gentechnologie in Verbindung stehen.

FAZIT

Als Plattformtechnologie wirkt die gesamte Gentechnologie in verschiedene Branchen hinein. Die Quantifizierung ökonomischer Effekte hängt daher entscheidend davon ab, was genau unter der „grünen Gentechnologie" verstanden wird. Nimmt man allein die Züchtung, den Anbau und die Verarbeitung von gentechnisch veränderten Pflanzen in den Blick, so wird sich ein anderes Bild ergeben, als bei einer Einbeziehung der kompletten Lebensmittelverarbeitung mit Hilfe moderner biotechnologischer Verfahren nach OECD-Definition (OECD, 2001)[91]. Neben den einbezogenen Branchen und den der grünen Gentechnologie zugerechneten Methoden, ist drittens bei den Arbeitsplatzzahlen darauf zu achten, ob ausschließlich zusätzliche Arbeitsplätze gemeint sind oder auch solche, die bisherige Arbeitsplätze ersetzen bzw. ihnen neue Arbeitsgebiete zugerechnet werden. Verschiedene Definitionen erklären die großen Divergenzen in den Arbeitsplatzangaben unterschiedlicher Studien.

Zur Einschätzung der ökonomischen Bedeutung sollten alle Arbeitsplätze erfasst werden, die mit der grünen Gentechnologie in Verbindung stehen. Aufgrund fortwährender technischer Innovationsprozesse werden laufend alte Tätigkeitsprofile durch neue ersetzt, ohne dass im Saldo dabei ein Anstieg der Arbeitsplatzzahlen zu verzeichnen ist. Für das Jahr 2000 werden 5.900 Arbeitsplätze aus der Pflanzenzüchtung der grünen Gentechnologie zugeschrieben (Kernbereich und vorgelagerte Sektoren). Nicht genau beziffert wird, wie viele der 99.700 Arbeitsplätze der modernen Biotechnologie in den anderen Teilgebieten (Universitäten und Forschungseinrichtungen, Biotechnologie-Ausstatter, KMU im Bereich moderner Biotechnologien) speziell der grünen Gentechnologie zugerechnet werden können. Bei den Anwendungsbranchen ist vor allem die Lebensmittelverarbeitung von Bedeutung: Auch ohne den Anbau gentechnisch veränderter Sorten in Deutschland, standen im Jahr 2000 bereits 432.500 Arbeitsplätze mit der modernen Biotechnologie in Verbindung (Menrad und Frietsch, 2006)[92].

Offen ist, wie schnell und in welchem Maße sich die grüne Gentechnologie in der Landwirtschaft durchsetzen wird. Menrad und Frietsch prognostizieren (ausgehend von 2003) bei einer Technologiediffusion, wie sie in anderen Ländern zu beobachten war, dass über eine Million Arbeitsplätze im Landwirtschaftssektor von der grünen Gentechnologie im Jahr 2010 in Deutschland tangiert sein werden. Verschiedene Faktoren machen diese Prognose unrealistisch: Zum einen hat der kommerzielle Anbau in Deutschland überhaupt erst im Jahr 2006 und zudem lediglich auf 950 Hektar begonnen. Zum anderen unterscheidet sich die Situation in

Deutschland deutlich von der in anderen Ländern, wo die grüne Gentechnologie Fuß gefasst hat. Anders als beispielsweise in den USA, dem Hauptanbauland gentechnisch veränderter Sorten, begegnen die Konsumenten Lebensmitteln aus transgenen Pflanzen überwiegend mit Skepsis und Ablehnung. Solche Produkte sind deswegen hierzulande zu kennzeichnen (Stichwort Verbrauchersouveränität). Da die Lebensmittelhersteller und der Lebensmitteleinzelhandel damit zögern gekennzeichnete Produkte anzubieten, fehlen deutschen Landwirten derzeit dieser Absatzmarkt. Die Vorschriften zur Kennzeichnung führen dazu, dass eine Verarbeitung gentechnisch veränderten Pflanzen getrennt von den konventionellen Pflanzen erfolgt. Eine solche Markt- und Produktionstrennung existiert in den USA nicht. Ebenso existieren keine Regelungen zur Koexistenz der Landbewirtschaftungsformen. Neue Ansätze der grünen Gentechnologie wie Functional Foods, Plant Made Pharmaceuticals und Plant Made Industrials stehen erst noch in den Startlöchern und werden bis 2010 nicht zu einer wirtschaftlichen Dynamik beitragen.

Da der kommerzielle Anbau gentechnisch veränderter Sorten in Deutschland erst im Jahr 2006 begonnen hat, existieren keine nationalen Erhebungen über den ökonomischen Nutzen der grünen Gentechnologie. Studien aus anderen Ländern sind nicht vollständig auf die deutsche Situation projizierbar, da sich Faktoren wie Klima, Anbaubedingungen, Landwirtschaftsstrukturen etc. unterscheiden. Wichtig ist, jede einzelne transgene Sorten mit ihren spezifischen Eigenschaften am konkreten Standort hinsichtlich ihrer ausgewiesenen Funktionen zu beurteilen. Lassen sich zum Beispiel mit schädlingsresistenten Sorten der Ernte- und Einnahmeverlust reduzieren oder lassen sich mit herbizidtoleranten Sorten die Kosten der Unkrautmanagements senken? Ein wichtiger Faktor dabei ist der lokale Befallsdruck. Und wie bei jeder Art von Landwirtschaft sind neben dem Ertrag, der Erntequalität und den erzielbaren Preisen die Kosten für Maschinen, Arbeitsstunden, Dünger, Saatgut, Pflanzenschutzmitteln, etc. weitere wichtige Faktoren. Erst eine Gesamtkalkulation aller Faktoren kann Aufschluss darüber geben, ob sinkende Herbizid- bzw. Pestizidkosten die höheren Saatgutpreise ausgleichen. Letztendlich muss der einzelne Landwirt für seinen Betrieb kalkulieren, welche Art der Landbewirtschaftung er bevorzugt. Zahlreiche Studien dokumentieren, dass die Landwirte einen unmittelbaren Nutzen aus dem Anbau transgener Sorten gezogen haben (im Jahr 2005: 6,5 Mrd US$; Brookes und Barfoot, 2005)[93]. Gleichzeitig belegt die rasante Adaption gentechnisch veränderter Sorten z.b. in den USA und Kanada, dass die Landwirte (trotz ansteigender Herbizidresistenzen) einen ökonomischen Vorteil aus ihrem Anbau ziehen – anderenfalls gäbe es keinen plausiblen Grund, warum sie nicht stattdessen konventionelle Sorten kultivieren. Ohne Frage profitieren die Saatguthersteller von der erfolgreichen Einführung ihres neuen Saatguts. Nach den vorliegenden Studien profitieren sie jedoch nicht in dem Maße, wie von den Gentechnikkritikern bekräftigt. Ihr konkreter Anteil ist schwer zu beziffern und variiert je nach Fallstudie. Gleiches gilt für den ökonomischen Vorteil der Käufer, wobei es unwahrscheinlich ist, dass Endverbraucher an der Ladentheke wegen des geringen Preisanteils der Rohwaren bei vielen Lebensmitteln einen großen Nutzen haben.

Derzeit ist schwer vorher zu sagen, in welchem Maße in den nächsten Jahren in Deutschland gentechnisch veränderte Pflanzen kultiviert werden und in die Vermarktungsketten einfließen. Für eine konkrete ökonomische Nutzenabschätzung ist es daher noch zu früh. Entscheidend wird sein, in welcher Weise ein verändertes Gentechnikgesetz die Anbaubedingungen für gentechnisch veränderte Sorten verbessert. Doch selbst bei veränderten Rahmenbedingungen für den Anbau, bleibt die Skepsis der Lebensmittelkonsumenten ein zentraler Faktor mit Einfluss auf die Wirtschaft. Gegenwärtig lassen Lebensmittelhersteller und Lebensmittelhandel wenig Bereitschaft erkennen, Produkte mit Bestandteilen aus gentechnisch veränderten Pflanzen auf dem Markt zu platzieren.

LITERATURVERZEICHNIS

Action Group on Erosion, Technology and Concentration (ETC) (2006): "Global Seed Industry Concentration – 2005." In: Communique Sep./Oct. 2005, Issue 90. Unter: http://www.etcgroup.org/upload/publication/48/01/seedmasterfin2005.pdf.

Agricultural Online (2004) „Corn farmers must implement refuges or risk access to Bt technology." Vom 27. 4. 2005. Unter: http://www.agriculture.com/ag/story.jhtml?storyid=/templatedata/ag/story/data/agNews_51657.xml.

Benbrook, C.M. (2003): „Impacts of Genetically Engineered Crops on Pesticide Use in the United States: The First Eight Years." In: BioTech InfoNet, Technical Paper Number 6, Nov. 2003. Unter: http://www.biotech-info.net/Technical_Paper_6.pdf.

Benett, D. (2005): "Plant Bugs Increasing Nuisance in Cotton". In: Delta Farm Press, vom 24. Feb. 2005.

Beusmann, V., (2002): „Agrarpolitische Rahmenbedingungen und landwirtschaftliche Leitbilder." In: Hohlfeld, R. (Hrsg.) „Leitbilder und Wege von Pflanzenzucht und Landbau in der modernen Industriegesellschaft." Vereinigung Deutscher Wissenschaftler, VDW-Materialien 1/2002, Berlin, S. 81-98.

Biosicherheit (2005): „Handelskonflikt um Grüne Gentechnik." Vom 15.5.2003 Unter: http://www.biosicherheit.de/de/archiv/2003/204.doku.html.

Biosicherheit (2003): „Weniger Unkräuter, weniger Schmetterlinge." Vom 21.10.2003. Unter: http://www.biosicherheit.de/de/archiv/2003/235.doku.html.

Bloomberg (2006): „Monsanto to Buy Delta & Pine Land for $1.5 Billion." Unter: http://www.bloomberg.com/apps/news?pid=20601087&sid=aKCHvPPz9uBo&refer=home.

BMBF (2005): „So schmeckt die Zukunft. Sozial-ökologische Agrar- und Ernährungsforschung." Bundesministerium für Bildung und Forschung, 2. Auflage, Berlin, Bonn. Unter: http://www.sozial-oekologische-forschung.org/_media/So_schmeckt_die_Zukunft_2.Auflage.pdf.

Brookes, G. (2002): „The farm level impact of using Bt maize in Spain." Unter: http://www.transgen.de/pdf/dokumente/brookes_spain_2002.pdf.

Brookes, G., Craddock, N., Kniel, B. (2005): "The Global Gm Market. Implications for the European Food Chain." PG Economics. Unter: http://www.pgeconomics.co.uk/pdf/Global_GM_Market.pdf.

Brookes, G., Barfoot, P. (2005): "GM: Crops: The Global Economic and Environmental Impact. The First Nine Years 1996 – 2004." In: AgBioForum, 8 (2&3), S. 187 – 196.

BUND (2004): „Informationen für Bäuerinnen und Bauern zum Einsatz der Gentechnik in der Landwirtschaft." Bund für Umwelt und Naturschutz Deutschland e.V. Berlin, unter: http://www.bund.net/lab/reddot2/pdf/gentech_bauerninfo.pdf.

BVL (2006): „Öffentlicher Teil des Standortregisters." Bundesamt für Verbraucherschutz und Lebensmittelsicherheit, unter: http://194.95.226.237/stareg_web/showflaechen.do?ab=2006.

Cornell University (2006): "Bt Cotton in China Fails to Reap Profit After Seven Years." Cornell University, unter: http://www.newswise.com/articles/view/522147.

Dailey, D. (2005): "Waterhemp ‚potentially resistant' to herbicide found in NW Missouri soybean fields." Unter: http://www.agriculture.com/ag/story.jhtml?storyid=/templatedata/ag/story/data/agNews_050923crWEEDS.xml.

Degenhardt, H., Horstmann, F., Mülleder, N. (2003): „bt-Mais in Deutschland. Erfahrungen mit dem Praxisanbau von 1998 bis 2002." In: MAIS 2/2003 (31 Jhg.). Unter: http://www.monsanto.de/biotechnologie/publikationen/Pub-BtCotton_mais.pdf.

DG Agri (2000): „Economic impacts of genetically modified crops on the agri-food sector. A synthesis." Directorate-General for Agriculture, unter: http://europa.eu.int/comm/agriculture/publi/gmo/gmo.pdf.

Duffy, M. (2001): „Who Benefits from Biotechnology?" Presented at the American Seed Trade Association meeting 5. - 7. Dec. 2001, Chicago, IL. Unter: http://www.leopold.iastate.edu/pubs/speech/files/120501 who_benefits_from_biotechnology.pdf.

Duffy, M. (1999): "Does Planting GMO Seed Boost Farmers' Profits?" Leopold Center for Sustainable Agriculture, Leopold Letter, Vol. 11, No. 3, Iowa State University.

EG (2003a): VERORDNUNG (EG) Nr. 1829/2003 DES EUROPÄISCHEN PARLAMENTS UND DES RATES vom 22. September 2003 über genetisch veränderte Lebensmittel und Futtermittel. Unter: http://europa.eu.int/eur-lex/pri/de/oj/dat/2003/l_268/l_26820031018de00010023.pdf.

EG (2003b) VERORDNUNG (EG) Nr. 1830/2003 DES EUROPÄISCHEN PARLAMENTS UND DES RATES vom 22. September 2003 über die Rückverfolgbarkeit und Kennzeichnung von genetisch veränderten Organismen und über die Rückverfolgbarkeit von aus genetisch veränderten Organismen hergestellten Lebensmitteln und Futtermitteln sowie zur Änderung der Richtlinie 2001/18/EG. Unter: http://europa.eu.int/eur-lex/pri/de/oj/dat/2003/l_268/l_26820031018de00240028.pdf#search=%22eu%201830%2F2003%22.

„EU unterliegt im Gentechnik-Streit." In: Frankfurter Allgemeine Zeitung, vom 8.2.2006. Unter: http://www.faz.net/s/Rub28FC768942F34C5B8297CC6E16FFC8B4/Doc~E482E5E8AF9CF4A4EB706705038BA0FEE~ATpl~Ecommon~Scontent.html.

European Commisson (2005): „Commission authorises Danish state aid to compensate for losses due to presence of GMOs in conventional and organic crops." Vom 23.11.2005. Unter: http://europa.eu.int/rapid/pressReleasesAction.do?reference=IP/05/1458&format=HTML.

Flack-Zepeda J.B., Traxler, G., Nelson, R.G. (2000): "Surplus Distribution from the Introduction of a Biotechnology Innovation." In: American Journal of Agricultural Economics, 82:2, S. 360-369.

Franks, J.R. (1999): „The status and prospects for genetically modified crops in Europe". In: Food Policy 24, S.565-584. Zitiert in: Menrad, K., Gaisser, S., Hüsing, B., Mernad, M. (2003): „Gentechnik in der Landwirtschaft, Pflanzenzucht und Lebensmittelproduktion". Physica-Verlag, Heidelberg.

Gaskell, G., Allansdottir A, Allum N., Corchero C., Fischler C., Hampel J., Jackson J., Kronberger N., Mejlgaard N., Revuelta G., Schreiner C., Stares S., Torgersen H., Wagner W. (2006): „Europeans and Biotechnology in 2005. Patterns and Trends." Eurobarometer 64.3, European Commission's Directorate-General for Research, unter: http://www.ec.europa.eu/research/press/2006/pdf/pr1906_eb_64_3_final_report-may2006_en.pdf#search=%22eurobarometer%2064.3%22.

Gesetz zur Regelung der Gentechnik (GenTG). Unter: http://www.gesetze-im-internet.de/gentg.

Gianessi, L.P., Silvers, C.S., Sankula, S., Carpenter, J.E. (2002): "Plant Biotechnology: Current and Potential Impact for Improving Pest Management in US Agriculture. An Analysis of 40 Case Studies." National Center for Food and Agricultural Policy (NCFAP), Washington DC, unter: http://www.ncfap.org/40CaseStudies/NCFAB%20Exec%20Sum.pdf.

Helmerich, T., Grundke, D., Pfriem, R. (2006): „Grüne Gentechnik als Arbeitsplatzmotor. Genaues Hinsehen lohnt sich." Bund für Umwelt und Naturschutz Deutschland e.V. Berlin.

Hucho, F. et al (2005): „Gentechnologiebericht. Analyse einer Hochtechnologie in Deutschland." Spektrum Akademischer Verlag, München.

International Federation of Organic Agriculture Movements (2005): "36 Organic Mega-Countries. Organic Sector Calls for Strict Liability Under the Cartagena Protocol on Biosafety." Vom 30.5.2005. Unter: http://www.ifoam.org/press/press/Organic-Mega-Countries.html.

James, C. (2006): „Global Status of Commercialized Biotech/GM Crops: 2005." ISAAA Briefs 34-2005. Unter: http://www.isaaa.org.

Jefferson-Moore, K.Y., Traxler, G. (2005) "Second-Generation GMOs. Where form Here?" In: AgBioForum, 8 (2&3), S. 143-150.

„Kampf um Kartoffel Linda." In: Hamburger Abendblatt, vom 19.1.2005. Unter: http://www.abendblatt.de/daten/2005/01/19/388575.html.

Marquard, E., Durka, W. (2005) : „Auswirkungen des Anbaus gentechnisch veränderter Pflanzen auf Umwelt und Gesundheit: Potentielle Schäden und Monitoring." Bericht im Auftrag des Sächsischen Staatsministeriums für Umwelt und Landwirtschaft. UFZ-Umweltforschungszentrum Leipzig-Halle GmbH, Halle.

Marra, M.C., Pardey, P.G., Alston, J.M. (2002): "The Payoffs to Transgenic Field Crops. An Assessment of the Evidence." In: AgBioForum, 5 (2), S. 43-50.

Menrad. K. (2005): „Wirtschaftliche Aspekte der Anwendung der Gentechnologie in der Lebensmittelverarbeitung." In: Gessen, H.G., Hammes, W.P. (Hrsg.): „Handbuch Gentechnologie und Lebensmittel." 9. aktualisierte Auflage, B. Behrs Verlag, Hamburg.

Menrad, K., Agrafiotis, D., Enzing, C., Lemkow, L., Terragni, F. (1999): „Future impacts of biotechnology on agriculture, food production and food processing." Physica-Verlag, Heidelberg.

Menrad, K., Blind, K., Frietsch, R., Hüsing, B., Nathani, C., Reiß, T., Strobel, O., Walz, R., Zimmer, R. (2003): „Beschäftigungspotentiale in der Biotechnologie." Fraunhofer IRB Verlag, Stuttgart.

Menrad, K., Frietsch, K. (2006): „Zukünftige Ausstrahlung der Biotechnologie auf die Beschäftigung in Deutschland." In: Schmollers Jahrbuch 126, S. 83 – 107.

Menrad, K., Gaisser, S., Hüsing, B., Mernad, M. (2003): „Gentechnik in der Landwirtschaft, Pflanzenzucht und Lebensmittelproduktion." Physica-Verlag, Heidelberg.

Monsanto (2005): „2005 Annual report." Unter: http://www.monsanto.com/monsanto/content/media/pubs/2005/MON_2005_Annual_Report.pdf.

Monsanto (2006a): "Monsanto Launches VISTIVE™ Soybeans; Will Provide a Trans Fats Solution for the Food Industry." Unter: http://www.monsanto.com/monsanto/layout/media/04/09-01-04.asp.

Monsanto (2006b): "Vistive™ Soybeans Expanding In 2007 To Meet Growing Consumer Demand For Healthier Diets." Unter: http://www.monsanto.com/monsanto/layout/media/06/09-15-06.asp.

Moschini, G., Lapan H., Sobolevsky, A. (2000): "Roundup Ready Soybeans and Welfare Effects in the Soybean Complex." In: Agribusiness 16, S. 22-55.

OECD (2001): „Statistical Definition of Biotechnology." OECD, Paris.

Qaim, M., Traxler, G., (2002): „Roundup Ready Soybeans in Argentina. Farm Level, Environmental and Welfare Effect." Paper presented at the 6th International Conference of the International Consortium of Agricultural Biotechnology Research, Ravello, Italy.

Rögener, W. (2006): „Hightech ohne Gentech." In: Süddeutsche Zeitung, vom 10. 8. 2006.

Royal Society (2003): Verschiedene Dokumente verschiedener Autoren zum Stichwort „Farm Scale Evaluation." In: Philosophical Transactions of the Royal Society, V. 358, N. 1439. Unter: http://www.journals.royalsoc.ac.uk.

Sankula, S., Marmon, G., Blumenthal, E. (2005): „Biotechnology-Derived Crops Planted in 2004. Impacts on US Agriculture." National Center for Food and Agricultural Policy (NCFAP), Washington DC, unter: www.ncfap.org.

Sauter, A., Hüsing, B. (2005): „Transgene Pflanzen der 2. und 3. Generation." TAB-Arbeitsbericht 104, Berlin.

Statistische Ämter des Bundes und der Länder (2006): „Landwirtschaft. Betriebe, Arbeitskräfte, Bodennutzung." Unter: http://www.statistik-portal.de/Statistik-Portal/de_jb11_jahrtab20.asp.

Tabashnik, B.E., Carrière, Y., Dennehy, T.J., Morin, S., Sisterson, M.S., Roush, R.T., Shelton, A.M., Zhao J-Z (2003): "Insect resistance to transgenic Bt crops. Lessons from the laboratory and field." In: Journal of Economic Entomology, Vo. 96 (4), S. 1031- 1038.

Transgen (2006): „Anbau von gv-Pflanzen in Deutschland. Haftung auch ohne Verschulden." Vom 4.4.2006. Unter http://www.transgen.de/recht/koexistenz/536.doku.html.

TransGen (2005): „Gentechnisch veränderte Lebensmittel. Kennzeichnung." TransGen kompakt. Unter: http://www.transgen.de/pdf/kompakt/kennzeichnung.pdf.

TransGen (2006): „Bekämpfung des Maiszünslers. Ein Schädling, der kaum zu fassen ist." Vom 1.6.2006. Unter: http://www.transgen.de/anbau_deutschland/btkonzept/667.doku.html.

TransGen (2006): „Spanien, Regionen mit Maiszünsler-Befall. Bt-Mais setzt sich durch." – Vom 11.5.2009. Unter: http://www.transgen.de/gentechnik/pflanzenanbau/187.doku.html.

TransGen (2006): „Tomate." Vom 6.4.2006. Unter: http://www.transgen.de/datenbank/pflanzen/70.doku.html.

United States Grains Council (2000): „The 2000-2001 value enhanced grains quality report." Unter: http://www.vegrains.org/documents/2001veg_report/veg_report.htm.

USDA (2006): „Acreage." National Agricultural Statistics Service (NASS), Agricultural Statistics Board, U.S. Department of Agriculture, unter: http://usda.mannlib.cornell.edu/usda/current/Acre/Acre-08-14-2006.pdf.

ANMERKUNGEN

1. Hucho, F. et al (2005): „Gentechnologiebericht . Analyse einer Hochtechnologie in Deutschland." Spektrum Akademischer Verlag, München.
2. James, C. (2006): „Global Status of Commercialized Biotech/GM Crops: 2005." ISAAA Briefs 34-2005. Unter: http://www.isaaa.org.
3. Insgesamt betrug im Jahr 2005 die landwirtschaftlich genutzte Fläche 17. Mio. Hektar. Statistische Ämter des Bundes und der Länder (2006). Unter: http://www.statistik-portal.de/Statistik-Portal/de_jb11_jahrtab20.asp, abgerufen am 15.8.2006.
4. TransGen (2006): „Tomate." Vom 6.4.2006. Unter: http://www.transgen.de/datenbank/pflanzen/70.doku.html.
5. Sauter, A., Hüsing, B. (2005) „Transgene Pflanzen der 2. und 3. Generation." TAB-Arbeitsbericht 104, Berlin.
6. Menrad, K., Gaisser, S., Hüsing, B., Menrad, M. (2003): „Gentechnik in der Landwirtschaft, Pflanzenzucht und Lebensmittelproduktion." Physika Verlag Heidelberg.
7. James, C. (2006): „Global Status of Commercialized Biotech/GM Crops: 2005." ISAAA Briefs 34-2005. Unter: http://www.isaaa.org.
8. Häufig wird der ökologische Landbau als Alternativstrategie zur weiteren Intensivierung der Landwirtschaft benannt. Im Jahr 2004 wurden weltweit 26 Mio. Hektar nach zertifizierten ökologischen Standards bewirtschaftet, für 2003 wird der Wert der Produkte mir 25. Mrd. US$ beziffert (International Federation of Organic Agriculture Movements (2005): "36 Organic Mega-Countries. Organic Sector Calls for Strict Liability Under the Cartagena Protocol on Biosafety." Vom 30.5.2005. Unter: http://www.ifoam.org/press/press/Organic-Mega-Countries.html.
9. Brookes, G., Barfoot, P. (2005): "GM: Crops: The Global Economic and Environmental Impact. The First Nine Years 1996 – 2004." In: AgBioForum, 8 (2&3), S. 187 – 196.
10. Sankula, S., Marmon, G., Blumenthal, E. (2005): „Biotechnology-Derived Crops Planted in 2004. Impacts on US Agriculture," National Center for Food and Agricultural Policy (NCFAP), Washington DC, unter: www.ncfap.org.
11. Gianessi, L.P., Silvers, C.S., Sankula, S., Carpenter, J.E. (2002): "Plant Biotechnology: Current and Potential Impact for Improving Pest Management in US Agriculture. An Analysis of 40 Case Studies." National Center for Food and Agricultural Policy (NCFAP), Washington DC, unter: http://www.ncfap.org/40CaseStudies/NCFAB%20Exec%20Sum.pdf.

[12] Marra, M.C., Pardey, P.G., Alston, J.M. (2002): "The Payoffs to Transgenic Field Crops. An Assessment of the Evidence." In: AgBioForum, 5 (2), S. 43-50.
[13] Benbrook, C.M. (2003): „Impacts of Genetically Engineered Crops on Pesticide Use in the United States: The First Eight Years." In: BioTech InfoNet, Technical Paper Number 6, Nov. 2003. Unter: http://www.biotech-info.net/Technical_Paper_6.pdf.
[14] BUND (2004): „Informationen für Bäuerinnen und Bauern zum Einsatz der Gentechnik in der Landwirtschaft." Bund für Umwelt und Naturschutz Deutschland e.V. Berlin, unter: http://www.bund.net/lab/reddot2/pdf/gentech_bauerninfo.pdf.
[15] Statistische Daten direkt für die Betriebsebene, die einen Vergleich von vor und nach dem Anbau transgener Sorten ermöglichen, werden in den USA nicht flächendeckend erhoben. Die Effekte des Anbaus gentechnischer Pflanzen kann daher nur abgeschätzt werden. Die Studie von Benbrook (2004) unterscheidet sich hierbei von den zuvor zitierten Studien (Brookes und Barfoot 2006; Gianessi et al. 2002; Marra et al. 2002; Sankula et al. 2005) in methodischer Hinsicht: Letztere extrapolieren unterschiedliche Fallstudien z.B. auf der Basis von Feldversuchen und Umfragen unter Landwirten. Benbrook geht von den Gesamtzahlen aus (Gesamtanbauflächen eine Pflanzen, Anteil transgener Sorten, Gesamtpestizideinsatz) und schätzt die Verteilung der Pestizide auf die Anbauflächen mit transgenen und nicht-transgenen Sorten ab.
[16] Duffy, M. (2001): „Who Benefits from Biotechnology?" Presented at the American Seed Trade Association meeting 5. - 7. Dec. 2001, Chicago, IL. Unter. http://www.leopold.iastate.edu/pubs/speech/files/120501-who_benefits_from_biotechnology.pdf:
[17] Jeweils gerechnet als Kosten pro Fläche.
[18] Angaben zur Pestizidkosten werden nicht gemacht.
[19] Duffy, M. (1999): "Does Planting GMO Seed Boost Farmers' Profits?" Leopold Center for Sustainable Agriculture, Leopold Letter, Vol. 11, No. 3, Iowa State University.
[20] Duffy betont an gleicher Stelle, dass seine Ergebnisse aus einer Querschnittsstudie stammen, d.h., es wurde kein Vorher-Nachher-Vergleich für transgene Sorten auf Betriebsebene durchgeführt.
[21] BVL (2006): „Öffentlicher Teil des Standortregisters." Bundesamt für Verbraucherschutz und Lebensmittelsicherheit, unter: http://194.95.226.237/stareg_web/showflaechen.do?ab=2006.
[22] TransGen (2006): „Bekämpfung des Maiszünslers. Ein Schädling, der kaum zu fassen ist." Vom 1.6.2006. Unter: http://www.transgen.de/anbau_deutschland/btkonzept/667.doku.html.
[23] Degenhardt, H., Horstmann, F., Mülleder, N. (2003): „bt-Mais in Deutschland. Erfahrungen mit dem Praxisanbau von 1998 bis 2002." In: MAIS 2/2003 (31 Jhg.). Unter: http://www.monsanto.de/biotechnologie/publikationen/Pub-BtCotton_mais.pdf.
[24] Zugrunde gelegt ist eine Preis von 110 pro Tonne Körnermais.
[25] TransGen (2006): „Spanien, Regionen mit Maiszünsler-Befall. Bt-Mais setzt sich durch." –Vom 11.5.2009. Unter: http://www.transgen.de/gentechnik/pflanzenanbau/187.doku.html.

[26] Brookes, G. (2002): „The farm level impact of using Bt maize in Spain." Unter: http://www.transgen.de/pdf/dokumente/brookes_spain_2002.pdf.
[27] Menrad, K., Gaisser, S., Hüsing, B., Menrad, M. (2003): „Gentechnik in der Landwirtschaft, Pflanzenzucht und Lebensmittelproduktion." Physica-Verlag, Heidelberg.
[28] Benett, D. (2005): "Plant Bugs Increasing Nuisance in Cotton." In: Delta Farm Press, vom 24. Feb. 2005.
[29] Cornell University (2006): "Bt Cotton in China Fails to Reap Profit After Seven Years." Cornell University, unter: http://www.newswise.com/articles/view/522147.
[30] Dailey, D. (2005): "Waterhemp ‚potentially resistant' to herbicide found in NW Missouri soybean fields." Unter: http://www.agriculture.com/ag/story.jhtml?storyid=/templatedata/ag/story/data/agNews_050923crWEEDS.xml.
[31] James, C. (2006): „Global Status of Commercialized Biotech/GM Crops: 2005". ISAAA Briefs 34-2005. Unter: http://www.isaaa.org.
[32] USDA (2006): „Acreage." National Agricultural Statistics Service (NASS), Agricultural Statistics Board, U.S. Department of Agriculture, unter: http://usda.mannlib.cornell.edu/usda/current/Acre/Acre-08-14-2006.pdf.
[33] Marquard, E., Durka, W. (2005) : „Auswirkungen des Anbaus gentechnisch veränderter Pflanzen auf Umwelt und Gesundheit. Potentielle Schäden und Monitoring." Bericht um Auftrag des Sächsischen Staatsministeriums für Umwelt und Landwirtschft. UFZ-Umweltforschungszentrum Leipzig-Halle GmbH. Halle.
[34] Agricultural Online (2004) „Corn farmers must implement refuges or risk access to Bt technology". Vom 27. 4. 2005. Unter: http://www.agriculture.com/ag/story.jhtml?storyid=/templatedata/ag/story/data/agNews_51657.xml.
[35] Tabashnik, B.E., Carrière, Y., Dennehy, T.J., Morin, S., Sisterson, M.S., Roush, R.T., Shelton, A.M., Zhao J-Z (2003): „Insect resistance to transgenic Bt crops. Lessons from the laboratory and field." In: Journal of Economic Entomology, Vo. 96 (4), S.1031- 1038.
[36] Gesetz zur Regelung der Gentechnik (GenTG). Unter: http://www.gesetze-im-internet.de/gentg.
[37] DG Agri (2000): „Economic impacts of genetically modified crops on the agri-food sector. A synthesis." Directorate-General for Agriculture, unter: http://europa.eu.int/comm/agriculture/publi/gmo/gmo.pdf.
[38] Menrad, K., Gaisser, S., Hüsing, B., Menrad, M. (2003): „Gentechnik in der Landwirtschaft, Pflanzenzucht und Lebensmittelproduktion." Physica-Verlag, Heidelberg.
[39] Transgen (2006): „Anbau von gv-Pflanzen in Deutschland. Haftung auch ohne Verschulden." Vom 4.4.2006. Unter http://www.transgen.de/recht/koexistenz/536.doku.html.
[40] European Commisson (2005): „Commission authorises Danish state aid to compensate for losses due to presence of GMOs in conventional and organic crops". Vom 23.11.2005. Unter: http://europa.eu.int/rapid/pressReleasesAction.do?reference=IP/05/1458&format=HTML.

[41] EG (2003a): VERORDNUNG (EG) Nr. 1829/2003 DES EUROPÄISCHEN PARLAMENTS UND DES RATES vom 22. September 2003 über genetisch veränderte Lebensmittel und Futtermittel. Unter: http://europa.eu.int/eur-lex/pri/de/oj/dat/2003/l_268/l_26820031018de00010023.pdf.

[42] EG (2003b) VERORDNUNG (EG) Nr. 1830/2003 DES EUROPÄISCHEN PARLAMENTS UND DES RATES vom 22. September 2003 über die Rückverfolgbarkeit und Kennzeichnung von genetisch veränderten Organismen und über die Rückverfolgbarkeit von aus genetisch veränderten Organismen hergestellten Lebensmitteln und Futtermitteln sowie zur Änderung der Richtlinie 2001/18/EG. Unter: http://europa.eu.int/eur-lex/pri/de/oj/dat/2003/l_268/l_26820031018de00240028.pdf#search=%22eu%201830%2F2003%22.

[43] Der Grenzwert gilt nur für in der EU zugelassene transgene Sorten. Pflanzenmaterial nicht zugelassener Sorten darf nicht enthalten sein.

[44] Betroffen sind alle Agrarprodukte mit Ausnahme von Tiererzeugnissen, bei denen die Tiere mit gentechnisch veränderten Pflanzen gefüttert wurden.

[45] Brookes, G., Craddock, N., Kniel, B. (2005): "The Global Gm Market. Implications for the European Food Chain." PG Economics. Unter: http://www.pgeconomics.co.uk/pdf/Global_GM_Market.pdf.

[46] Biosicherheit (2005): „Handelskonflikt um Grüne Gentechnik." Vom 15.5.2003. Unter: http://www.biosicherheit.de/de/archiv/2003/204.doku.html.

[47] „EU unterliegt im Gentechnik-Streit." In: Frankfurter Allgemeine Zeitung, vom 8.2.2006. Unter: http://www.faz.net/s/Rub28FC768942F34C5B8297CC6E16FFC8B4/Doc~E482E5E8AF9CF4A4EB706705038BA0FEE~ATpl~Ecommon~Scontent.html.

[48] BUND (2004): „Informationen für Bäuerinnen und Bauern zum Einsatz der Gentechnik in der Landwirtschaft." Bund für Umwelt und Naturschutz Deutschland e.V. Berlin, unter: http://www.bund.net/lab/reddot2/pdf/gentech_bauerninfo.pdf.

[49] DG Agri (2000): „Economic impacts of genetically modified crops on the agri-food sector. A synthesis." Directorate-General for Agriculture, unter: http://europa.eu.int/comm/agriculture/publi/gmo/gmo.pdf.

[50] Franks, J.R. (1999): „The status and prospects for genetically modified crops in Europe." In: Food Policy 24, S. 565-584.

[51] Flack-Zepeda J.B., G. Traxler, Nelson, R.G. (2000): "Surplus Distribution from the Introduction of a Biotechnology Innovation." In: American Journal of Agricultural Economics, 82:2, S. 360-369.

[52] Qaim, M., Traxler, G., (2002): „Roundup Ready Soybeans in Argentina. Farm Level, Environmental and Welfare Effekt." **Paper presented at the 6th International Conference** of the International Consortium of Agricultural Biotechnology Research, Ravello, Italy.

[53] Moschini, G., Lapan H., Sobolevsky, A. (2000): "Roundup Ready Soybeans and Welfare Effects in the Soybean Complex." In: Agribusiness 16, S. 22-55.

[54] Duffy, M. (2001): „Who Benefits from Biotechnology?" Presented at the American Seed Trade Association meeting 5. - 7. Dec. 2001, Chicago, IL, unter: http://www.leo-

pold.iastate.edu/pubs/speech/files/120501-who_benefits_from_biotechnology.pdf:
55 Beim Bruttogewinn eines Unternehmens werden vom Umsatz nur die direkten Herstellungskosten abgezogen. Verwaltungs-, Vertriebs-, Forschungs- und Entwicklungskosten und sonstige operative Aufwendungen fließen hier nicht mit ein.
56 Earnings before Interest and Taxes
57 Monsanto (2005): „2005 Annual report." Unter: http://www.monsanto.com/monsanto/content/media/pubs/2005/MON_2005_Annual_Report.pdf.
58 Der EBIT war hier 2004/2005 mit 27 Mio. US$ leicht im Minus, nach einem Plus von 249 Mio. US$ im Vorjahr.
59 James, C. (2006): „Global Status of Commercialized Biotech/GM Crops: 2005." ISAAA Briefs 34-2005. Unter: http://www.isaaa.org.
60 „Kampf um Kartoffel Linda." In: Hamburger Abendblatt, vom 19.1.2005. Unter: http://www.abendblatt.de/daten/2005/01/19/388575.html.
61 BLOOMBERG (2006): „Monsanto to Buy Delta & Pine Land for $1.5 Billion. " Unter: http://www.bloomberg.com/apps/news?pid=20601087&sid=aKCHvPPz9uBo&refer=home.
62 Action Group on Erosion, Technology and Concentration (ETC) (2006): "Global Seed Industry Concentration. 2005." Communique Sep./Oct. 2005, Issue 90. Unter: http://www.etcgroup.org/upload/publication/48/01/seedmasterfin2005.pdf
63 Flack-Zepeda J.B., G. Traxler, Nelson, R.G. (2000): "Surplus Distribution from the Introduction of a Biotechnology Innovation," In: American Journal of Agricultural Economics, 82:2, S. 360-369.
64 64 BMBF (2005): „So schmeckt die Zukunft. Sozial-ökologische Agrar- und Ernährungsforschung." Bundesministerium für Bildung und Forschung, 2. Auflage, Berlin, Bonn. Unter: http://www.sozial-oekologische-forschung.org/_media/So_schmeckt_die_Zukunft_2.Auflage.pdf.
65 Beusmann, V., (2002): „Agrarpolitische Rahmenbedingungen und landwirtschaftliche Leitbilder." In: Hohlfeld, R. (Hrsg.) „Leitbilder und Wege von Pflanzenzucht und Landbau in der modernen Industriegesellschaft". Vereinigung Deutscher Wissenschaftler, VDW-Materialien 1/2002, Berlin. S. 81-98.
66 Royal Society (2003). Verschiedene Dokumente verschieder Autoren zum Stichwort „Farm Scale Evaluation." In: Philosophical Transactions of the Royal Society, V. 358, N. 1439. Unter: http://www.journals.royalsoc.ac.uk.
67 Biosicherheit (2003): „Weniger Unkräuter, weniger Schmetterlinge". Vom 21.10.2003. Unter: http://www.biosicherheit.de/de/archiv/2003/235.doku.html.
68 Transgen (2005): „Gentechnisch veränderte Lebensmittel. Kennzeichnung." TransGen kompakt. Unter: http://www.transgen.de/pdf/kompakt/kennzeichnung.pdf.
69 Menrad. K. (2005): „Wirtschaftliche Aspekte der Anwendung der Gentechnologie in der Lebensmittelverarbeitung." In: Gessen, H.G., Hammes, W.P. (Hrsg.): „Handbuch Gentechnologie und Lebensmittel". 9. aktualisierte Auflage, B. Behrs Verlag, Hamburg.
70 Menrad, K., Gaisser, S., Hüsing, B., Menrad, M. (2003): „Gentechnik in der Landwirtschaft, Pflanzenzucht und Lebensmittelproduktion." Physica-Verlag, Heidelberg.

[71] Menrad, K., Agrafiotis, D., Enzing, C., Lemkow, L., Terragni, F. (1999): „Future impacts of biotechnology on agriculture, food production and food processing." Physica-Verlag, Heidelberg.
[72] Beispielsweise arbeit die Präzisionszucht (Smart Breeding) mit DNS-Abschnitten als Genmarken und damit mit einer Technik der grünen Gentechnologie. Allerdings erfolgt mit den Genmarkern allein eine gezielte Selektion. Gene werden somit nicht übertragen, und es werden keine transgenen Pflanzen erschaffen. Aus diesem Grund wird in einigen Quellen die Präzisionszucht nicht der grünen Gentechnologie zugerechnet (Rögener, 2006).
[73] Rögener, W. (2006): „Hightech ohne Gentech." In: Süddeutsche Zeitung, vom 10. 8. 2006.
[74] Helmerich, T., Grundke, D., Pfriem, R. (2006): „Grüne Gentechnik als Arbeitsplatzmotor. Genaues Hinsehen lohnt sich." Bund für Umwelt und Naturschutz Deutschland e.V. Berlin.
[75] Menrad, K., Fritsch, K. (2006): „Zukünftige Ausstrahlung der Biotechnologie auf die Beschäftigung in Deutschland." In: Schmollers Jahrbuch 126, S. 83 – 107.
[76] OECD (2001): „Statistical Definition of Biotechnology." OECD, Paris.
[77] Menrad, K., Frietsch, K. (2006): „Zukünftige Ausstrahlung der Biotechnologie auf die Beschäftigung in Deutschland." In: Schmollers Jahrbuch 126, S. 83 – 107.
[78] Menrad, K., Blind, K., Frietsch, R., Hüsing, B., Nathani, C., Reiß, T., Strobel, O., Walz, R., Zimmer, R. (2003): „Beschäftigungspotentiale in der Biotechnologie." Frauenhofer IRB Verlag, Stuttgart.
[79] Menrad, K., Frietsch, K. (2006): „Zukünftige Ausstrahlung der Biotechnologie auf die Beschäftigung in Deutschland." In: Schmollers Jahrbuch 126, S. 83 – 107.
[80] Gaskell, G., Allansdottir A, Allum N., Corchero C., Fischler C., Hampel J., Jackson J., Kronberger N., Mejlgaard N., Revuelta G., Schreiner C., Stares S., Torgersen H., Wagner W. (2006): „Europeans and Biotechnology in 2005: Patterns and Trends." Eurobarometer 64.3, European Commission's Directorate-General for Research, unter: http://www.ec.europa.eu/research/press/2006/pdf/pr1906_eb_64_3_final_report-may2006_en.pdf#search=%22eurobarometer%2064.3%22
[81] Menrad, K., Fritsch, K. (2006): „Zukünftige Ausstrahlung der Biotechnologie auf die Beschäftigung in Deutschland." In: Schmollers Jahrbuch 126, S. 83 – 107
[82] BVL (2006): „Öffentlicher Teil des Standortregisters." Bundesamt für Verbraucherschutz und Lebensmittelsicherheit, unter: http://194.95.226.237/stareg_web/showflaechen.do?ab=2006.
[83] USDA (2006): „Acreage."National Agricultural Statistics Service (NASS), Agricultural Statistics Board, U.S. Department of Agriculture, unter: http://usda.mannlib.cornell.edu/usda/current/Acre/Acre-08-14-2006.pdf, abgerufen am 17.8.2006.
[84] Brookes, G., Craddock, N., Kniel, B. (2005): "The Global Gm Market. Implications for the European Food Chain." PG Economics. http://www.pgeconomics.co.uk/pdf/Global_GM_Market.pdf.

[85] Sauter, A., Hüsing, B. (2005) „Transgene Pflanzen der 2. und 3. Generation." TAB-Arbeitsbericht 104, Berlin.
[86] United States Grains Council (2000): „The 2000-2001 value enhanced grains quality report." Unter: http://www.vegrains.org/documents/2001veg_report/veg_report.htm..
[87] Jefferson-Moore, K.Y., Traxler, G. (2005) "Second-Generation GMOs. Where form Here?" In: AgBioForum, 8 (2&3): S. 143-150.
[88] Monsanto (2006a): "Monsanto Launches VISTIVE™ Soybeans; Will Provide a Trans Fats Solution for the Food Industry." Unter: http://www.monsanto.com/monsanto/layout/media/04/09-01-04.asp.
[89] Monsanto (2006b): "Vistive™ Soybeans Expanding In 2007 To Meet Growing Consumer Demand For Healthier Diets." Unter: http://www.monsanto.com/monsanto/layout/media/06/09-15-06.asp.
[90] Sauter, A., Hüsing, B. (2005) „Transgene Pflanzen der 2. und 3. Generation". TAB-Arbeitsbericht 104, Berlin
[91] OECD (2001): „Statistical Definition of Biotechnology." OECD, Paris.
[92] Menrad, K., Frietsch, K. (2006): „Zukünftige Ausstrahlung der Biotechnologie auf die Beschäftigung in Deutschland." In: Schmollers Jahrbuch 126, S. 83 – 107.
[93] Brookes, G., Barfoot, P. (2005): "GM: Crops: The Global Economic and Environmental Impact. The First Nine Years 1996 – 2004." In: AgBioForum, 8 (2&3), S. 187 – 196.

Das Agro-Gentechnikrecht auf internationaler, europäischer und nationaler Ebene[1]

Ines Härtel

ZUSAMMENFASSUNG

Die rechtlichen Rahmenbedingungen der Grünen Gentechnik werden auf internationaler, europäischer und nationaler Ebene abgesteckt. Auf internationaler Ebene wird die Agro-Gentechnik im Umweltvölkerrecht durch das Cartagena Protokoll aufgegriffen. Da das Cartagena Protokoll aus Gründen des Umweltschutzes zu Handelsbeschränkungen mit gentechnisch veränderten Organismen führt, steht es in einem Spannungsverhältnis zum Welthandelsrecht, das gerade den freien Welthandel fördern will. Im EG-Recht gibt es seit 2001 die Freisetzungsrichtlinie und seit 2003 zwei Verordnungen; jener Rechtsrahmen für die Gentechnik stellt ein verwirrendes Geflecht dar. Zur Umsetzung und Konkretisierung des EG-Rechts hat der Deutsche Bundestag nach langem Tauziehen das „Gesetz zur Neuordnung des Gentechnikrechts" verabschiedet, das im Februar 2005 in Kraft getreten ist. Nunmehr soll erneut das Gentechnikgesetz überarbeitet werden. Großes politisches Ziel ist es, die Forschung zur Pflanzenbiotechnologie voranzubringen.

Die Grüne Gentechnik gehört zu den brisantesten gesellschaftspolitischen Themen. Ihre Chancen und Risiken werden von den Naturwissenschaftlern untersucht. Aber Forschung und Anwendung sind in der Öffentlichkeit umstritten. Gab es früher zwischen konventionellem und ökologischem Landbau große Auseinandersetzungen, verlagern sich diese auf die Grüne Gentechnik.[2] Manche befürchten schon einen „Krieg der Dörfer". Das Recht hat hier die Aufgabe, den Konflikt zu lösen. Die rechtlichen Rahmenbedingungen der Grünen Gentechnik werden auf internationaler, europäischer und nationaler Ebene abgesteckt.

1. INTERNATIONALES AGRO-GENTECHNIKRECHT

Auf internationaler Ebene wird die Agro-Gentechnik im Umweltvölkerrecht durch das Cartagena Protokoll über Biologische Sicherheit zu der Konvention über die biologische Vielfalt aufgegriffen. Da das Cartagena Protokoll aus Gründen des Umweltschutzes zu Handelsbeschränkungen mit gentechnisch veränderten Organismen (GVO) führt, steht es in einem Spannungsverhältnis zum Welthandelsrecht, das gerade den freien Welthandel fördern will.[3] Dieses Spannungsverhältnis zwischen Umweltvölkerrecht und Welthandelsrecht gilt es, rechtlich aufzulösen.

1.1 Umweltvölkerrecht: Cartagena Protokoll

Das Cartagena Protokoll ist Anfang 2000 beschlossen worden und im September 2003 in Kraft getreten. Mittlerweile haben es 132 Staaten ratifiziert, darunter alle EU-Mitgliedstaaten und daneben China sowie eine Vielzahl von Entwicklungsländern und aus der Reihe der großen Agrarexporteure Brasilien. Dagegen bleiben große GVO-Exporteure wie die USA, Kanada und Argentinien dem Vertragswerk bisher fern. Ziel des Cartagena Protokolls ist es, zu einem angemessenen Schutz vor Risiken für die biologische Vielfalt und die menschliche Gesundheit beizutragen, die sich aus dem Umgang mit lebenden GVO ergeben können. Der Anwendungsbereich des Protokolls erstreckt sich auf alle grenzüberschreitenden Verbringungen lebender GVO, einschließlich Durchfuhr, sowie auf den Umgang mit lebenden GVO und die Verwendung lebender GVO. Tragendes Instrument des Protokolls sind bestimmte Verfahren, die lebende GVO vor ihrer Einfuhr in einem Staat zu durchlaufen haben. Sofern das strenge Verfahren des Protokolls[4] zur Anwendung kommt, braucht der Importeur eine ausdrückliche Einfuhrerlaubnis des Importstaates. In dem anderen Verfahren[5] steht es im Ermessen des Importstaates, überhaupt Maßnahmen zu treffen. Das strenge Verfahren gilt nicht für den Handel mit lebenden GVO, die für die direkte Verwendung als Nahrung oder Futter oder zur Weiterverarbeitung bestimmt sind. Jene Agrarmassegüter machen jedoch 90% des grenzüberschreitenden Verkehrs mit GVO aus, so dass die praktische Bedeutung des strengen Kontrollverfahrens eher gering ist. Die Transparenz der Verfahren soll dadurch gewährleistet werden, dass alle nationalen und transnationalen gentechnik-relevanten Daten über ein sog. *Biosafety Clearing House* (Informationsstelle für biologische Sicherheit)[6] im Internet bekannt gemacht werden. Daneben benennt jede Vertragspartei eine Kontaktstelle, die für den Kommunikationsaustausch mit dem Sekretariat[7] verantwortlich ist und die zuständige Verwaltungsbehörde für die konkrete Durchführung des Cartagena Protokolls (Art. 19). In Deutschland ist das Bundesamt für Verbraucherschutz und Lebensmittelsicherheit die nationale Kontaktstelle für das *Biosafety Clearing House*. Das Bundesministerium für Ernährung, Landwirtschaft und Verbraucherschutz (BMELV) ist die deutsche nationale Anlaufstelle.

Neben der Risikobewertung von GVO in den Zulassungsverfahren, die auf wissenschaftlicher Grundlage zu erfolgen hat, verpflichtet das Cartagena Protokoll zu Maßnahmen des Risikomanagements als Teil eines vorsorgenden Umweltschutzes. Auf der dritten Cartagena-Nachfolgekonferenz zur biologischen Sicherheit im März 2006 ist beschlossen worden, die bisherige weiche Kennzeichnungspflicht „kann GVO enthalten" durch eine verpflichtende Kennzeichnung „enthält GVO" zu ersetzen. Allerdings wird diese Verschärfung erst 2012 in Kraft treten. Ein Schwellenwert für die Kennzeichnungspflicht regelt das Protokoll selbst nicht. Die Entwicklungsländer hatten im damaligen Verhandlungsprozess zum Cartagena Protokoll gefordert, eine Regelung zur Haftung des Exporteurs bzw. des

Exportstaates für mögliche durch GVO verursachte Schäden aufzunehmen. Die Forderung blieb erfolglos. Immerhin enthält das Protokoll in Art. 27 einen expliziten Auftrag an die Vertragsparteien, Verhandlungen über internationale Haftungsregelungen in diesem Bereich durchzuführen. Das Europäische Gemeinschaftsrecht hat das Cartagena Protokoll auf seine Weise umgesetzt.[8]

1.2 Welthandelsrecht: Gentechnikstreit USA - EU

Zudem wird der globale Umgang mit der Grünen Gentechnik durch das Welthandelsrecht beeinflußt. Hier ist auf den Gentechnikstreit zwischen den USA und der EU hinzuweisen, den komplexesten Streitfall der WTO-Geschichte. Im August 2003 hatten die USA, Kanada und Argentinien ein WTO-Streitschlichtungspanel beantragt. Das eingesetzte WTO-Panel hat am 7. Februar 2006 in einer 1000-seitigen Entscheidung ein Verdikt gesprochen.[9] Gegenstand des Streitfalls ist vor allem das de-facto-Moratorium, das von 1999 bis 2004 in der EU bestand und Neuzulassungen für den Anbau von Gen-Pflanzen verhinderte. Ferner richtet sich die Klage gegen gewisse Gentechnikmaßnahmen einzelner EU-Mitglieder, so gegen nicht erteilte Zulassungen in Österreich, Frankreich, Deutschland, Italien und Luxemburg, sowie gegen ein Einfuhrverbot in Griechenland. Nach Ansicht des WTO-Panels sind das de-facto-Moratorium der EU und die nationalen Maßnahmen nicht mit dem WTO-Recht vereinbar.

Das bereits angesprochene prinzipielle Spannungsverhältnis zwischen Umweltvölkerrecht und WTO-Recht hat das Panel in diesem Verfahren in der Weise aufgelöst, indem es das Cartagena Protokoll bei der Auslegung des WTO-Rechts nicht berücksichtigt. Das Panel begründet dies damit, dass die USA das Protokoll nicht unterzeichnet hätten, Argentinien und Kanada das Protokoll zwar unterzeichnet, aber nicht ratifiziert hätten und somit diese drei Staaten nicht Vertragsparteien des Protokolls seien. Die Frage, ob die Nachhaltigkeit einen allgemeinen Grundsatz des Völkerrechts darstellt, hat das Panel offen gelassen.

Prüfungsmaßstab in dem Rechtsstreit ist vor allem das WTO-Übereinkommen über die Anwendung gesundheitspolizeilicher und pflanzenschutzrechtlicher Maßnahmen von 1994 (*Agreement on the Application of Sanitary and Phytosanitary Measures*, sog. SPS-Übereinkommen). Nach dem SPS-Übereinkommen haben zwar alle WTO-Mitglieder das Recht, notwendige Maßnahmen zum Schutz des Lebens oder der Gesundheit von Menschen, Tieren oder Pflanzen zu treffen. Dabei bleibt es den WTO-Mitgliedern auch freigestellt, ein im Vergleich zu internationalen Standards höheres Schutzniveau zu wählen. Hierfür muß aber entweder eine wissenschaftliche Begründung vorliegen oder die gesundheitspolizeiliche Maßnahme muß sich als Ergebnis einer Risikobewertung darstellen. Insbesondere diese Voraussetzungen sind nach Ansicht des WTO-Panels von der EU nicht erfüllt worden.

Die Konsequenzen des WTO-Panels sind allerdings insgesamt weniger dramatisch. Denn das Moratorium ist bereits aufgehoben und das geltende Recht ist vom Panel nicht beanstandet worden. Lediglich in zwei Bereichen könnte es zu spürbaren Veränderungen kommen: Zum einen könnte sich das Zulassungsverfahren der EU für GVO-Produkte leicht beschleunigen – aber nur im Rahmen des bestehenden EU-Rechts. Zum anderen stärkt das Urteil der EU-Kommission im Verhältnis zu den Mitgliedstaaten den Rücken. Die Kommission hat in den letzten Monaten jene Länder härter angefasst, die ohne risikobezogene Begründung GVO verboten haben, die von der EU bereits grünes Licht erhalten hatten.

2. EUROPÄISCHES AGRO-GENTECHNIKRECHT

Im Jahre 1998 hatten die EU-Umweltminister noch vereinbart, das Inverkehrbringen von GVO grundsätzlich nicht zu genehmigen. Dieses de-facto-Moratorium sollte 2001 mit dem Erlass der EG-Freisetzungsrichtlinie[10] beendet werden. Der neue Rechtsrahmen für die Agro-Gentechnik ist in der EU im Jahre 2003 um zwei Verordnungen erweitert worden, und zwar mit der Verordnung über gentechnisch veränderte Lebens- und Futtermittel[11] und mit der Verordnung über Rückverfolgbarkeit von aus GVO hergestellten Lebens- und Futtermitteln[12]. Oberstes Gebot bei der Erarbeitung des neuen Rechtsrahmens war der Verbraucherschutz. Zu kritisieren ist allerdings, dass der Rechtsrahmen für die Agro-Gentechnik ein verwirrendes Geflecht darstellt.[13] So sind insbesondere die Freisetzungsrichtlinie von 2001 und die Verordnung über genetische Lebens- und Futtermittel von 2003 nicht richtig aufeinander abgestimmt. Es ist etwa nicht eindeutig geregelt, ob gentechnisch veränderte Pflanzen nach der Freisetzungsrichtlinie von 2001 und damit nach dem nationalen Umsetzungsgesetz, in Deutschland nach dem Gentechnikgesetz, oder nach der EG-Lebens- und Futtermittelverordnung von 2003 zuzulassen sind. Sowohl die Freisetzungsrichtlinie als auch die Lebens- und Futtermittelverordnung regeln ein Verfahren für die Zulassung von GVO, allerdings in unterschiedlicher Weise. Allgemein lässt sich sagen, dass das Zulassungsverfahren nach der Verordnung gilt, wenn Lebens- und Futtermittel in den Verkehr gebracht werden sollen. Die Freisetzungsrichtlinie und damit auch das deutsche Gentechnikgesetz gelten hingegen für das Inverkehrbringen solcher GVO, die nicht als Lebens- oder Futtermittel dienen, also etwa landwirtschaftliche Produkte, die allein als Rohstoffe für die Energieerzeugung angebaut werden.

In diesem Kontext stellt sich die Frage, worin sich denn im Wesentlichen das Zulassungsverfahren nach der Richtlinie und das nach der Verordnung unterscheiden. Bei dem Verfahren nach der Verordnung ist zwar der Antrag auf Zulassung noch bei der zuständigen nationalen Behörde zu stellen, in Deutschland beim Bundesamt für Verbraucherschutz und Lebensmittelsicherheit. Die nationalen Behörden entscheiden aber nicht selbst, sondern leiten die Anträge weiter an die Europäische Behörde für Lebensmittelsicherheit. Diese unterrichtet ihrerseits die EU-Kommission, die anderen Mitgliedstaaten und die Öffentlichkeit über jeden eingegangenen Antrag. Innerhalb eines Regelzeitraums von sechs Monaten soll die Europäische Behörde eine Stellungnahme zu dem Antrag abgeben. Auf der Grundlage dieser Stellungnahme entscheidet dann die Kommission zusammen mit den Vertretern der Mitgliedstaaten im sog. Regelungsausschussverfahren über den Antrag.[14]

Bei dem Verfahren nach der Freisetzungsrichtlinie und damit entsprechend nach dem Gentechnikgesetz ergeht die Genehmigungsentscheidung grundsätzlich von einer nationalen Behörde. Die von einer nationalen Behörde getroffene Entscheidung hat aber zugleich gemeinschaftsweite Gültigkeit. Man spricht von einem sog. transnationalen Verwaltungsakt. So berechtigt etwa eine spanische Genehmigung auch zum Inverkehrbringen in Deutschland. Im Genehmigungsverfahren sind allerdings die anderen nationalen Behörden und die EU-Kommission zu beteiligen. Sie können Bedenken gegen eine Zulassungsentscheidung formulieren und für den Fall fortdauernder Meinungsunterschiede einen Divergenzentscheid der EU-Kommission erzwingen. Dieser Divergenzentscheid ergeht wiederum im Regelungsausschussverfahren.

3. DEUTSCHES AGRO-GENTECHNIKRECHT

3.1 Gegenwärtige Rechtslage

Zur Umsetzung und Konkretisierung des EG-Rechts hat der Deutsche Bundestag nach langem Tauziehen das „Gesetz zur Neuordnung des Gentechnikrechts" verabschiedet, das im Februar 2005 in Kraft getreten ist. Von großer Bedeutung ist der reformierte Gesetzeszweck nach § 1 Nr. 2 Gentechnikgesetz (GenTG). Danach soll die Möglichkeit gewährleistet sein, dass Produkte „konventionell, ökologisch oder unter Einsatz gentechnisch veränderter Organismen" erzeugt werden. Sinn dieser neuen Zielsetzung ist es, ein verträgliches Nebeneinander von Produktionsweisen mit und ohne GVO zu ermöglichen. Dieses neue Anliegen der Koexistenz zieht sich wie ein roter Faden durch das novellierte Gesetz und wird an vielen weiteren Stellen konkretisiert, etwa durch das neu eingefügte Standortregister (§ 16a GenTG), die Einführung einer guten fachlichen Praxis (§ 16b GenTG), eines Monitoring Systems (§ 16c GenTG), die Kennzeichnung gentechnisch veränderter Produkte (§ 17b GenTG) und schließlich die Anpassung des Haftungsrechts in § 36a GenTG.

Die neue Haftungsregelung des § 36a GenTG gehörte zu den umstrittensten Punkten des Gesetzgebungsverfahrens. Das EG-Recht sieht zwar keine Haftungsregelung vor, eröffnet aber in Art. 26a Freisetzungsrichtlinie die Möglichkeit für die Mitgliedstaaten, eine solche Regelung einzuführen. Inhaltlich geht es hier um die Sicherung der Koexistenz. Die verschuldensunabhängige Haftung beim Anbau von gentechnisch veränderten (gv) Pflanzen ist für die meisten Landwirte in Deutschland ein wesentlicher Grund dafür, auf den Anbau von gv-Pflanzen zu verzichten. Die Haftung ist strikt geregelt. Landwirte, die gv-Pflanzen anbauen, stehen für Schäden gerade – auch dann, wenn sie sich nichts haben zu Schulden kommen lassen. Das Gentechnikgesetz macht GVO-Landwirte sogar dann für Schäden haftbar, wenn sie die Regeln der guten fachlichen Praxis eingehalten und nicht gegen bestehende Vorschriften verstoßen haben. Landwirte, die gv-Pflanzen anbauen, haften für wirtschaftliche Schäden, die durch GVO-Einträge und Vermischungen auf benachbarten Feldern entstehen. Hervorzuheben ist, dass Auskreuzungen einer gv-Pflanze nicht automatisch einen Schaden darstellen. Bereits bei der Zulassung wird die Möglichkeit von Auskreuzungen berücksichtigt. Sollte es wissenschaftlich plausible Hinweise geben, dass Auskreuzungen einer gv-Pflanze Umwelt und Ökosystem gefährden oder die Gesundheit von Mensch und Tier beeinträchtigen, wird ein Anbau nicht genehmigt. Bei zugelassenen und damit als sicher bewerteten gv-Pflanzen werden mögliche Schäden in erster Linie wirtschaftlich definiert.

§ 36a Abs. 1 GenTG regelt drei Fälle der Haftung und konkretisiert damit die zivilrechtliche Haftungsnorm des § 906 BGB. Der GVO-Landwirt haftet erstens, wenn die Erzeugnisse des Nicht-GVO-Landwirts nicht ohne Genehmigung in den Verkehr gebracht werden dürfen, wenn also aufgrund der Auskreuzung der GVO-Anteil höher als 0,5 % ist.[15] Zweitens besteht eine Haftung, wenn Erzeugnisse nur noch unter Hinweis auf die gentechnische Veränderung in den Verkehr gebracht werden dürfen, wenn also der Schwellenwert für die Kennzeichnungspflicht von 0,9% überschritten ist. Drittens haftet der GVO-Landwirt, wenn der Nachbar seine Erzeugnisse nicht mit einer Kennzeichnung in den Verkehr bringen darf, die nach den für die Produktionsweise jeweils geltenden Rechtsvorschriften möglich gewesen wäre. Relevant wäre eine mögliche Kennzeichnung unter „Bio-Siegel", „Bioland" oder nach „EU-Öko-Kontrollverordnung". § 36a Abs. 1 Nr. 3 GenTG würde dann Anwendung finden, wenn der Bioverband oder die EU im Rahmen der Verordnung über den ökologischen Landbau (2092/91/EWG)[16] niedrigere Schwellenwerte oder gar Gentechnikfreiheit verlangen würden. Dies ist aber noch nicht erfolgt, so dass die dritte Fallgruppe in der Praxis bisher leer läuft. Für den ökologischen Landbau ist zwar erforderlich, dass GVO-frei produziert wird. Es ist aber nicht geregelt, dass aufgrund unbeabsichtigter GVO-Belastungen im Produkt (etwa durch Auskreuzung) dieses Produkt nicht mehr als Ökoprodukt vermarktet werden darf. Hinzu kommt die gesamtschuldnerische Haftung. Für den Fall, dass wirtschaftliche Schäden durch GVO-Einträge nicht eindeutig auf einzelne Verursacher zurückzuführen sind, haften alle Landwirte einer Region, die die betreffende gv-Pflanze anbauen und als mögliche Verursacher in Betracht kommen. Die gesamtschuldnerische Haftung bedeutet dabei, dass jeder in Betracht kommende GVO-Landwirt auf die gesamte Schadenssumme in Anspruch genommen werden könnte.

Das neue Gentechnikgesetz hat eine verfassungsrechtliche Kontroverse ausgelöst.[17] Bereits im April 2005 hat Sachsen-Anhalt gegen das Gentechnikgesetz vor dem Bundesverfassungsgericht geklagt. In diesem Normenkontrollverfahren hat das Land insbesondere die Haftungsregelung des § 36a GenTG angegriffen, aber auch die Regelungen zum Standortregister (§16a GenTG), zur Vorsorgepflicht und zur guten fachlichen Praxis (§ 16b GenTG). Diese Regelungen verletzen nach Ansicht des Landes die Grundrechte von GVO-Verwendern. So verletze die *Haftungsregelung* das Grundrecht auf Berufsfreiheit aus Art. 12 Abs. 1 GG und das Eigentumsrecht aus Art. 14 Abs. 1 GG des Verwenders von GVO. Zudem verstießen die Regelungen des § 36a Abs. 1 GenTG gegen den allgemeinen Gleichheitssatz in Art. 3 Abs. 1 GG. Der Einsatz von GVO einerseits und konventioneller sowie Öko-Landbau andererseits würden in verfassungsrechtlich relevanter Weise ungleich behandelt werden. Das *Standortregister* verletze insbesondere das Recht auf informationelle Selbstbestimmung der GVO-Verwender (Art. 2 Abs. 1 i.V.m. Art. 1 Abs. 1 GG) und führe zu einer verfassungsrechtlich nicht gerechtfertigten Offenlegung von Betriebs- und Geschäftsgeheimnissen. Die *Vorsorgepflicht* und die *gute fachliche Praxis* (§ 16b GenTG) verletzten das Grundrecht der Berufsfreiheit. Es bleibt mit großer Spannung abzuwarten, wie das Bundesverfassungsgericht entscheiden wird.

3.2 Reformdiskussion

Laut Koalitionsvertrag und der „Hightech-Strategie für Deutschland" will die jetzige Bundesregierung das Gentechnikgesetz überarbeiten. Dabei geht es ihr um den fairen Ausgleich der unterschiedlichen Interessen; während immer noch die Mehrheit der Verbraucher grüne Gentechnik ablehnt, wollen Pflanzenzuchtunternehmen und viele Forschungseinrichtungen Gentechnik. Nach dem Eckpunktepapier vom Herbst 2006 will die Bundesregierung vor allem die Grundlagenforschung und Sicherheitsforschung zur Pflanzenbiotechnologie voranbringen. Bestehende verfahrensrechtliche Hindernisse soll gemindert werden. Mit Blick auf den kommerziellen Anbau zeigt die Regierung Zurückhaltung. Die Regeln der guten fachlichen Praxis sollen durch eine Rechtsverordnung konkretisiert werden. Der GVO-Landwirt soll künftig seinen Nachbarn über den Anbau gentechnisch veränderter Pflanzen informieren und diesen mit ihm abstimmen. Für den Anbau von gentechnisch veränderten Mais soll ein Grenzabstand festgelegt werden; das Umweltministerium verlangt einen Abstand von 200 m, das Agrarministerium einen von 150 m und das Forschungsministerium einen von 50 m. In der allgemeinen Reformdebatte wird von manchen gefordert, dass beim Anbau von GVO nur eine verschuldensabhängige Haftung greifen soll. Danach müsste ein GVO-anbauender Landwirt für wirtschaftliche Schäden nur noch dann haften, wenn er gegen die Regeln der guten fachlichen Praxis verstoßen hat. Nach Ansicht der Bundesregierung soll es nun bei der Haftung nach § 36a GenTG bleiben. Allerdings soll das Wort „insbesondere" in § 36a GenTG durch eine abschließende Aufzählung der ersatzpflichtigen Fälle ersetzt werden. Diskutiert wurde, ob Schäden, die keinem schuldhaften Einzelverursacher zuzuordnen sind, aus einem einzurichtenden Haftungsfonds beglichen werden könnten. Dabei war unklar, wie dieser Fonds finanziert werden sollte.[18] Nach dem Eckpunktepapier soll kein gesetzlicher Ausgleichsfonds eingeführt werden. Vielmehr könnte es zu Selbstverpflichtungen durch die Wirtschaftsverbände der Biotechnologieunternehmen und Pflanzenzuchtunternehmen kommen, die die GVO-Landwirte von Haftungsrisiken entlasten. Außerdem können mit Blick auf die Haftung vertragliche Regelungen auf privater Basis zwischen Nicht-GVO-Landwirten und GVO-Landwirten getroffen werden, die von der gesetzlichen Regelung abweichen.

Offen bleibt, ob es künftig einen Versicherungsschutz gegen „GVO-bedingte Vermarktungsverluste" geben wird. Die Deutsche Versicherungswirtschaft hat es bisher abgelehnt, solche Risiken unter den gegenwärtigen Rahmenbedingungen zu versichern. Erst wenn eine verschuldensabhängige Haftung eingeführt sei und es klare, verlässliche Regeln der guten fachlichen Praxis gebe, sei eine Haftpflichtversicherung beim Anbau von gv-Pflanzen möglich.

4. FAZIT UND AUSBLICK

Abschließend ist zu sagen, dass das Gentechnikrecht stark europäisiert und internationalisiert ist. Für den deutschen Gesetzgeber bleibt kaum noch Handlungsspielraum, außer bei der Haftungsregelung und der Regelung zur guten fachlichen Praxis.

Das EU-Gentechnikrecht ist zur Zeit ein verwirrendes Geflecht. Es sollte auf jeden Fall übersichtlicher geregelt werden. Die EU-Kommission, das Europäische Parlament und der Ministerrat haben in einer interinstitutionellen Vereinbarung von 2003 festgelegt, dass sie für eine „bessere Rechtsetzung" eintreten.[19] Diese Erklärung sollten sie beim Gentechnikrecht in die Tat umsetzen.

Im deutschen Gentechnikrecht ist die Haftungsregelung der größte Knackpunkt. Es bleibt abzuwarten, wie das Bundesverfassungsgericht über den Normenkontrollantrag von Sachsen-Anhalt entscheiden wird. Für die Sicherung der Koexistenz spielt die gute fachliche Praxis eine große Rolle. Die Konkretisierung der guten fachlichen Praxis obliegt den Naturwissenschaftlern. Dies zeigt die Notwendigkeit einer interdisziplinären Rechtswissenschaft und Rechtspraxis.

ANMERKUNGEN

1. Publikationsfassung des Vortrages „Umwelt- und agrarrechtliche Rahmenbedingungen im Bereich der Agro-Gentechnik" auf der Tagung der Berlin-Brandenburgischen Akademie der Wissenschaften und der Studiengruppe für Entwicklungsprobleme der Industriegesellschaft (STEIG) am 15.5.2006 in Berlin.
2. Siehe *Ines Härtel*, Grüne Gentechnik vor dem Bundesverfassungsgericht, Frankfurter Allgemeine Zeitung v. 12.7.2006, Natur und Wissenschaft, S. N 2.
3. Zu diesem Spannungsverhältnis siehe *Markus Böckenförde*, Grüne Gentechnik und Welthandel, 2004, S. 241 ff.; *Katja Loosen*, Das Biosafety-Protokoll von Cartagena zwischen Umweltvölkerrecht und Welthandelsrecht, 2005, S.79 ff.; *Matthias Buck*, Das Cartagena Protokoll über Biologische Sicherheit, in: Zeitschrift für Umweltrecht 2000, S. 319 ff.
4. Verfahren der vorherigen Zustimmung in Kenntnis der Sachlage (*Advanced Informed Agreement, AIA)*, siehe Art. 7 Cartagena Protokoll.
5. Siehe Art. 11 Cartagena Protokoll.
6. http://bch.biodiv.org.
7. Nach Art. 31 Cartagena Protokoll agiert das Sekretariat der Konvention über die biologische Vielfalt als Sekretariat.
8. Siehe insbesondere Verordnung (EG) Nr. 1946/2003 des Europäischen Parlaments und des Rates vom 15. Juli 2003 über grenzüberschreitende Verbringungen gentechnisch veränderter Organismen (ABl. EG Nr. L 287 v. 5.11.2003, S. 1).
9. Zu dem Panelbericht siehe *Ines Härtel*, Agrarrecht im Paradigmenwechsel: Grüne Gentechnik, Lebensmittelsicherheit und Umweltschutz, in: Zeitschrift für Agrar- Umweltrecht (AUR), Heft 2/2007, Gelbbeilage, S. 2, 4.
10. Richtlinie 2001/18/EG des Europäischen Parlaments und des Rates vom 12. März 2001 über die absichtliche Freisetzung genetisch veränderter Organismen in die Umwelt und zur Aufhebung der Richtlinie 90/220/EWG des Rates (ABl. EG Nr. L 106 v. 17.4.2001, S. 1).
11. Verordnung (EG) Nr. 1829/2003 des Europäischen Parlaments und des Rates vom 22. September 2003 über genetisch veränderte Lebensmittel und Futtermittel (ABl. EG Nr. L 268 v. 18.10.2003, S. 1).
12. Verordnung (EG) Nr. 1830/2003 des Europäischen Parlaments und des Rates vom 22. September 2003 über die Rückverfolgbarkeit und Kennzeichnung von genetisch veränderten Organismen und über die Rückverfolgbarkeit von aus genetisch veränderten Organismen hergestellten Lebensmitteln und Futtermitteln sowie zur Änderung der Richtlinie 2001/18/EG (ABl. EG Nr. L 268 v. 18.10.2003, S. 24). Siehe auch die ergänzende Verordnung (EG) Nr. 65/2004 der Kommission vom 14.1.2004 über ein System für die Entwicklung und Zuweisung spezifischer Erkennungsmarker für genetisch veränderte Organismen (ABl. EG Nr. L 10 v. 16.1.2004, S. 5).

13 So auch *Bernhard W. Wegener*, Gentechnikrecht und Landwirtschaft. Europarechtliche Vorgaben und ihre Umsetzung, in: Zeitschrift für Agrar- Umweltrecht (AUR), Heft 2/2007, Gelbbeilage, S. 21, 22; *Gerd Winter*, Das Inverkehrbringen von unerkannten gentechnisch veränderten Organismen – Ein Problem? Ein gelöstes Problem?, Neue Zeitschrift für Verwaltungsrecht 2005, S. 1133, 1134.
14 Art. 7 und 19 Verordnung 1829/2003 i.V.m. Art. 5 des Komitologie-Beschlusses 1999/468/EG. Allgemein zum Regelungsausschußverfahren siehe *Ines Härtel*, Handbuch Europäische Rechtsetzung, 2006, § 11 Rn. 36, 41.
15 Vgl. § 14 Abs. 2a GenTG.
16 ABl. EG Nr. L 198 v. 22.7.1991, S. 16. Konsolidierte Fassung v. 2.12.2005 (http://eur-lex.europa.eu/LexUriServ/site/de/consleg/1991/R/01991R2092-20051202-de.pdf).
17 Dazu *Marcel Kaufmann*, Die Haftungsregelungen für die Grüne Gentechnik - Aktueller Stand und Perspektiven, in: Zeitschrift für Agrar- Umweltrecht (AUR), Heft 2/2007, Gelbbeilage, S. 28, 30f; *Ines Härtel* (Fn. 2); *Christoph Palme*, Zur Verfassungsmäßigkeit des neuen Gentechnikgesetzes, Zeitschrift für Umwelt- und Planungsrecht 2005, S. 164 ff.
18 Einen guten Überblick über mögliche Regelungsmodelle zur Grünen Gentechnik im deutschen Recht gibt *Kaufmann* (Fn. 17).
19 ABl. EG Nr. C 321 v. 31.12.2003, S. 1.

Analyse der sozialen Konflikte um den Einsatz der Agro-Gentechnik im ländlichen Raum

Jost Wagner

6

ZUSAMMENFASSUNG

Der Konflikt um die Agro-Gentechnik hat sich bisher einer Schließung entzogen. In diesem Beitrag wird argumentiert, dass dies vor allem in dem besonderen Charakter der mit dieser Technologie in Verbindung gebrachten systemischen Risiken begründet liegt. Systemische Risiken zeichnen sich durch eine Unabschließbarkeit in räumlicher, zeitlicher, sachlicher und sozialer Hinsicht aus und bringen somit für die regulative Aufgabe, grundsätzlich kontingente Grenzziehungen zu stabilisieren, besondere Probleme mit sich. Auf der Ebene der politischen Institutionen wird auf diese Probleme eher mit regulativer Enthaltsamkeit reagiert, die die Entscheidung über den Einsatz der Agro-Gentechnik und die damit verbundenen Probleme individualisiert. Dies bleibt vor allem für den ländlichen Raum nicht ohne Konsequenzen: Es besteht die Gefahr, dass die im Kern überregionale Auseinandersetzung um GVOs zunehmend auf lokaler Ebene ausgefochten werden wird, was für die Beteiligten mit hohen persönlichen Kosten und einer nicht kontrollierbaren Entgrenzung des Konfliktes verbunden sein kann. Für die soziale Integration im ländlichen Raum entstehen so besondere Herausforderungen, mit denen die Betroffenen nicht alleine gelassen werden dürfen.

1. EINLEITUNG

Der Konflikt um die Einführung der Agro-Gentechnik in Deutschland hält nun schon seit mehr als 30 Jahren an, ohne dass derzeit ein Ende abzusehen ist. Zwar hat es deutliche Veränderungen in den Debatten gegeben, haben sich auf beiden Seiten die Argumente gewandelt und auch die Arenen in denen der Konflikt ausgetragen wurde und der Grad der massenmedialen Aufmerksamkeit haben gewechselt, dennoch scheinen sich beide Seiten, was den grundsätzlichen Konflikt angeht, nach wie vor unversöhnlich gegenüber zu stehen. Die Auseinandersetzung wird hier wie dort mit hohem Aufwand an Ressourcen und teilweise stark emotional eingefärbten Positionierungen geführt. Dies überrascht besonders vor dem Hintergrund, dass es im letzten Jahrzehnt vielfach sehr ambitionierte Versuche gegeben hat, durch diskursive und partizipative Verfahren der Technikfolgenabschätzung zur Befriedung des Konfliktes beizutragen (vgl. Wagner 2003).

Warum haben die vielfachen Versuche, den Konflikt sowohl sachlich (vgl. van den Daele et al. 1996) als auch durch Einbeziehung unterschiedlichster gesellschaftlicher Interessengruppen (vgl. BMVEL 2002) zu reduzieren oder gar zu lösen sich als so wenig erfolgreich herausgestellt? Dieser Frage soll hier aus soziologischer Perspektive nachgegangen werden, indem zunächst ein Blick auf den besonderen Charakter der im Zusammenhang mit Agro-Gentechnik diskutierten Risiken (1.) sowie den Schwierigkeiten ihrer Regulierung (2.) geworfen wird. Vor diesem Hintergrund wird dann der Umgang der politischen Institutionen mit der Gentechnikfrage beleuchtet (3.) und schließlich die Auswirkungen auf den ländlichen Raum skizziert (4).

2. GENTECHNIK-DEBATTE ALS DEBATTE UM SYSTEMISCHE RISIKEN

Ein zentraler Grund für die Hartnäckigkeit, mit der der Konflikt um die Agro-Gentechnik sich einer Klärung entzieht, ist in der besonderen Qualität der diskutierten Risiken zu suchen. Die Auseinandersetzung um grüne Gentechnik lässt sich geradezu als Prototyp eines Konfliktes um sog. systemische Risiken lesen, die - wie zu zeigen sein wird – mit den bestehenden Regulierungsmechanismen und Grundsätzen nur sehr schwer zu fassen und zu bearbeiten sind[1].

Der Begriff „systemische Risiken" ist in den letzten Jahren nicht zuletzt im Zusammenhang mit der im Rahmen der OECD erarbeiteten Studie zu Risiken des 21. Jhd. zu einer gewissen Prominenz gelangt (OECD 2003). Nach Renn et al. (2002: 5) „the term systemic risk denotes the embeddedness of risks to human health and the environment in a larger context of social, financial and economic risks and opportunities". Systemische Risiken zeichnen sich durch eine hohe Komplexität, Unsicherheit und Vieldeutigkeit aus und führen aufgrund der mit ihnen verbundenen Verknüpfung ganz unterschiedlichster sozialer und gesellschaftlicher Bereiche und Sphären zu schwer kontrollierbaren, grenzüberschreitenden Effekten. Mit anderen Worten: systemische Risiken zeichnen sich durch ihre *Unabschließbarkeit* aus, und dies sowohl in *räumlicher, zeitlicher, sachlicher* und *sozialer* Hinsicht. Dies soll im Weiteren kurz erläutert werden:

Räumliche Unabschließbarkeit: Die Risiken, die mit einer großflächigen Einführung der Agro-Gentechnik antizipiert werden, gelten bei den Gegnern besonders deswegen als gefährlich, da sich gentechnisch veränderte Organismen (GVOs) räumlich kaum begrenzen lassen. Unter Freisetzungsbedingungen, da sind sich beide Konfliktseiten einig, werden sie mit ihrem öko-systemaren Umfeld interagieren und sind nicht mehr rückholbar. Aber auch in anderer Hinsicht ist die Debatte um Agro-Gentechnik räumlich unabschließbar: Der Konflikt sprengt den politischen, rechtlichen und kulturellen Rahmen „Nationalstaat", nimmt teilweise die Form eines „transatlantischen Nahrungkampfes" (Rifkin 2003) zwischen der USA und Europa an und entzieht sich somit zunehmend der Möglichkeit einer nationalen Regulierung. Dies ermöglicht zwar einerseits nach anderen Regulierungsmechanismen jenseits der Nationalstaatsebene zu suchen, führt aber andererseits zu einer Verschärfung des Konflikts, da zusätzlich kulturelle und normative Divergenzen eine Verständigung erschweren.

Zeitliche Unabschließbarkeit: Auch zeitlich scheinen die Risiken, die im Zusammenhag mit der Agro-Gentechnik diskutiert werden, kaum abschließbar, da die antizipierten Schäden oft erst in weiterer Zukunft eintreten können und auf lange Evolutionspfade hin angelegt sind. Gleichzeitig werden auf der diskursiven Ebene auch intergenerationelle Aspekte behandelt: Gerade im Hinblick auf den Erhalt gentechnikfreier Sorten und den Schutz der Biodiversität wird die Frage diskutiert, in wie weit eine Technologie, aus der man nicht mehr „aussteigen" könnte, die Handlungsoptionen zukünftiger Generationen auf eine unzulässige Art und Weise einschränke.

Sachliche Unabschließbarkeit: Systemische Risiken sind oft nur sehr schwer sachlich festzulegen, sie verändern sich, passen sich unterschiedlichen Kontexten an und interagieren mit Ihrem Umfeld. Sie sind so etwas wie „Moving Targets". Das Vogelgrippe Virus H5N1 etwa, das im Frühjahr 2006 auf der Insel Rügen aufgetreten ist, ist ein von seiner Erbinformation (RNS) her anderes Virus, als das ursprünglich von Asien ausgegangene. Es wird befürchtet, dass bei einer Technik, die auf selbstvermehrbare, vererbbare und evolutionsfähige Veränderungen setzt, die Bestimmung des Gegenübers im vielleicht unwahrscheinlichen aber möglichen Krisenfall ähnlich schwierig werden könnte. Gleichzeitig geht es in der Debatte um Agro-Gentechnik selten nur um die einzelne Bt-Mais-Sorte, sondern es entsteht in Form von Assoziationsketten ein schwer aufzulösendes, diskursives Netzwerk aus einer ganzen Reihe von sehr grundsätzlichen Debatten. Es geht um Patentrechte, um den richtigen Umgang mit dem Welthunger-Problem oder um divergierende Leitbilder einer „guten Landwirtschaft". Im Hintergrund spielen kontextspezifische und in Praktiken eingebundene Naturbilder eine zentrale Rolle (vgl. Gill 2003) und machen eine sachliche Eingrenzung, worum es denn nun genau geht, schwierig und konfliktreich.

Soziale Unabschließbarkeit: Schließlich betreffen die Risiken, die in der Debatte mit Gentechnik verknüpft werden, eben nicht nur einen gesellschaftlichen Teilbereich, sondern haben unerwartete Effekte in unterschiedlichsten Sphären. Lebensmittelskandale, wie etwa die BSE-Krise, haben nicht nur Auswirkungen für die Landwirtschaft, sondern ziehen sofort wirtschaftliche und soziale Effekte nach sich, etwa den Zusammenbruch ganzer Märkte oder eine Delegitimierung politischer Institutionen und eingeübter Routinen. Gerade weil die Frage, was denn die Risiken der Agro-Gentechnik sind, so umstritten ist, kann der Risikoverdacht frei durchs Land wandern und relativ unvermittelt zuschlagen, den Scheinwerfer massenmedialer Aufmerksamkeit bündeln und somit für die Betroffenen mit unkontrollierbaren Folgen verbunden sein.

Diese Unabschließbarkeit systemischer Risiken stellt jedoch auch die politische Regulierung vor große Herausforderungen:

3. REGULIERUNG DER UNABSCHLIESSBARKEIT

Vor dem Hintergrund der Unabschließbarkeit systemischer Risiken, wie sie im Zusammenhang mit der Agro-Gentechnik diskutiert werden, wird auch die Regulierung zum Versuch, das scheinbar Unbegrenzbare zu begrenzen. Bisher selbstverständlich angenommene Grenzen werden brüchig und müssen neu gezogen werden. Große Teile des Konfliktes sind im Kern Grenzziehungskonflikte: Im Zentrum der Debatte steht etwa die Grenze zwischen Natürlichem und Unnatürlichem (vgl. Wehling et al. 2005): Gibt es einen substanziellen Unterschied zwischen gentechnischen und anderen, unstrittigeren Züchtungsverfahren, etwa der Bestrahlung oder der chemischen Mutagenese? Die Kennzeichnungspflicht von GVO unterstellt implizit diesen Unterschied, von Seiten der Befürworter wird er immer wieder negiert.

Auch andere Grenzen sind hoch umkämpft: Wie gentechnikfrei ist gentechnikfrei? Die Debatte um Grenzwerte bei der Eintragung von GVO wird vor dem Hintergrund geführt, dass eine völlige Grenzziehung nicht möglich ist. Also welche Sicherheitsabstände sind notwendig?

Ein weiteres Beispiel sind Fragen des geistigen Eigentums: was passiert, wenn mit Hilfe einer patentierbaren Gensequenz eine ansonsten unter den Sortenschutz fallende Pflanzensorte patentierbar wird (vgl. Seiler 2000)?

Grenzen, die bisher in der Lage waren, soziale Handlungen und Wahrnehmungen durch Unterscheidungen zu organisieren, werden in dieser Aufgabe durch die Unabschließbarkeit systemischer Risiken im Kern herausgefordert. Dies ist allerdings keine neue Entwicklung. Risiken und neue Technologien haben schon immer Selbstverständlichkeiten in Frage gestellt und Grenzen verschoben. Man denke nur an die Befürchtungen, mit denen auf die Einführung der Eisenbahn im 19. Jhd. reagiert worden ist (vgl. Schivelbusch 2000). Und auch die Geschichte der Pflanzenzüchtung selbst ist ein Prozess, in dem immer wieder aufs Neue „unnatürliche", weil in der Natur so nicht vorkommende Verfahren, in der Wahrnehmung der Menschen „naturalisiert" wurden.

Was ist also das Neue? Salopp könnte man sagen: es hat sich herumgesprochen. In der Vergangenheit war es möglich, die Vorstellung von verlässlichen Grenzziehungen aufrecht zu erhalten, auch wenn diese faktisch nie so zuverlässig waren, wie behauptet. Im Konflikt um die Agro-Gentechnik tritt die Durchlässigkeit, Uneindeutigkeit und vor allem die kontingente Entscheidungsabhängigkeit der vorzunehmenden Grenzziehungen deutlich zu Tage, was es äußerst schwer macht, sie zu stabilisieren.

Dies liegt zum einen darin begründet, dass die Debatte um GVOs nicht ahistorisch für sich steht, sondern bereits an ähnlich gelagerte Konflikte, etwa der Debatte um die Atomkraft anschließt. Sie trifft damit auf eine hochsensible Öffentlichkeit, die durch vergangene Risikokonflikte und die dabei immer wieder aufgetretenen Enttäuschungen von Sicherheitsversprechen gelernt hat, die Regulationsfähigkeiten politischer Institutionen kritisch zu hinterfragen. Man hat die Erfahrung gemacht, dass sich bisherige, als verlässlich gekennzeichnete Grenzen, etwa im Falle von Tschernobyl, sich nicht nur als instabil, sondern als völlig illusorisch erwiesen haben.

Zum anderen ist die Unabschließbarkeit der Risikodefinition im Zusammenhang mit GVOs im Laufe der 90er Jahre mehr und mehr öffentlich geworden. Die Eingangs erwähnten Verfahren der Technikfolgenabschätzung zielten darauf ab, den Konflikt zu versachlichen und zu schließen. Tatsächlich haben sie aber den für systemische Risiken typischen hohen Grad an Komplexität, Unsicherheit und Uneindeutigkeit nur umso deutlicher demonstriert und für die interessierte Öffentlichkeit erfahrbar gemacht. Der Expertendissens, der bislang eher im geschützten Raum wissenschaftlicher Debatten gepflegt wurde, wurde damit auf die öffentliche Bühne der Auseinandersetzung gezerrt.

Schließlich wird die Debatte um die Agro-Gentechnik auf beiden Seiten von hoch professionalisierten Akteuren geführt, die mittlerweile über ausgefeilte Routinen verfügen, Grenzziehungen in Frage zu stellen. Vor allem die Gegnerseite hat hier dazugelernt. Sie verfügt über ein mobiles und international ausgerichtetes Netzwerk, dass in der Lage ist, den Konflikt parallel auf unterschiedlichsten Ebenen zu führen: in internationalen Verhandlungen, durch Demonstrationen „vor Ort" oder durch die Organisation von gentechnikfreien Regionen. Im Gegensatz zu den eher regional ausgerichteten Anti-AKW-Netzwerken (Stichwort Gorleben) sind Gentechnik-Gegner nicht zuletzt durch die neuen Informationstechnologien sehr viel stärker in der Lage, flexibel sowohl regional wie auch inter- und transnational zu mobilisieren.

All dies führt dazu, dass Grenzziehungen sehr viel schwieriger zu stabilisieren und letztendlich auch zu legitimieren sind.

3. RÜCKZUG DER POLITISCHEN INSTITUTIONEN

Die geschilderte Entwicklung bleibt auch nicht ohne Folgen für den Umgang der Politik mit diesem Konflikt. In der Vergangenheit haben die politischen Institutionen und ihre wissenschaftlichen Berater Grenzziehungen dieser Art und damit die Entscheidungen über den Einsatz von Technologien klar als ihre Aufgabe definiert. Experten traten mit dem Anspruch an, Risiken bewerten zu können und auf dieser Grundlage rationale Entscheidungen der Politik über das ob und wie des Einsatzes von Technologien zu ermöglichen. Die Einführung der Kernenergie wurde von national ausgerichteten, kooperativ eingebundenen Unternehmen betrieben, die fest mit Unterstützung des Nationalstaates durch Subventionen, Abnahmegarantien und begleitenden Gesetzen rechnen konnten, und deren Ansprüche notfalls auch mit polizeilicher Gewalt durchgesetzt wurden (vgl. Gill 2003: 207).

Der bisherige Verlauf der Risikokonflikte hat allerdings auch bei den politischen Institutionen Spuren hinterlassen, Handlungssicherheit entkernt und sie in ihrer Rolle als Hüter des Wohlstandes und der Sicherheit delegitimiert. Die staatlichen und politischen Akteure haben gelernt, dass die Entscheidungen, und damit die Grenzziehungen, in Risikofragen wiederum mit hohen politischen Risiken verbunden sind.

Im Falle der Gentechnik lässt sich, sicherlich nicht zuletzt deswegen, eine deutlich andere staatliche Praxis beobachten: die der regulativen Enthaltsamkeit. Die vorgenommenen Regulationen beziehen sich in erster Linie auf „fassbare" Risiken, bei denen sich Grenzziehungen, etwa durch modifizierte Zulassungsverfahren, leichter legitimieren lassen. Ansonsten verlegen sich die staatlich-politischen Institutionen auf das „Prozessieren der Unentscheidbarkeit" (Wehling et al. 2005: 149): viele der oben angesprochenen Grenzziehungen werden unter dem Begriff der „Wahlfreiheit" in die Verantwortung des Einzelnen gegeben. Ob Agro-Gentechnik zum Einsatz kommt oder nicht, wird nicht mehr gesamtgesellschaftlich entschieden, sondern zur „privaten" Entscheidungsfrage gemacht: Die Grenzen werden nicht national oder international gezogen, sondern sollen unter dem Label Koexistenz „vor Ort" ausgehandelt und stabilisiert werden: auf den Feldern, im Einkaufswagen, in der Kornmühle.

Gleichzeitig verdeutlicht die Einführung von Haftungsregeln im Zusammenhang mit der Novelle des Gentechnikgesetzes, dass letztendlich niemand damit rechnet, dass sich diese Grenzen tatsächlich zuverlässig aufrechterhalten lassen. Während die politischen Institutionen im Falle der Kernenergie noch als „Entscheider" auftraten, denen auch das eingeräumte „Restrisiko" dadurch zumindest diskursiv zugerechnet werden konnte, tritt der Staat nun als „Moderator" (Stark 2006) der verschiedenen Interessen und Akteursgruppen auf. Dies entspricht zwar einem modernen, weniger autoritären Staatsverständnis, gleichzeitig macht es die politischen Instanzen weniger angreifbar und individualisiert die Kosten der Grenzziehung vor dem Hintergrund der Unabschließbarkeit systemischer Risiken. Es ist offensichtlich, dass dies besonders für den ländlichen Raum nicht ohne Konsequenzen bleiben wird.

4. AUSWIRKUNGEN AUF DEN LÄNDLICHEN RAUM

Identität wird oft nicht zuletzt durch Abgrenzung zu „dem Anderen" konstituiert. So lebt auch das Selbstverständnis des ländlichen Raumes bis heute zu einem wichtigen Teil von der Auseinandersetzung mit, und dem

Gegensatz zur Stadt und den dort stattfindenden Modernisierungsprozessen. Letztere werden zwar nicht nur abschätzend betrachtet – so war das Versprechen eines „modernen Lebens" für die Landwirte ein wichtiger Motor für die Industrialisierung der Landwirtschaft (vgl. Schmidt/Jasper 2001) – dennoch organisierte viele Jahre gerade die Abgrenzung zur Stadt die Selbstwahrnehmung des ländlichen Raumes und seiner eher traditionell geprägten Kultur. Die Bemühungen im Nachkriegsdeutschland, den ländlichen Raum zu „verstädtern" (Kühne 2005) haben wohl die kritische Distanz zur städtisch definierter Modernisierung auf dem Land noch zusätzlich intensiviert.

In diesen eher „antimodern" orientierten Raum tritt nun unter dem Begriff der Koexistenz der sehr moderne bzw. postmoderne Konflikt um den Einsatz der Agro-Gentechnik. Beide Seiten des Konfliktes orientieren sich zur Zeit mehr und mehr weg von den politischen Arenen der Regulation hin zu den Anwendungskontexten der Landwirtschaft und beginnen eine „Auseinandersetzung um jeden Hektar" (Schimpf 2006: 221). So feiert etwa der GVO-Hersteller Monsanto die Verdreifachung des Anbaus von Bt-Mais in Deutschland im Jahr 2006 als großen Erfolg[2] während die Gegnerseite sich intensiv um den Aufbau von gentechnikfreien Regionen bemüht[3]. Welche Folgen diese Verlagerung des Konfliktes für den ländlichen Raum haben wird, lässt sich derzeit natürlich noch nicht umfassend bewerten und ist sicherlich auch in hohem Maße von den regionalen Kontexten abhängig. Systematische Untersuchungen wären hier dringend notwendig. Dennoch gibt es zumindest einzelfallbezogene Evidenzen dafür, dass die Auseinandersetzung um die Agro-Gentechnik für die Beteiligten „vor Ort" mit hohen Kosten verbunden sein könnte[4].

Das was als Gesellschaft nicht zu entscheiden war, nämlich der Einsatz von Gentechnik, muss nun durch den einzelnen Landwirt und vor allem zwischen den Landwirten entschieden werden – mit allen damit verbundenen Unabwägbarkeiten und persönlichen Risiken. Die lange Zeit gepflegten und „vertrauten" Grenzziehungen zwischen konventionellen Landwirten hier und dem ökologischen Landbau dort geraten im Zuge der GVO-Debatte in Bewegung, die gerade im konventionellen Bereich zu neuen, ungewohnten Frontstellungen führt. Die Auseinandersetzung findet nun auch in der dörflichen Arena statt, wobei es für den einzelnen Landwirt nicht nur um rechtliche Haftungsprobleme und wirtschaftliche Folgen geht, sondern auch um sehr grundsätzliche und auf der persönlichen Ebene liegende Fragen wie z.B. das eigene Naturverhältnis und das eigene Selbstverständnis als Landwirt.

Das Konfliktpotential erhöht sich zusätzlich schlagartig, wenn die GVO-Anbaupläne einzelner Landwirte in den Aufmerksamkeitsfokus der überregional organisierten Konfliktparteien geraten. Demonstrationen von Gentechnikgegnern und Dorfbewohnern vor den Höfen der betroffenen Bauern, teilweise verbunden mit militanten Aktionen führen nicht nur zu einer hohen persönlichen Belastung der Betroffenen, sondern bringen auch für das soziale Miteinander der Dorfgemeinschaft eine erhebliche Sprengkraft mit sich.

Eine Folge kann in der Gefahr einer Entgrenzung des Konfliktes für die Beteiligten vor Ort in verschiedenster Hinsicht bestehen.

Der Konflikt wird zwar räumlich vor Ort geführt, ist jedoch eben gerade nicht vor Ort gelagert, was die Lösungsmöglichkeiten für die lokalen Akteure massiv einschränkt. Gleichzeitig macht die massenmediale Aufmerksamkeit den „Kampf im Dorf" für ein großes Publikum zugänglich und erhöht somit den Einfluss externer Akteure auf den Konflikt auf ein nicht zu kontrollierendes Maß.

Darüber hinaus wird diese Auseinandersetzung in bereits existierende lokale Konfliktlagen eingebettet, überlagert sich sachlich mit einer Vielzahl von lokalen Aspekten, Machtkonstellationen und persönlichen Beziehungsverhältnissen. Dabei verfügen die Beteiligten im Unterschied zu den professionalisierten Akteuren oft nicht über die Möglichkeit, durch Rollendistanz den politischen Konflikt von der persönlichen Auseinandersetzung zu trennen, sondern finden sich in einem Netz unterschiedlicher Konfliktlagen und –ebenen verwoben, das nur schwer auseinanderzuknüpfen ist.

Betroffen sind davon nicht nur die beteiligten Landwirte selbst, sondern auch ihre Familien, Kinder werden in der Schule angesprochen. Es findet also auch zeitlich gesehen eine Ausweitung des Konfliktes statt, umso mehr als das es beiden Seiten ja gerade um die Zukunftsfähigkeit ihrer landwirtschaftlichen Betriebe oder aber ihrer persönlichen Lebensentwürfe geht.

Schließlich geht der Konflikt eben auch sozial gesehen durch die gewachsenen Strukturen, Koalitionen, teilweise sogar durch Ehen, hindurch. Stammtisch-Partner finden sich plötzlich auf verschiedenen Seiten der Auseinandersetzung wieder, die eingespielten Routinen der Konfliktregulierung, die bisher das soziale Miteinander geregelt haben, werden es angesichts der emotionalen Aufladung in der Regel schwer haben, ihre Funktion zu erfüllen.

Die Unabschließbarkeit systemischer Risiken wie sie mit der Gentechnik in Verbindung gebracht werden, macht auch eine Grenzziehung vor Ort durch lokale Akteure äußerst schwierig und führt u.U. ein hohes Konfliktpotential in den ländlichen Raum ein. Erschwerend kommt hinzu, dass die Beteiligten oft nicht über die Möglichkeit verfügen, sich durch den Verweis auf andere Instanzen und Institutionen zu entlasten. Die Tatsache, dass der Anbau von GVO-Mais in Deutschland rechtlich zulässig ist, schützt die betroffenen Landwirte ja nicht vor der Gefahr, von der vollen Härte des Konfliktes getroffen zu werden, mit teilweise massiven persönlichen Konsequenzen. Auch die „gute fachliche Praxis", die eingespielten Grundsätze „korrekten" bäuerlichen Handelns sichern nicht gegen die Kosten des Konfliktes ab. Schließlich wird auch für die Bauern in der Nachbarschaft die Gefahr, durch geringere Marktchancen auf Grund von GVO-Eintrag wirtschaftlichen Schaden zu nehmen, jenseits des abstrakten Textes des Gentechnikgesetzes, äußerst real. Schadensersatzansprüche durchzusetzen ist ein langwieriger Prozess mit seinerseits wiederum hohem Konfliktpotential.

Es ist derzeit noch unklar, ob die örtliche Eskalation des Konfliktes, so wie hier dargestellt, eher die Ausnahme bleibt, oder zum Regelfall werden wird. Dies hängt stark davon ab, welchen Verlauf der Konflikt insgesamt in den nächsten Jahren nehmen wird, wie sich die Kräfteverhältnisse zwischen den Parteien verändern und wie und in mit welchem Erfolg andere Entscheidungsinstanzen, etwa Gerichte, in den Konflikt eingreifen werden. Dass er sich für die betroffenen Landwirte aber einfach von selbst lösen wird, ist angesichts der Hartnäckigkeit der Auseinandersetzung wohl eher unwahrscheinlich.

5. FAZIT

Der derzeitige gesellschaftliche Umgang mit dem Konflikt um die Einführung der Agro-Gentechnik verteilt die Kosten dieser Auseinandersetzung in spezifischer Art und Weise. Die Zurückhaltung der politischen Institutionen in der Entscheidung der Gentechnikfrage, das Prozessieren der Unentscheidbarkeit, verlagert das Problem der Grenzziehung auf die lokale Ebene, insbesondere in den ländlichen Raum. Irgendwann muss über den Einsatz von GVOs entschieden werden, spätestens auf dem Hof des Landwirtes selbst. Dies birgt aber die Gefahr, dass die im Kern überregionale Auseinandersetzung immer stärker in lokalen Kontexten, als „Kleinkrieg in den Dörfern" (Poppinga 2006: 34) ausgetragen wird – mit teilweise hohen persönlichen Kosten für die beteiligten Akteure.

Der Umgang mit diesen lokalen Auswirkungen des Konflikts bringt aber besondere Herausforderungen für die soziale Integration im ländlichen Raum mit sich: Aufgrund des spezifischen Charakters einer Auseinandersetzung um systemische Risiken und den damit verbundenen Unabschließbarkeiten reichen traditionelle Konfliktlösungsmechanismen oft nicht aus. Hier wird in Zukunft nach Verfahren zu suchen sein, die in der Lage sind, die verschiedenen Ebenen des Konfliktes für die Beteiligten vor Ort kontrollierbar und damit auch bearbeitbar zu machen.

Gleichzeitig darf die Entscheidung über den Einsatz von GVOs nicht allein dem ländlichen Raum aufgelastet werden. Die Schwierigkeit des Umgangs mit der Komplexität, den Unsicherheiten, Vieldeutigkeiten und Ambivalenzen systemischer Risiken, die ihren Ausdruck auch in der Debatte um die Agro-Gentechnik findet, ist eine gesamtgesellschaftliche Aufgabe. Sie stellt unsere sozial eingespielten Überzeugungen und Handlungsroutinen vor besondere Probleme, auf die es auch keine einfachen Antworten gibt – sonst hätten wir sie sicherlich bereits gefunden und der Konflikt um Gentechnik würde nicht so lange andauern. Die bloße Verlagerung des Problems in lokale bzw. individuelle Kontexte ist jedenfalls eine wenig zielführende und auf längere Sicht sicherlich auch schädliche Lösung.

Jost Wagner

LITERATUR

BMVEL (2002): ‚Diskurs Grüne Gentechnik - Ergebnisbericht', Berlin: 2002.
Deichmann, Thomas (2005): „Es gibt keinen Krieg vor Ort", <http://www.gruene-biotechnologie.de/inhalte/apoli.html> (Eingesehen: 14. Juli 2006).
Gill, Bernhard (2003): Streitfall Natur. Weltbilder in Technik- und Umweltkonflikten, Wiesbaden: Westdeutscher Verlag.
Kühne, Olaf (2005): ‚Stadt-Land-Beziehung zwischen Moderne und Postmoderne', in: Ländlicher Raum 6/2005: S. 45-50.
OECD (2003): Emerging Risks in the 21st Century. An Agenda for Action, Paris.
Poppinga, Onno-Hans (2006): ‚Änderungen im Kleinen – weiter wie zuvor im Großen. Eine kritische Würdigung der „Agrarwende" am Beispiel zentraler Themenbereiche', in: e.V., AgrarBündnis (Hrsg.) Der kritische Agrarbericht 2006. S. 27-35, Rheda-Wiedenbrück
Renn, Ortwin / Dreyer, Marion / Klinke, Andreas (2002): Systemic Risks. Report to the Steering Group of the OECD Futures Project on Emerging Systemic Risks, Stuttgart.
Rifkin, Jeremy (2003): ‚Futter vom Reißbrett. Der große transatlantische Nahrungskampf', in: Süddeutsche Zeitung 04.07.03: S. 13.
Schimpf, Ute (2006): ‚Rückblick 2005: Auseinandersetzung um jeden Hektar', in: e.V., AgrarBündnis (Hrsg.) Der kritische Agrarbericht. S. 221-227, Rheda-Wiedenbrück
Schivelbusch, Wolfgang (2000): Die Geschichte der Eisenbahnreise. Zur Industrialisierung von Raum und Zeit im 19.Jh., Frankfurt: Fischer.
Schmidt, Götz / Jasper, Ulrich (2001): Agrarwende oder die Zukunft unserer Ernährung, München: C. H. Beck.
Seiler, Achim (2000): Die Bestimmungen des WTO-TRIPS-Abkommens und die Optionen zur Umsetzung des Art. 27.3(b). Patente – Sortenschutz – Sui Generis, Studie im Auftrag der GTZ., Frankfurt.
Stark, Carsten (2006): Der Staat als Moderator: Zur funktionalistischen Interpretation moderner Demokratien. Manuskript, Bremen.
van den Daele, Wolfgang / Pühler, Alfred / Sukopp, Herbert (1996): Grüne Gentechnik im Widerstreit. Modell einer partizipativen Technikfolgenabschätzung zum Einsatz transgener herbizidresistenter Pflanzen., Weinheim: VCH.
Wagner, Jost (2003): Risikokonstruktionen in partizipativen Verfahren der Technikfolgenabschätzung. TU- Berlin.
Wehling, Peter / Viehöver, Willy / Keller, Reiner (2005): ‚Wo endet Natur, wo beginnt die Gesellschaft? Doping, Genfood, Klimawandel und Lebensbeginn: die Entstehung kosmopolitischer Hybride', in: Soziale Welt 56(2/3): S. 137-158.

ANMERKUNGEN

[1] Damit ist noch keine Aussage darüber gemacht, ob im Zusammenhang mit der Agro-Gentechnik systemische Risiken tatsächlich bestehen oder nicht. Dies ist ja gerade Inhalt des Konfliktes und schon allein die Tatsache, dass diese Debatte in dieser Form geführt wird, hat Auswirkungen auf die Bearbeitbarkeit des Konfliktes.

[2] Grüne Gentechnik: Aussaat von gentechnisch verbessertem Mais abgeschlossen. Pressemitteilung von Monsanto vom 2. Juni 2006 < http://www.monsanto.de/newspresse/2006/02062006.php> (eingesehen: 14. Juli 2006)

[3] <http://www.faire-nachbarschaft.de>(eingesehen: 14. Juli 2006)

[4] Basis ist hier und im Folgenden eine Medienauswertungen im Frühjahr 2006 zu den Auseinandersetzungen in den bayerischen Gemeinden Weißenfeld (z.B Süddeutsche Zeitung vom 31.05.2006) und Haarbach. (z.B. Süddeutsche Zeitung vom 20.04.06) Ähnliche Fälle sind auch aus anderen Bundesländern bekannt, so etwa aus Brandenburg (vgl. Deichmann 2005)

Agrogentechnik versus Agrobiodiversität
Transgene Pflanzen beeinträchtigen die biologische Vielfalt

Steffi Ober

7

ZUSAMMENFASSUNG

Die Industrialisierung der Landwirtschaft, der großflächige Einsatz von Pestiziden und mineralischem Dünger bedrohen die biologische Vielfalt. Auswirkungen transgener Pflanzen auf die biologische Vielfalt bestehen durch die Folgen einer veränderten Anbaupraxis und durch mögliche Auskreuzungen oder Verwilderungen, insbesondere durch neue Eigenschaften, die die Fitness der Pflanzen erhöhen. Kritisch betrachtet werden der Anbau von glyphosphat- und glufosinat-resistenten Pflanzen, transgenen Maissorten sowie der Pestizideinsatz in transgenen Kulturen. Die Rahmenbedingungen der Zulassungspraxis von GVO, die durch die EU-Kommission und die Mitgliedsländer vorgegeben werden, dürfen die internationalen Verpflichtungen zum Erhalt der biologischen Vielfalt nicht gefährden.

AUSGANGSLAGE BIOLOGISCHE VIELFALT

Weltweit schreitet die Vernichtung der biologischen Vielfalt ungebremst und sehr dynamisch fort. Besonders betroffen sind die Zentren der biologischen Vielfalt in den Tropen und Subtropen. Internationale Abkommen zum Schutz wie das Cartagena Protokoll 1992 wurden daher schon vor einigen Jahren gezeichnet, auch die Europäische Union und Deutschland sind Vertragspartner. Laut einer WWF Studie droht bis zum Jahr 2020 weiteren 22 Millionen Hektar Tropenwald das Aus nur für den Anbau von fast ausschließlich gentechnisch verändertem herbizidresistentem Soja.[1] Das Soja wandert in die Futtertröge der bestehenden und der aufstrebenden Industrienationen. Gentechnik und die passenden Unkrautvernichtungsmittel (Herbizide) machen den Anbau erst richtig lukrativ. National geht die seit den 1960er Jahren zunehmende Industrialisierung, Technisierung und Intensivierung der Landwirtschaft mit einem drastischen Schwund an biologischer Vielfalt einher.[2] Der Einsatz von Pestiziden und chemischem Dünger ermöglicht den großflächigen Anbau von Monokulturen und Hochleistungssorten. Diese wiederum sind anfälliger gegen Krankheiten und Schädlinge. Die traditionelle Landwirtschaft hingegen beruht auf vielfältigen Sorten und Ressourcen schonenden Anbaumethoden. Wichtiger als hohe Erträge wiegt die Nahrungsmittelsicherheit, die durch diese nachhaltige Vielfalt gewährleistet wird.[3] Die Ausweitung der intensiven Landwirtschaft führte zu einem Verlust an Kulturlandschaft. Mit der Flurbereinigung wurden viele Landschaftselemente wie Hecken, Mauern und Feldraine entfernt, die jedoch Heimat von mannigfaltigen Pflanzen und Tieren sind. Diese Verarmung der Lebensräume und die zunehmende Versiegelung durch Straßen und Siedlungsbau entzog vielen Tier- und Pflanzenarten die Lebensgrundlagen.[4]

1. AUSWIRKUNGEN TRANSGENER SORTEN AUF DIE BIOLOGISCHE VIELFALT

Um die Auswirkungen transgener Sorten auf die biologische Vielfalt und Ökosysteme zu beschreiben, müssen die verschiedenen Ebenen der biologischen Vielfalt betrachtet werden. Die Systematik des TAB Berichtes „Biologische Vielfalt in Gefahr" (siehe Tab.1) zeigt, welche Systeme von der Einführung einer neuen Sorten betroffen werden.[5] Diese Systematik gilt prinzipiell für die Einführung neuer Sorten, unabhängig davon, ob diese gentechnisch transformiert wurden oder nicht. Mit den direkten Wirkungen werden Veränderungen bei der Vielfalt der landwirtschaftlichen Kulturpflanzen beschrieben. Unter den indirekten Wirkungen werden die Einflüsse neuer Sorten auf die Vielfalt der übrigen Lebewesen in Agrarökosystemen sowie in den umgebenden bzw. über Wirkungsketten verbundenen Ökosystemen verstanden. Die Auswirkungen transgener Sorten (GVO) auf die biologische Vielfalt werde ich nur für einige der aufgeführten Parameter darstellen:

Tab.1 Systematik der Auswirkungen neuer Sorten auf die biologische Vielfalt

Ebene	Direkte Auswirkung	Indirekte Auswirkung
Genetische Vielfalt	Genetische Vielfalt der Sorten Sortenvielfalt	• Genetische Diversität der verbundenen Fauna und Flora
Artenvielfalt	Kulturarten im Anbau	• Ackerbegleitflora (Bei- und Unkräuter) • Pflanzenkrankheiten • Schädlinge und Nützlinge • Bodenlebewesen
Ökosystemvielfalt	Fruchtfolgen Landwirtschaftliche Nutzung	• Agrarökosysteme • Angrenzende Ökosysteme

2. DIREKTE AUSWIRKUNGEN

2.1 Genetische Vielfalt der Sorten

Schon heute ist die genetische Vielfalt der Hochleistungssorten gering. Positive agronomische Eigenschaften wurden vorrangig gefördert. Gentechnisch unterstützte Züchtung setzt auf der Grundlage dieser Hochleistungssorten an mit dem Ziel, eine weitere agronomisch positive Eigenschaft einzufügen. Die relativ geringe genetische Diversität wird somit nicht entscheidend verändert.

Jedoch könnte der drastische Strukturwandel der Saatgutbrache die Sortenvielfalt noch weiter verengen, da die hohen Investitionskosten für Forschung und Entwicklung neuer GVO sich nur im internationalen Maßstab rechnen, wie der neueste Aufkauf von Delta and Pine Land Co. durch Monsanto zeigt.[6]

2.2 Vielfalt der Kulturarten im Anbau und der landwirtschaftlichen Nutzung

Auf dem größten Teil der Anbaufläche werden nur wenige Kulturarten in enger Fruchtfolge angebaut. In Zukunft kann sich dieser Trend noch verschärfen, sollten sich die Flächen für nachwachsende Rohstoffe ausweiten. Zu beobachten sind regionale Konzentrationen wie der Maisanbau für die Biogasanlage in Brandenburg oder Kartoffeln (nicht nur) für die Industriestärkeproduktion in Niedersachsen. Mit dieser Verengung nimmt der Schädlingsdruck zu, so dass neue, gentechnisch veränderte Sorten, die eine verbesserte Ertragssicherheit bieten, als Lösung erscheinen.

3. INDIREKTE AUSWIRKUNGEN

Die indirekten Auswirkungen der GVO auf die biologische Vielfalt können sowohl die Organismen der Agrarökosysteme als auch die sie umgebenden und über Wirkungsketten damit verbundenen Ökosysteme betreffen. Die biologische Vielfalt wird über die Folgen einer veränderten Anbaupraxis und mögliche Auskreuzungen oder Verwilderungen bedroht.

3.1 Genetische Diversität der verbundenen Flora und Fauna

Verwilderungen

Sollten sich transgene Pflanzen außerhalb der Ackerflächen etablieren, so kann diese Verwilderung irreversibel sein. Sie könnten mit verwandten Wildpflanzen in naturnahen Lebensräumen konkurrieren und diese verdrängen. Pflanzenarten mit einem geringen Risiko sind etwa Mais und Kartoffeln, einem mittleren Risiko Hafer, Raps und Zuckerrüben. Bäume mit ihrer langen Lebensdauer und winterharte Grasarten als Dauerkulturen stellen ein hohes Risiko dar. Gene, die die Fitness erhöhen, tragen ein hohes Risiko. Dazu gehören alle Resistenz-Gene. Auch wenn noch keine Daten vorhanden sind, so ist doch mit einem erhöhten Risiko zu rechnen bei zukünftigen Pflanzen, die resistent gegen Insekten, Pilze, Bakterien sowie tolerant gegen Salz, Kälte oder Stress sind. Denn diese Pflanzen haben überall dort einen Vorteil, wo biotische oder abiotische Faktoren bislang die Ausbreitung verhindert haben.

Auskreuzungen

Der Genfluss von Transgenen auf verwandte Wildpflanzen verändert den Genpool der Population und kann die Möglichkeit einer Population beeinflussen, auf sich ändernde Umweltbedingungen flexibel zu reagieren. Das Risiko der Hybridbildung, die Fitness der Hybride sowie langfristige Wirkungen der transgenen Hybridpflanzen sind jedoch noch unzureichend untersucht. Transgene Pflanzen können ihre fremden Gene auch auf Kulturpflanzen der gleichen Art weitergeben. Die Auskreuzungsraten sind hoch bei Raps, Mais und Zuckerrüben, jedoch selten bei Kartoffeln oder Gerste. Die Erfahrungen des kommerziellen Rapsanbaus in Kanada zeigen, dass sich über Auskreuzungen mehrfach resistenter Raps gebildet hat.[7]

3.2 Folgen für die Artenvielfalt der verbundenen Flora und Fauna

Die Wirkung neuer Sorteneigenschaften und veränderter Anbaupraxis auf die Biodiversität ist ungeheuer komplex und naturgemäß unmöglich in allen Einzelheiten zu überschauen. Hinzu kommen fundamentale Wissenslücken, da in diesem Bereich nur in Ansätzen und an wenigen Parametern geforscht wird. Durch den Anbau von GVO können sich Fruchtfolgen, Bodenbearbeitung, Aussaat, Düngung, Pflanzenschutzmaßnahmen und Unkrautbekämpfung zum Teil drastisch ändern. Dies gilt auch für die Ackerbegleitflora, ein wichtiges Element der Agrarökosysteme, da sie als Grundlage für Nutzinsekten wie beispielsweise Bienen und als Nahrung für viele Tiere wie zum Beispiel Vögel dient. Der zunehmende Düngeeinsatz hat in den vergangenen Jahrzehnten zu einer starken Zunahme der stickstoffliebenden Unkräutern geführt. Düngeeinsatz und Herbizide sind ursächlich miteinander verbunden: Hohe Stickstoffgaben fördern konkurrenzstarke Stickstoffanzeiger, die daraufhin mit Herbiziden bekämpft werden. Eine regionale Konzentration von düngeintensiven Kulturen infolge von Züchtungsfortschritten könnten die negativen ökologischen Folgen noch verstärken.[8]

3.2.1 Herbizid-Einsatz

Der großflächige Einsatz von Herbiziden führt seit den 50er Jahren zu einer starken Reduktion der Gesamtverunkrautung, einem Rückgang zahlreicher Ackerwildpflanzen und zu einer Umschichtung der Dominanzstrukturen. Herbizidempfindliche Arten wurden zurückgedrängt, Ungräser und andere schwer bekämpfbare Arten gefördert.[9] Die Probleme für die Ökosysteme durch den Herbizideinsatz bei gv-Pflanzen sind daher nicht prinzipiell neu. Fast 80 Prozent des Anbaus von gentechnisch veränderten Pflanzen findet mit dem Merkmal einer Herbizidresistenz entweder gegen Glufosinat (Basta®) oder Glyphosphat (Roundup®) statt.

Der breitflächige Einsatz von herbizidresistenten Pflanzen wird zu einem weiteren massiven Rückgang der Flora und Fauna im Agrarökosystem führen. In den „Farm Scale Evaluations" (FSE) wurden in staatlichen Anbauversuchen in Großbritannien fast 200 Flächen mit herbizidresistentem gv-Raps, gv-Mais und gv-Rüben über drei Jahre untersucht.[10] Als Vergleich wurden konventionell bewirtschaftete Flächen herangezogen. Sollten gv-Zuckerrüben, gv-Sommer- und Winterraps breitflächig angebaut werden, kommt es zu einem stark verknappten Futterangebot für Vögel der Agrarlandschaft, die bereits in den letzten 20 Jahren extrem abgenommen haben. gv-Mais dagegen stellte sich im Vergleich etwas günstiger für Vögel dar, jedoch wurden die Vergleichsflächen mit dem heute EU weit verbotenem (weil umweltschädlichen) Unkrautvernichtungsmittel Atrazin behandelt.

Zu diesem Ergebnis kommt die Royal Society for the Protection of Birds (RSPB), die die Samenmenge der Futterpflanzen für 17 samenfressende Vögel der Agrarlandschaft untersuchte.[11] Die Samendichte nahm nicht nur für das Jahr des Anbaus der herbizidresistenten Pflanzen ab. Das Samendepot im Boden wurde nachhaltig verringert, so dass auch in den Folgejahren ein geringer Auflauf der Ackerwildpflanzen zu beobachten war. Die effiziente Bekämpfung der Ackerwildkräuter mit Breitbandherbiziden blieb nicht nur auf die Felder beschränkt. An den Rändern der gv-Rapsfelder zählten die Forscher 44 Prozent weniger Blütenpflanzen, 24 Prozent weniger Schmetterlinge und 39 Prozent weniger Samen als an den konventionellen Ackerrändern. Bei den gv-Zuckerrüben waren es 34 Prozent weniger Blüten und 39 Prozent weniger Samen.[12]

Durch den Einsatz der Breitbandherbizide wurden auch die Bestäuber wie Bienen und Hummeln dezimiert. Der dramatische Schwund der Bienen- und Hummelvölker in USA und Europa führt dazu, dass die Bestäubung von landwirtschaftlichen Nutzpflanzen und Wildpflanzen nicht mehr erfolgt, die auf diese Leistung angewiesen sind. Daraus resultiert ein ökonomischer Verlust in der Landwirtschaft, der in den USA bereits in die Milliarden geht. In mehr als der Hälfte der britischen und zwei Drittel der niederländischen Gebiete hat man zudem in umfassenden Untersuchungen[13] festgestellt, dass die Artenvielfalt der Wildbienen um bis zu 60 Prozent abgenommen hat und etliche Pflanzenarten verschwanden, die von Insekten bestäubt werden.

Für wildlebende Säugetiere zeigen Untersuchungen ähnliche Ergebnisse wie für Vögel. Mäuse, Backenhörnchen, Hasen und andere Tiere sind zur Nahrung und zum Schutz vor Fraßfeinden auf Ackerwildkräuter angewiesen. Nach der erfolgreichen Eliminierung durch Roundup® schrumpften die Populationen der kleinen Säugetiere über drei Jahre, selbst wenn das Herbizid nicht mehr angewandt wurde.[14]

3.2.2 Pestizidverbrauch und Resistenzen

Der Pestizidverbrauch beim Anbau von gentechnisch veränderten Pflanzen wird sehr unterschiedlich bewertet. Ein Grund dafür ist, dass die gelieferten Zahlen schlecht vergleichbar sind. Die meisten Studien beziehen sich auf Daten der USDA aus den USA. Benbroock[15] kommt zu dem Schluss, dass in den ersten drei Jahren des gv-Soja-Anbaus die Aufwandmengen zurück gingen, während sie in den Jahren 2001 bis 2003 wieder anstiegen. Die klassischen Herbizide wurden fast ausschließlich durch Glyphosphat ersetzt. Daraus folgt ein Anstieg des Herbizidverbrauches von durchschnittlich 22 Prozent nach einer Studie von Hin et al.[16] Ebenfalls eine Erhöhung des Herbizideinsatzes im Sojaanbau stellt eine Studie des Research Centers der USDA fest.[17] Das „National Center for Food and Agriculture Policy" (NCFAP) fand hingegen keinen Anstieg des Herbizideinsatzes bei gv-Soja. Diese Fallstudien beruhen allerdings auf einer Schätzung des Herbizideinsatzes.[18] In Argentinien werden sogar doppelt so hohe Pestizidmengen eingesetzt.[19]

Die Gründe für den erhöhten Pestizideinsatz sind vielfältig. Eine Verschiebung der Dominanzstrukturen der Ackerkräuter führt dazu, dass schwer bekämpfbare Unkräuter gehäuft auftreten und Resistenzen entwickeln. Herbizidresistente Pflanzen können selbst als schwer bekämpfbare Unkräuter auftreten so wie der dreifach herbizidresistente Raps schon nach vierjährigem Anbau in Kanada.[20] Weltweit wird vermehrt pflugloser Anbau betrieben, um Erosion und Bodenverdichtung zu verhindern. Dies führt jedoch auch dazu, dass das Unkraut nicht mehr mechanisch durch Unterpflügen eingedämmt wird. In den USA werden resistente Ackerunkräuter zunehmend problematisch, so dass selbst Industrieunternehmen ein entsprechendes Resistenzmanagement eingerichtet haben (http://www.syngentacropprotection.com, http://www.farmassist.com/resistance). Danach halten 70 Prozent der US-amerikanischen Farmer weed resistance für ein großes Problem, das entscheidend den Wert des Ackerlandes und die Rentabilität des Anbaus bestimmt. Amaranth (*Amaranthus rudis*) verfügt über Mehrfachresistenzen gegen mehrere Herbizide. Seit 2002 ist Amaranth das Hauptproblemunkraut im Sojaanbau. Mindestens 7 Unkräuter haben in USA Resistenzen gegen Glyphosphat entwickelt. "In fact, glyphosate resistance is already an on-farm reality. More than 2 million acres of glyphosate-resistant horseweed (marestail) have been confirmed in Delaware, Indiana, Maryland, New Jersey, Ohio, Arkansas, Mississippi, Missouri, North Carolina, Kentucky and western Tennessee by university researchers" (www.farmassist.com abgefragt am 28.08.06). Den zunehmenden Resistenzen wird neben der Empfehlung für Fruchtwechsel und Bodenbearbeitung mit einer Steigerung des Pestizideinsatzes begegnet: immer die Höchstdosis von Roundup Ready® und gegebenenfalls mit weiteren toxischen Herbiziden nachspritzen (wie Paraquat, Metsulforon, Clopralid).

3.3 Folgen für Schädlinge und Nützlinge durch Bt-Pflanzen

Die verschiedenen natürlich vorkommenden Toxinvarianten des *Bacillus thuringiensis* (Bt) wirken gegen eine ganze Reihe von Schadinsekten. Benbroock (2003) zeigte in seiner Studie, dass sich die Insektizidanwendung durch den Anbau von Bt-GVO geringfügig vermindert. Positive Effekte könnten für die Biodiversität eintreten, wenn im konventionellen Anbau noch toxischere Mittel verwendet werden. Ein Vergleich von konventionellem Maisanbau und Bt-Maisanbau für Spanien und Österreich konnte jedoch keinen positiven Effekt für die Biodiversität feststellen.[21] In Deutschland werden jedoch nur zwei Prozent der konventionellen Maisfelder mit Insektiziden behandelt.[22]

3.3.1 Wirkung auf Schmetterlinge

Schmetterlinge nehmen wichtige Funktionen im Ökosystem wahr, sei es als Beutetiere oder als Bestäuber. Ursprünglich ging man davon aus, dass Schmetterlinge nicht betroffen werden, da sie sich nicht von Mais ernähren. Toxische Pollen und Staubbeutel des Bt-Maises werden jedoch auch von Schmetterlingsraupen gefressen - meist auf den Futterpflanzen am Feldrand oder jenseits der Feldgrenze. Die bisherigen Untersuchungen zeigen, dass Bt-Mais für diejenigen Schmetterlingsarten eine Gefährdung darstellt, deren Raupen zur Zeit der Maisblüte unterwegs sind. Berichtet wird von Schäden an Raupen des Monarchfalters (*Danaus plexippus*), wenn sie mit Pollen von Bt176-Mais gefüttert werden. Fressen die Raupen Blätter ihrer Futterpflanze, die mit Bt-Pollen bedeckt sind, so wachsen sie 5,5 Prozent weniger und es kommt zu Entwicklungsverzögerungen. Unbeantwortet ist jedoch noch die Frage, welchen Einfluss der Bt-Anbau auf die Populationen insgesamt hat. Da die Pollendichte am Rande des Maisfeldes abnimmt, spielen dort subletale Effekte eine wesentliche Rolle.[23] Ungarn verbietet seit Januar 2005 den Anbau von MON810, da die umweltrelevanten Parameter insbesondere für die heimischen Schmetterlinge nicht genügend geprüft und bekannt seien. Felke und Langenbruch stellten umfangreiche Untersuchungen zu mehreren heimischen Schmetterlingsarten mit Bt-176 und MON 810 vor. Danach ist das Tagpfauenauge (*Inachis jo*), eine potenziell gefährdete Art, da die Larven der zweiten Generation zum Zeitpunkt der Maisblüte in Agrarlandschaften leben. Von 33 Tagfalter-Arten sind 26, von 125 Nachtfalter-Arten sind 52 potenziell gefährdet.[24]

3.3.2 Wirkung auf Boden

Durch die Expression von Bt-Toxin in den Wurzeln und aus den Ernterückständen sind auch Bodenbewohner von transgenen Pflanzen betroffen. Zersetzer von Ernterückständen wie die Larven der Trauermücken spielen eine wichtige Rolle im Ökosystem. Die auf Ackerflächen vorherrschende Trauermückenart *Lycoriella castanescens* zeigte bei Fütterung mit Bt-Maisstreu der Sorte Mon810 Novelis eine längere Zeit bis zur Verpuppung.

Diese Entwicklungsverzögerung zeigte sich auch bei räuberischen Käferlarven, wenn Beutetiere mit Bt-MON810 Maisstreu gefüttert wurden. Umstritten ist dabei, ob diese Wirkungen auf das Bt-Toxin zurückzuführen sind. Unumstritten dagegen ist die Tatsache, dass Maisstreu von MON 810 eine geringere Nahrungsqualität besitzt.[25]

Regenwürmer spielen ein wichtige Rolle im Bodenökosystem. Sie lockern und durchmischen den Boden und zersetzen organische Strukturen. Obwohl Regenwürmer unverzichtbar für die Bodenfruchtbarkeit und Bodengesundheit sind, wurden die Wirkungen des Bt auf Regenwürmer noch kaum untersucht. Dabei wurden auch an Regenwürmern subletale Langzeitwirkungen durch Bt-Mais festgestellt. Nach 200 Tagen Fütterung mit Bt-Mais wogen die Regenwürmer 18 Prozent weniger als zu Beginn der Untersuchung, wobei nicht geklärt wurde, ob dies auf eine direkte Wirkung des Bt-Toxins oder auf Unterschiede in der Nahrungsqualität zwischen Bt- und Kontrollmais zurückzuführen ist.[26]

3.3.3 Resistenzen im Bt-Anbau

Anbautechnische Maßnahmen sollen die Resistenzentwicklung gegen den Bt-Wirkstoff im großflächigen Anbau verhindern. Durch die permanente Produktion des Toxins über die gesamte Vegetationsperiode besteht ein permanenter Resistenzdruck. Für den ökologischen Anbau könnte die Ausbildung von Resistenzen gegen Bt eine empfindliche Einbuße bedeuten. Bt gehört zu den wenigen Wirkstoffen, die im Ökolandbau zugelassen sind. Gerade im Einsatz gegen den Kartoffelkäfer sind sie unverzichtbar. In den USA sind die Farmer verpflichtet, in Nachbarschaft zu den Bt-Feldern auch Felder ohne Bt-Pflanzen zu bestellen. Diese sogenannten Refugien-Flächen sorgen dafür, dass Schädlinge überleben, die sich dann mit resistenten Schädlingen im benachbarten Bt-Feld paaren können. Nach den Angaben von Biosicherheit (www.biosicherheit.de) sind bislang in den USA noch keine Resistenzen aufgetreten.

3.3.4 Sekundäre Schädlingsprobleme

Weltweit wurden bislang viel zu selten die Probleme des Bt-Einsatzes auf die sekundäre Schädlingsentwicklung betrachtet. Fällt ein Hauptschädling sowie der daraus folgende Pestizideinsatz weg, so können sich ungehindert bislang völlig unauffällige Schädlinge zu einer destruktiven Plage entwickeln. In einer aktuellen Studie[27] wurden 481 chinesische Bauern aus fünf Provinzen sieben Jahre lang begleitet. Die Verwendung der Bt-Baumwolle rechnet sich die ersten 3 Jahre. In dieser Zeit mussten 70 Prozent weniger Pestizide ausgebracht werden, danach stieg der Pestizideinsatz so stark an, dass der Anbau unrentabel wurde. Bt-Baumwolle wird in China seit 1996 angebaut, um den Hauptschädling, den Kapselbohrer, zu bekämpfen. Mittlerweile werden fast 4 Mio. Hektar Baumwolle in China mit Bt-Baumwolle angebaut. Im konventionellen Anbau wurde die Baumwolle durchschnittlich 20 mal gespritzt, um den Kapselbohrer zu kontrollieren. Mit dem Bt-Anbau sank die Anzahl der Spritzungen auf nur noch 6 mal. Die Studie pointiert, dass bereits 2004 der positive Effekt des Bt-Baumwollanbaus völlig ausblieb. Als Ursache wird angegeben, dass keinerlei Resistenzmanagement durch den Anbau konventioneller Baumwolle auf ausreichenden Refugien in China betrieben wurde. Schulungen zum Umgang mit den neuen Technologien für die Kleinbauern fehlten ebenso wie ausreichende Informationen durch die Betreiber. Die Einführung von Refugienflächen bedeutet kurzfristig mehr Aufwand und Einkommenseinbußen. Langfristig wird das jedoch als einzige Möglichkeit gesehen, um den Bt-Baumwollanbau in China zu erhalten.

4. ZULASSUNGEN UND BIOLOGISCHE VIELFALT

Die neue Richtlinie 2001/18/EG verlangt, dass bei der Risikoabschätzung von GVO Umweltwirkungen inklusive indirekter und kumulativer Wirkungen berücksichtigt werden. Zudem ist das Monitoring zur Beobachtung der Umweltwirkungen obligatorisch geworden. Ein Prüf-Standard, welche Umweltwirkungen der Antragsteller abprüfen und welche Methoden er verwenden muss, fehlt. Daten werden eher geschätzt und hochgerechnet als wirklich erhoben.[28] Nach wie vor werden im Konzept der Risikoabschätzung weder Ungewissheit noch Unwissenheit mit einbezogen, wesentliche Begriffe wie Schaden, Vorsorgeprinzip und Erheblichkeitsschwellen bleiben undefiniert. Das Monitoring hängt direkt von der Risikobewertung in der Zulassung ab, doch gibt es bislang keinen Konsens der Zulassungsbehörden, wie unerwünschte und unerwartete Nebeneffekte zu bewerten und zu erkennen sind. Die Toxizität der GVO wird nur eingeschränkt an vierwöchigen Fütterungstests mit Nagern geprüft. Einige Wissenschaftler schlagen vor, GVO nach der Pestizidrichtlinie zu bewerten, die eine viel umfassendere Prüfung umfasst. Die Europäische Behörde für Lebensmittelsicherheit (EFSA) wird schon seit längerem kritisiert, dass ihre Einschätzungen nicht dem Vorsorgeprinzip entsprechen.[29] Im Dezember 2005 beanstandete der Europäische Umweltministerrat eine mangelnde Transparenz beim Vorgehen der EFSA und die Tatsache, dass Bedenken der Mitgliedstaaten von der EFSA nicht in Erwägung gezogen werden. Selbst die Europäische Kommission veröffentlichte in ihrem Dokument zur WTO-Klage grundlegende Zweifel daran, ob GVO bei ihrer Zulassung durch die EFSA umfassend auf ihre Verträglichkeit für Mensch, Natur und Umwelt geprüft seien.

5. SCHLUSSFOLGERUNGEN

Wie die bisher entwickelten transgenen Pflanzen auf die biologische Vielfalt wirken, lässt sich nicht abschließend beantworten. Viele Wildpflanzen und Tiere sind in Deutschland nur überlebensfähig, wenn sie in der Agrarlandschaft Nahrung und Lebensräume finden. Daher kann eine ausreichend große Biodiversität in der Agrarlandschaft nur mit einer landwirtschaftlichen Praxis erreicht werden, die vielfältige Ackerkulturen und Fruchtfolgen bietet. Intensive Landwirtschaft mit Monokulturen, hohem Düngemittel- und Pestizideinsatz wird diesem Anspruch nicht gerecht. Der Anbau von glyphosphat- und glufosinat-resistenten Pflanzen eliminiert die Ackerbegleitflora und verschärft so die bereits bestehenden Probleme. Zu transgenen Maissorten bestehen noch erhebliche Forschungslücken und müssen daher vorsichtig beurteilt werden. Ob sich eine vorsorgende Risikopolitik und der

Schutz der biologischen Vielfalt durchsetzt, wird letztendlich von den politischen Rahmenbedingungen abhängen, die durch die EU-Kommission und die Mitgliedsländer vorgegeben werden. Um internationale Verpflichtungen zum Erhalt der biologischen Vielfalt einzuhalten, müsste dies zum Maßstab für Zulassung und Anbau gentechnisch veränderter Pflanzen werden.

ANMERKUNGEN

[1] Pressemitteilung WWF 29.06.2006
[2] Edwards, P.J.& Hilbeck, A. (2001): Biodiversity in agroecosystems: Past,present and uncertain future . –In: Nösberger, J., Geiger, H.H. & Struik,P.C. (Eds): Crop science (CAB International):213-229.
[3] Albrecht, S & Elisabeth, B (2006): Agrarforschung&Biotechnologie, Berlin: NABU ev.
[4] Naturschutz und Biologische Vielfalt, Heft 29 Bonn 2005
[5] Meyer, R. , Revermann C., Sauter, A. (1998): Biologische Vielfalt in Gefahr, Berlin Ed. Sigma, 6. TAB Bericht
[6] 15. August 2006 unter :http://www.businessweek.com/ap/financialnews
[7] Ausführliche Literaturangaben siehe auch NABU (2005): Agro-Gentechnik & Naturschutz. Auswirkungen des Anbaus von gentechnisch veränderten Pflanzen auf die biologische Vielfalt.
http://www.nabu.de/imperia/md/content/nabude/gentechnik/studien/1.pdf
[8] s.o. Meyer et.al. 6. TAB Studie
[9] Albrecht et al. (1997): Direkte und indirekte Auswirkungen konventioneller und gentechnisch unterstützter Pflanzenzüchtung auf die Biodiversität. Gutachten. FSP Biogum der Universität Hamburg
[10] Philosophical Transactions of the Royal Society London (Biological Sciences) (2003) 385: 1775-1913
[11] Gibbons, D.W. et. al. (2006) : Weed seed resources for birds in fields with contrasting conventional and genetically modified herbicide-tolerant drops in Proc. R. Soc. 273: 1921-1928
[12] Roy et al. (2003): Invertebrates and vegetation of field margins adjacent to crops subject to contrasting herbicide regimes in the Farm Scale Evaluations of genetically modified herbicide-tolerant crops. Philosophical Transactions of The Royal Society London Series B 358: 1879-1898
[13] Science (2006) 313 S.351
[14] Giesy, JP Dopson S., Solomon KR (2000): Ecotoxicological Eisk Assessment for Roundup®Herbicide. Reviews of Environmental Contamination and Toxicology 167, 35-120

[15] Benbroock C.M. (2003): Impacts of Genetically Engineered Crops on Pesticede Use in the United States: The First Eight Years. Biotech InfoNet Technical Paper 6
[16] Hin CJA et. Al. (2001): Agronomic and environmental impacts of the commercial cultivation of glyphosphaat tolerant soybean in USA. Centre vor Agriculture and Environment, Utrecht, Netherlands.
[17] ERS (Economic Research Service) (2002): Adaption of Bioengineered Crops. Fernandez-Cornejo J., Mc Bride, ERS, U.S. Department of Agricultural Policy. Washington DC
[18] Gianessi LP, Silvers CS, Sankula S, Carpenter JE (2002): Plant Biotechnology. Current and Potential Impact for Improving Pest Management in US Agriculture: an Analysis of 40 Case Studies. National Center for Food and Agricultural Policy. Washington DC
[19] Qaim M, Traxler G (2002): Roundup Ready soybeans in Argentina: farm level, environmental and welfare effects. Paper presented at the 6th International Conference of the International Consortium of Agricultural Biotechnology Research, Ravello, Italy.
[20] Schütte G, Stachow U, Werner A (2004): Agronomic and environmental aspects of the cultivation of transgenic herbicide resistant plants. UBA-Texte 11/04, Umweltbundesamt,
[21] Klöpffer W, Renner I, Tappeser B, Brauner R, Moch K, Roth E, Gaugitsch H, Paz JF, Moreno González J, Andrés Ares JL & Rodriguez Vila S (2003): Comparative Assessment of Maize Production with and without Genetically Modified Organisms by Life Cycle Assessment on a European Scale (CAMPLES).
[22] Mertens M. (2006): Bt-Mais wirkt auch am Ziel vorbei. GID 177, 25-29
[23] Siehe auch NABU (2005): Agro-Gentechnik & Naturschutz. Auswirkungen des Anbaus von gentechnisch veränderten Pflanzen auf die biologische Vielfalt. http://www.nabu.de/imperia/md/content/nabude/gentechnik/studien/1.pdf
[24] Felke M, Langenbruch G-A (2005): Auswirkungen des Pollens von transgenem Bt-Mais auf ausgewählte Schmetterlingslarven. BfN-Skript 157
[25] Büchs et al. (2004) unter: http://www.biosicherheit.de/de/mais/zuensler/308.doku.html
[26] Zwahlen C, Hilbeck A, Howald R, Nentwig W (2003b): Effects of tarnsgenic Bt corn litter on the earthworm Lumbricus terrestris. Molecular Ecology 12: 1077 – 1086
[27] Shenghui Wang et al (2006): Bt Technology Adoption, Bounded Rationality an the Outbreak of Secondary Pest Infestations in China. Prepared for the presentation at the American Agricultural Economics Annual Meeting Long Beach, July 2006
[28] Spök A, Hofer H, Valenta R, Kienzl-Plochberger K, Lehner P & Gaugitsch H (2002): Toxikologie und Allergologie von GVO-Produkten. Empfehlungen zur Standardisierung der Sicherheitsbewertung von gentechnisch veränderten Pflanzen auf der Basis der Richtlinie 90/220/EWG (2001/18/EG). Umweltbundesamt, Monographien 109, Wien.
[29] Friends of the Earth Europe (2005): Throwing caution to the wind. http://www.foeeurope.org/GMOs/publications/EFSAreport.pdf

Auswirkungen des Einsatzes gentechnisch veränderter Pflanzen auf eine nachhaltige Landwirtschaft

Andreas Ulrich
Bernd Hommel • Regina Becker

8

ZUSAMMENFASSUNG

Eine nachhaltige Landwirtschaft ist definiert als ökologisch tragfähig, ökonomisch existenzfähig, sozial verantwortlich, ressourcenschonend und soll so als Basis für zukünftige Generationen dienen. Die konservierende Bodenbearbeitung und die damit verbundenen Bewirtschaftungsmaßnahmen stellen einen wichtigen Aspekt nachhaltiger Anbausysteme dar. Die Nutzung transgener herbizid- und insektenresistenter Maissorten in bodenschonenden Anbausystemen verspricht eine Reihe von Vorteilen, die zur Stabilisierung und Förderung der konservierenden Bodenbearbeitung beitragen können. In Systemen mit Pflugfurche sind demgegenüber die Vorteile von herbizid- und insektenresistenten Maissorten weniger offensichtlich. Der öffentliche Diskurs in Deutschland über die Risiken und den Nutzen von aktuell verfügbaren transgenen Pflanzen (Bt-Mais) sollte daher in engem Kontext zu bodenschonenden Anbausystemen erfolgen.

1. EINLEITUNG

In der modernen Pflanzenzüchtung werden zur Entwicklung leistungsstarker, qualitativ hochwertiger und im Ressourceneinsatz effizienter Kulturpflanzensorten zunehmend biotechnologische Methoden genutzt. Durch Nutzung der Gentechnik können diese Sorten gezielt in Einzelmerkmalen wie z.b. Resistenzen gegenüber Breitbandherbiziden oder relevanten Schaderregern weiter verbessert werden, ohne andere Eigenschaften wie z.b. die hohen Ertragspotentiale zu beeinflussen. Aufgrund der großen öffentlichen Vorbehalte und der EU-weiten Forderung nach konsequenter Anwendung des Vorsorgeprinzips bei den aktuell verfügbaren transgenen Pflanzen müssen gute Gründe vorliegen, um sich im Ergebnis des Abwägungsprozesses zwischen Risiken und Nutzen für das Allgemeinwohl für den Anbau zu entscheiden.

Ein wesentlicher Nutzen würde zweifellos darin bestehen, wenn diese neuen Sorten Beiträge zur Nachhaltigkeit in der Landwirtschaft erwarten lassen. Nachhaltigkeit umfasst ein weites Feld in der Landwirtschaft. Es steht aber außer Frage, dass Anbausysteme zur Erhaltung und Mehrung der Bodenfruchtbarkeit, zur Verringerung der Pflanzenschutzmittelanwendungen oder mit reduziertem Einsatz fossiler Energieträger dem Leitbild der Nachhaltigkeit sehr nahe kommen. Vor diesem Hintergrund wird der Anbau herbizid- und insektenresistenter Maissorten eingehender betrachtet.

2. ASPEKTE NACHHALTIGER BEWIRTSCHAFTUNGSSYSTEME

Der Begriff „Nachhaltigkeit" hat seit dem Brundtland-Report der UNO von 1987 (WCDE, 1997) alle Wirtschaftsbereiche und politischen Organisationen erfasst und wird in Bezug auf die Landwirtschaft in einem umfassenden Ansatz von Allen et al. (1991) wie folgt definiert: „Eine nachhaltige Landwirtschaft ist ökologisch tragfähig, ökonomisch existenzfähig, sozial verantwortlich, ressourcenschonend und dient als Basis für zukünftige

Generationen. Kernpunkt ist ein interdisziplinärer Ansatz, der die verschiedenen in Wechselbeziehung stehenden Faktoren berücksichtigt. Dies gilt für die gesamte Landwirtschaft sowie die verarbeitende Industrie im lokalen, regionalen, nationalen und internationalen Maßstab." Nach dieser Definition umfasst eine nachhaltige Landwirtschaft gleichermaßen ökologische als auch ökonomische und soziale Aspekte. Damit stellt sich eine nachhaltige Agrarproduktion insgesamt als dynamisches System mit flexibel aufeinander abgestimmten Anbaumaßnahmen dar.

Nachhaltige Bewirtschaftungssysteme können nur schwer einem bestimmten Landbausystem (konventioneller, integrierter oder ökologischer Pflanzenbau) zugeordnet werden. Entscheidend ist vielmehr die Auswahl und Kombination aller Einzelmaßnahmen, die den Kriterien der Nachhaltigkeit am besten entsprechen. Die Entwicklung nachhaltiger Produktionsverfahren und die Vermeidung landwirtschaftlicher Umweltbelastungen können auf einer Vielzahl von Lösungsansätzen beruhen, von denen einige in Abb. 1 zusammengefasst sind.

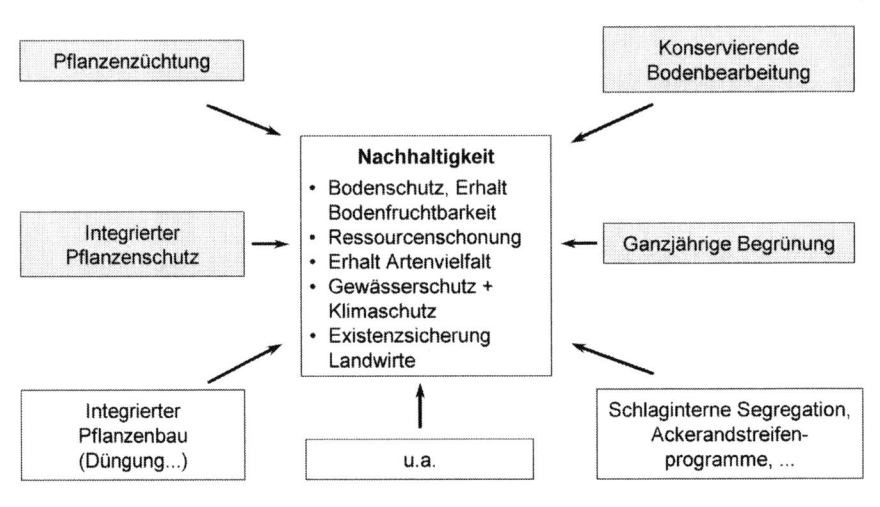

Abb. 1: Aspekte nachhaltiger Bewirtschaftungssysteme.

Die konservierende Bodenbearbeitung stellt in diesem Rahmen ein oft diskutiertes Verfahren dar, das bei unterschiedlichsten Bedingungen in der Landwirtschaft Anwendung findet. Kernpunkt ist der Verzicht auf die wendende Bodenbearbeitung, wodurch Ernterückstände bzw. Zwischenfrüchte zum Teil oder vollständig auf der Bodenoberfläche verbleiben. Die günstigen Effekte bestehen in der Minderung der Wind- und Wassererosion, einer geringeren Bodenverdichtung, der Stabilisierung der Bodenstruktur, der Förderung der Humusbildung und des Bodenlebens (Biodiversität) sowie im Gewässerschutz durch weniger Oberflächenabfluss von Pflanzenschutz- und Düngemitteln (Fawcett & Towery, 2002; ECAF, 1999; Deumlich et al., 2006). Nicht zuletzt werden auch Energie (aus fossilen Energieträgern), Arbeitszeit und Kosten eingespart. Allerdings birgt die verminderte Eingriffsintensität in den Boden generell auch neue Risiken wie eine Ertrags- und Qualitätsminderung, veränderte Unkraut- und Ungrasgesellschaften, den Anstieg von Schädlingspopulationen (z.B. Schnecken, Mäuse, Maiszünsler), einen höheren Krankheitsbefall und eine stärkere Mykotoxinbelastung sowie eine verstärkte Nährstoff- und Pflanzenschutzmittelverlagerung ins Grundwasser über einen höheren Anteil an Makroporen als Folge der oft höheren Regenwurmabundanzen.

Je nach Bewertung der einzelnen Punkte, die auch in Abhängigkeit von den natürlichen Standortbedingungen und den Produktionszielen variiert, kann man die konservierende Bodenbearbeitung somit in Bezug auf die Nachhaltigkeit des Systems durchaus kontrovers diskutieren. In den vergangenen Jahren hat sich jedoch der pfluglose Anbau in Deutschland ausgedehnt und nimmt derzeit etwa 20% der landwirtschaftlichen Nutzfläche ein. Wenn man sich also für dieses Verfahren entscheidet, dann sollten die pflanzenbaulichen Maßnahmen wie Fruchtfolge, Sortenwahl, Schädlingsbekämpfung und Herbizideinsatz darauf ausgerichtet sein, die negativen Effekte der konservierenden Bodenbearbeitung möglichst zu minimieren. Hierbei könnte der Anbau transgener herbizid- und insektenresistenter Sorten von Nutzen sein, insbesondere dann, wenn damit die konservierende Bodenbearbeitung auch längerfristig fortgesetzt werden kann.

Andreas Ulrich • Bernd Hommel • Regina Becker

3. ANBAU VON HERBIZIDRESISTENTEM MAIS BEI KONSERVIERENDER BODENBEARBEITUNG

Das wirtschaftlich bedeutende Sortenmerkmal „Herbizidresistenz" spielt auch in der klassischen Züchtung seit Jahrzehnten eine wichtige Rolle. Viele der in Deutschland zugelassenen Herbizide können nur deshalb im Nachauflauf angewandt werden, weil die Kulturpflanzen resistent dagegen sind (Schulte, 2005). Im Unterschied zur transgenen Herbizidresistenz erfolgt hier allerdings die Kulturverträglichkeit über das Screening entsprechender Wirkstoffe wobei die Resistenz zum Teil nur während bestimmter Entwicklungsstadien vorhanden ist. Wo die Kulturverträglichkeit nicht gegeben ist, wie eigentlich bei den Wirkstoffen Glyphosat und Glufosinat, muss die Anwendung vor der Aussaat oder spätestens vor dem Auflaufen der Kulturpflanze erfolgen. Das heißt, bisher bestand in diesen Fällen nur wenig Flexibilität in der Unkrautbekämpfung. Erst mit Hilfe gentechnischer Züchtungsverfahren gelang es, gezielt Kulturpflanzen an die seit mehreren Jahren in Anwendung befindlichen Breitbandherbizide Glyphosat, Glufosinat anzupassen. Dies erlaubt nun einen zeitlich flexiblen, von

Abb. 2: Differenzierte Bodendeckung nach der Ernte. Vergleich des Anbaus von konventionellem (links) und Glufosinat-resistentem (rechts) Mais - Versuche der BBA in Dahnsdorf 1996 bis 2004

den Entwicklungsstadien der Kulturpflanze unabhängigeren Herbizideinsatz, der an den aktuellen Verunkrautungsgrad und die Konkurrenzkraft des Kulturpflanzenbestandes angepasst werden kann.

Die gängige Praxis der Anwendung von mehreren Herbiziden in Maisbeständen in Deutschland führt aus der Sicht der Wirksamkeit in vielen Fällen zu „sauberen" Beständen über die gesamte Vegetationsperiode hinweg. Entscheidend hierfür sind jene Herbizide, die im Boden über einen längeren Zeitraum auf keimende Unkräuter wirken.

Demgegenüber ist das System mit herbizidresistenten Pflanzen dadurch gekennzeichnet, dass bei alleiniger ein- bis zweimaliger Anwendung des Komplementärherbizids (Glyphosat oder Glufosinat) nur diejenigen Unkräuter und Ungräser getroffen werden, die zum Zeitpunkt der Anwendungen aufgelaufen sind. Später auflaufende Pflanzen der Ackerbegleitflora im dann konkurrenzstarken Mais führen zu keinen wirtschaftlichen Schädigungen mehr. Sie tragen zum Erosionsschutz und zur Steigerung der Biodiversität bei. Auch in der mehrjährigen *Farm Scale Evaluation* in Großbritannien konnte diese Vorteilswirkung der Herbizidresistenz bei Mais gegenüber der konventionellen Herbizidanwendung sicher aufgezeigt werden (Heard et al., 2003). Puricelli & Tuesca (2005) konnten in mehrjährigen Erhebungen in Soja ähnlich wie im Mais nachweisen, dass die aufgrund der Herbizidresistenz mögliche Nachauflaufanwendung von Glyphosat die Dichte der nach der Herbizidanwendung neu aufgelaufenen Ackerbegleitflora gegenüber der herkömmlichen Vorauflaufanwendung signifikant erhöht. Die Diversität blieb hingegen unbeeinflusst.

Die ausschließliche Anwendung des Komplementärherbizids Glufosinat im herbizidresistenten Mais vermindert gegenüber dem konventionellen Vergleichssystemen die Anzahl der Wirkstoffe und die Wirkstoffmenge deutlich, wohingegen die Anzahl der Behandlungen (der Überfahrten) gleich bleibt oder steigt (Tab. 1). Die Unterschiede im Behandlungstermin, insbesondere in der FSE, demonstrieren eine größere Flexibilität bei der Unkrautbekämpfung für das Herbizidresistenzsystem. Damit verbunden ist, dass zur Zeit der Behandlung der Unkrautdeckungsgrad deutlich höher liegt als bei herkömmlichen Strategien und dadurch das Herbizid in viel geringerer Menge auf den Boden gelangt und dann über die Erosion abgetragen wird (Hommel et al., 2006, Champion et al., 2003).

Tab. 1: Vergleich der mittleren Intensität der chemischen Unkrautbekämpfung in Glufosinat-resistentem Mais (LibertyLink-System) und in konventionellem Mais mit standortüblicher Herbizidstrategie: Zusammenfassung der Langzeitversuche der BBA in Dahnsdorf und der Farm Scale Evaluations (FSE) in Großbritannien.

Standort	BBA, Dahnsdorf 1996 - 2004		FSE, UK 2000 - 2002	
System	LL-System	konventionelles System	LL-System	konventionelles System
Anzahl der Behandlungen	1,5	1,0	1,2	1,3
Anzahl der Wirkstoffe	1,3	2,4	1,3	2,2
Wirkstoffmenge [g/ha]	850	1.900	965	1.684
1. Applikation [d nach Aussaat]	26	24	36-42	0-7

4. ANBAU VON BT-MAIS BEI KONSERVIERENDER BODENBEARBEITUNG

Beim Maisanbau kann das Verbleiben der Stoppeln durch die nichtwendende Bodenbearbeitung nach der Ernte zu einem verstärkten Maiszünslerauftreten in der Anbauregion und einem erhöhten *Fusarium*-Befall innerhalb der Fruchtfolge, insbesondere bei Weizen, führen. Sowohl die direkten Schäden durch den Maiszünsler als auch die Sekundärinfektionen mit Fusarien sind verantwortlich für zum Teil erhebliche Ertrags- und Qualitätsminderungen der Ernteprodukte. Daher stellt das Unterpflügen und Einarbeiten der Stoppeln eine wichtige phytosanitäre Maßnahme im Maisanbau dar. Darüber hinaus kann die Bekämpfung des Maiszünslers im konventionellen und integrierten Pflanzenbau über ein Insektizid oder durch die in einigen Bundesländern subventionierte biologische Kontrolle mit der Schlupfwespe Trichogramma erfolgen. Diese beiden direkten Maßnahmen sind jedoch aufgrund der schwierigen Terminierung des optimalen Bekämpfungszeitpunktes, der Witterungsabhängigkeit und der kurzen Wirkdauer der Präparate oft nur begrenzt erfolgreich. So ist in den Befallsgebieten des Maiszünslers nicht selten zu beobachten, dass Landwirte trotz Überschreitung der Bekämpfungsschwelle auf eine direkte Maßnahme verzichten, auch weil bei der Durchfahrt im etwa 1,5 m hohen Mais weitere Schäden entstehen. Auch das prophylaktische Pflügen nach der Ernte ist auf einzelnen Standorten, wie z.B. den schwer bearbeitbaren Böden im Oderbruch, nicht in jedem Jahr möglich. Unter diesen Bedingungen kann es in verschiedenen Situationen problematisch sein, angemessen auf den Schädlingsbefall durch den Maiszünsler zu reagieren. Der Anbau des gegenüber dem Maiszünsler resistenten Bt-Maises stellt sich damit als wirksame Bekämpfungsalternative dar und trägt gleichzeitig zur Reduktion der Anwendung von Insektiziden bei (Abb. 3).

Abb. 3: Benachbarte Maisfelder einer konventionellen Sorte (links) mit starker Schädigung durch den Maiszünsler und eine Bt-Maissorte (rechts) ohne Schädigung trotz des sehr hohen Befallsdruckes über die Eiablage (Oderbruch, September 2000).

Besonders in den USA gibt es langjährige Erfahrungen beim Anbau von Bt-Mais. Der Anbau erfolgt seit 1996 mit stetigem Anstieg auf mittlerweile über 10 Mio. ha oder fast 30% der gesamten Maisanbaufläche. Erhebungen haben allerdings gezeigt, dass für etwa 80% der Anbaufläche nur geringe bis keine wirtschaftlich bedeutsamen Schädigungen durch den Maiszünsler zu erwarten sind (Benbrook, 2003; Abb. 4). Sankula et al. (2005) demonstrieren, dass während der letzten Dekade nur in etwa fünf von zehn Anbaujahren ein bekämpfungswürdiger Befall vorlag. Eine sichere Kalkulation des nächstjährigen Befalls auf der Grundlage der Elterngeneration im Herbst ist kaum möglich. Insbesondere die Herbst- und Wintermortalität der überwinternden Larven und der Verlauf des Falterschlupfes für eine Befallsregion sind nicht zu prognostizieren, um darauf aufbauend die Sortenwahl durchzuführen. Daher verwundert nicht, dass der Anbau von Bt-Mais – wie bei resistenten Sorten überhaupt - in vielen Fällen eine vorbeugende Maßnahme darstellt, wenngleich dies insbesondere in Anbe-

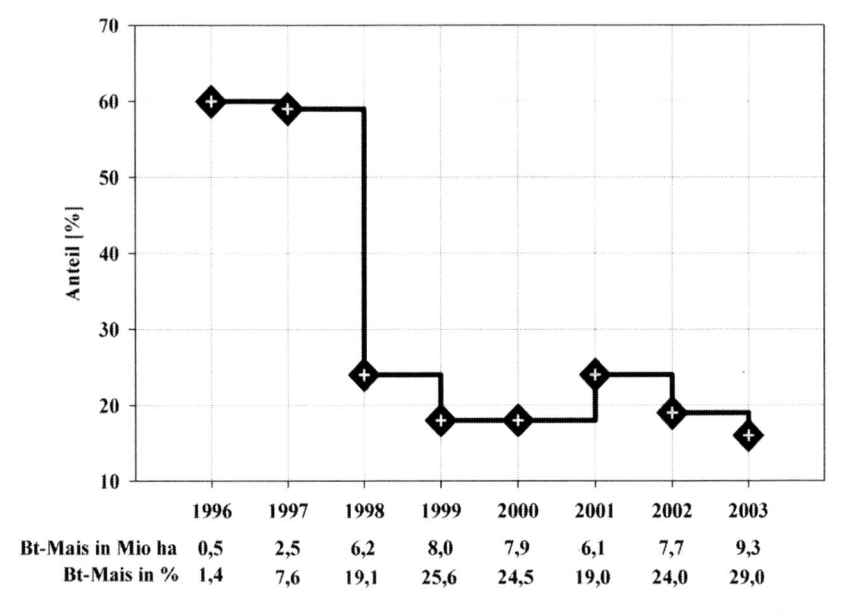

	1996	1997	1998	1999	2000	2001	2002	2003
Bt-Mais in Mio ha	0,5	2,5	6,2	8,0	7,9	6,1	7,7	9,3
Bt-Mais in %	1,4	7,6	19,1	25,6	24,5	19,0	24,0	29,0

Abb. 4: Geschätzter Anteil von Bt-Mais in den USA an der Fläche, die ohne Verfügbarkeit von Bt-Mais mit Insektizid gegen den Maiszünsler behandelt worden wäre (Benbrook, 2003).

tracht der möglichen Anpassung des Maiszünslers an das Bt-Toxin wenig optimal ist. Daher sollten neben Resistenzvermeidungsstrategien Anbaugebiete für Bt-Mais auf der Grundlage des Monitorings des Maiszünslers ausgewiesen werden, um so die Anpassung des Maiszünslers verhindern und damit die Bt-Maissorten möglichst lange nutzen zu können.

Die Nutzung des Bt-Maises besitzt nicht nur ein vergleichbar gutes Potential bei der Bekämpfung des Zünslers, sondern trägt auch wirksam zur Einsparung von Pflanzenschutzmitteln bei. So konnte im Jahr 2004 laut Schätzungen von Brookes & Barfoot (2005) der Einsatz von Insektiziden und Fungiziden (zur Bekämpfung von Sekundärinfektionen) um etwa 10% reduziert werden.

5. SCHLUSSFOLGERUNGEN

Die konservierende Bodenbearbeitung besitzt eine Reihe von Vorteilen und stellt einen wichtigen Aspekt der nachhaltigen Landwirtschaft dar. Die heute für die Landwirtschaft zur Verfügung stehenden herbizid- und insektenresistenten Sorten können wiederum ein wertvoller Bestandteil pfugloser Anbausysteme sein und fördern deren Anwendung und Ausweitung. Die Nutzung dieser Sorten bietet sich im Rahmen der konservierenden Bodenbearbeitung besonders bei der Kulturart Mais an. Sowohl die Anwendung von Breitbandherbiziden in herbizidresistentem Mais als auch der Anbau von Bt-Mais sollte unter Praxisbedingungen zu einer nennenswerten Reduzierung des Pflanzenschutzmitteleinsatzes und der damit verbundenen Risiken über die Substitution gefährlicherer Herbizide führen. Zum anderen werden durch den Verzicht auf das Pflügen auch fossile Energieträger und Kosten gespart. Betrachtet man den Ertrag und die Qualität der Ernteprodukte, dürfte insbesondere der Anbau von Bt-Mais bei vorhandenem Maiszünslerbefall von Vorteil sein, da hier im Vergleich zu konventionellen Bekämpfungsstrategien meist sicherere Bekämpfungsergebnisse und damit höhere Erträge und Qualitäten (weniger Mykotoxine) erzielt werden. Allerdings sollte sich der Bt-Maisanbau zur Vermeidung einer Resistenzentwicklung auf Gebiete mit stärkerem Befall bzw. auf Befallsregionen mit schwerer Bearbeitbarkeit des Bodens (z.B. Oderbruch) konzentrieren. Sind hingegen pfluglose Anbauverfahren nicht Gegenstand der landwirtschaftlichen Praxis, dann gibt es weniger gute Gründe für den Anbau dieser gentechnisch veränderten Maissorten in dieser Region.

LITERATUR

Allen, P., van Dusen, D., Lundy, J., Gliessmann, S. (1991): Expanding the definition of sustainable agriculture. J. Alternative Agricult. 6, 34-39.
Benbrook, C. (2003): Impacts of Genetically Engineered Crops on Pesticide Use in the United States: The First Eight Years. BioTech InfoNet Technical Paper Number 6, November 2003, (http://www.botanischergarten.ch/Maize/Benbrook-Technical_Paper_6.pdf).
Brookes, G., Barfoot. P. (2005): GM crops: the global socio-economic and environmental impact - the first nine years 1996-2004. PG Economics Ltd, UK, (www.pgeconomics.co.uk).
Champion G.T., May, M.J., Bennett, S., Brooks, D.R., Clark, S.J., Daniels, R.E., Firbank, L.G., Haughton, A.J., Hawes, C., Heard, M.S., Perry, J.N., Randle, Z., Rossall, M.J., Rothery, P., Skellern, M.P., Scott, R.J., Squire, G.R., Thomas, M.R. (2003): Crop management and agronomic context of the Farm Scale Evaluations of genetically modified herbicide-tolerant crops. Phil. Trans. R. Soc. Lond. B 358, 1801-1818.
Deumlich, D., Funk, R., Frielinghaus, M., Schmidt, W.-A., Nitzsche, O. (2006): Basics of effective erosion control in German agriculture. J. Plant Nutr. Soil Sci. 169, 370–381.
ECAF (1999): Konservierende Bodenbearbeitung in Europa: Umweltrelevante, ökonomische und EU politische Perspektiven. Informationsbroschüre der European Conservation Agriculture Federation und der Gesellschaft für Konservierende Bodenbearbeitung (GKB) e.V., 23 S.
Fawcett, R., Towery, D. (2002): Conservation tillage and plant biotechnology: How new technologies can improve the environment by reducing the need to plow. Conservation Technology Information Center, (www.ctic.purdue.edu).
Heard, M.S., Hawes, C., Champion, G.T., Clark, S.J., Firbank, L.G., Haughton, A.J., Parish, A.M., Perry, J.N., Rothery, P., Scott, R.J., Skellern, M.P., Squire G.R., Hill, M.O. (2003): Weeds in fields with contrasting conventional and genetically modified herbicide-tolerant crops. I. Effects on abundance and diversity. Phil. Trans. R. Soc. Lond. B 358, 1819–1832.
Hommel, B., Strassemeyer, J., Pallutt, B. (2006): Bewertung von herbizidresistenten Kulturpflanzen in Bezug auf das Reduktionsprogramm chemischer Pflanzenschutz - Auswertung eines 8-jährigen Dauerversuchs mit Glufosinat-resistentem Raps und Mais.

Zeitschrift für Pflanzenkrankheiten und Pflanzenschutz XX, 13-20.

Puricelli, E., Tuesca, D. (2005): Weed density and diversity under glyphosate-resistant crop sequences. Crop Protection 24, 533-542.

Sankula, S., Marmon, G., Blumenthal, E. (2005): Biotechnology-Derived Crops Planted in 2004 - Impacts on US Agriculture. National Center for Food and Agricultural Policy, Washington, (www.ncfap.org).

Schulte, M. (2005): Transgene herbizidresistente Kulturen. Gesunde Pflanzen 57, 37-46.

Potenzialanalyse eines Anbaus
von gentechnisch veränderten
Nutzpflanzen für periphere
ländliche Räume
in Nordostdeutschland

Anke Serr • Inge Broer

9

ZUSAMMENFASSUNG

Beständig sinkende Ausgleichszahlungen und Erzeugerpreise sowie regional bevorstehende gravierende klimatische Veränderungen stellen Landwirte in Deutschland vor immer neue Herausforderungen. Zukünftig ist die Landwirtschaft, insbesondere auf Grenzstandorten, in hohem Maße auf neue Pflanzensorten mit großer Ertragssicherheit und hoher Wirtschaftlichkeit angewiesen. Im Rahmen der interdisziplinären Arbeitsgruppe „Zukunftsorientierte Nutzung ländlicher Räume – LandInnovation" der Berlin-Brandenburgischen Akademie der Wissenschaften (BBAW) bearbeitet das Cluster ‚Pflanzen mit neuartigen Eigenschaften' für eine Untersuchungsregion in Nordostdeutschland die Frage, ob neuartige Pflanzen innerhalb der nächsten 20 Jahre einen Beitrag zur Lösung dieser Problematik sein können. Neben der Erfassung des Bedarfs in der Region und der anbautechnischen Möglichkeiten durch eine Befragung der Landwirte wird – unter Einbeziehung einer großen Anzahl von Experten – das mögliche Angebot neuartiger Pflanzen sowie deren Wirtschaftlichkeit und ihr Beitrag zu einer umweltgerechten Landwirtschaft analysiert.

1. ZUKUNFTSORIENTIERTE NUTZUNG PERIPHERER LÄNDLICHER RÄUME

Mit der Reform der Gemeinsamen Agrarpolitik (GAP) in Form der Agenda 2000 kamen auf deutsche Landwirte tief greifende Neuerungen zu. Auf Grenzstandorten, die bereits mit einem hohen Produktionsrisiko belastet sind, wird sich die Wirtschaftlichkeit der Pflanzenproduktion durch die Beschlüsse der Agenda 2000 weiter verschlechtern (VIETINGHOFF, 2000). Hinzu kommt, dass Grenzstandorte meist in sensiblen Landschaftsbereichen liegen, in denen eine intensive agrarische Produktion nur mit Einschränkungen möglich ist. Diese Standorte liegen häufig in waldreichen Gebieten und sind durch ihre Lage in Landschafts- oder Naturschutzgebieten entweder strengen Restriktionen unterworfen oder sind in ländlich-peripheren Räumen anzutreffen, wobei die Flächen lt. GIENAPP (1999) geringe Bodengüte und somit ein niedriges Ertragsniveau aufweisen. HEILMANN et al. (2003) führen an, dass auf Basis von Modellrechnungen, allein für Mecklenburg-Vorpommern durch die Änderungen der EU-Agrarpolitik in der Landwirtschaft im Jahr 2008 mit Einkommensverlusten in Höhe von ca. 152 Mio. EUR zu rechnen sein wird, sollten alle Beschlüsse beibehalten werden. Um weiterhin eine wirtschaftlich nachhaltige Nutzung insbesondere von Grenzstandorten in den peripheren ländlichen Räumen der Untersuchungsregion zu ermöglichen, ist es dringend erforderlich, neue Nutzungskonzepte, unter Berücksichtigung des konkurrierenden Bedarfs an Flächen für die Produktion von Lebensmitteln und nachwachsenden Rohstoffen, zu entwickeln.

Mit dem Begriff ländlich-peripherer Raum wird ein Gebietstyp bezeichnet, der kumulative Benachteiligungen – dünne Besiedlung, schwere Erreichbarkeit urbaner Zentren, geringe Infrastrukturausstattung, große Bedeutung der Landwirtschaft und geringe Industriedichte, aufweist. Anzutreffen sind diese Problemlagen, lt. BEETZ und NEU, vor allem in Ostdeutschland, wo eine weitere Zuspitzung der Situation zu erwarten ist (2005). Gegenwärtige Tendenzen deuten jedoch an, dass für den derzeit überwiegend verlustbehafteten ländlichen Raum neue Perspektiven durch Visionen möglich sind. Zurzeit lassen sich nach BEETZ und NEU drei Trends im Umgang mit Peripherisierungsprozessen ländlicher Räume erkennen: 1. neue Kommunikationstechnologien (insbesondere E-Government), 2. Selbsthilfe und 3. Innovationsfähigkeit (2005).

1.1 Kurzcharakterisierung der Untersuchungsregion

Beispielhaftes Untersuchungsgebiet ist die Region Barnim, Uckermark und Uecker-Randow, die als besonders repräsentativ für das nordostdeutsche Tiefland eingestuft wird. Im Folgenden wird kurz auf die sozioökonomische Problematik, Besonderheiten der Flächennutzung sowie die klimatische und phytopathologische Situation der Untersuchungsregion eingegangen.

1.1.1 Sozioökonomische Situation und Flächennutzung in der Untersuchungsregion

WEITH (2005) erwartet für die ländlich-peripheren Regionen Nordostdeutschlands eine Verschlechterung der ökonomischen, sozialen und teilweise auch umweltbezogenen Rahmenbedingungen. Insbesondere hebt er hervor, dass u. a. folgende Einflussfaktoren für die ländlich-peripheren Regionen Nordostdeutschlands von Bedeutung sind: starker Rückgang der absoluten Bevölkerungszahlen, problembehaftete wirtschaftliche Entwicklung, Reduzierung der Fördermittel durch die EU in den Bereichen Strukturpolitik und Landwirtschaft sowie negative Entwicklung des Arbeitsmarktes.

In Mecklenburg-Vorpommern wird lt. MINISTERIUM FÜR ARBEIT, BAU UND LANDESENTWICKLUNG (2005) die Einwohnerzahl nach den Ergebnissen der 3. Landesprognose bis 2020 kontinuierlich abnehmen. Für den Uecker-Randow-Kreis wird eine Abnahme um über 28.000 Einwohner, von 81.632 (2002) auf 53.597 (2020) prognostiziert. Dies entspricht einem Rückgang von nahezu 35 %. Brandenburg ist nach Mecklenburg-Vorpommern das Bundesland mit der zweitniedrigsten Bevölkerungsdichte. Es wird angenommen, dass ein Rückgang von 7 % bis zum Jahr 2020 zu verzeichnen sein wird (ANONYM, 2005). Hierbei ist jedoch zu berücksichtigen, dass es starke regionale Unterschiede gibt. Im Barnim werden die Bevölkerungszahlen bis 2015 um bis zu 19 % zulegen, in der Uckermark dagegen um ca. 18 % abnehmen (LUA, 2001). Die Nutzung der Flächen in den drei zu untersuchenden Landkreisen ist, was die Verwendung für Landwirtschaft oder Waldbau anbelangt, sehr unterschiedlich. Tabelle 1 verdeutlicht die Flächenverteilung bezüglich der einzelnen Nutzungsschwerpunkte.

Tabelle 1: Flächennutzung in der untersuchten Region (Angaben in %)

Landkreis	Landwirtschaft	Wald	Siedlung	Verkehr	Wasser	sonstige Flächen
Barnim	36	45	5	4	5	3
Uckermark	63	22	3	2	5	4
Uecker-Randow	51	32	3	2	10	0,2

Quellen: LUA (2001); Statistisches Landesamt Mecklenburg-Vorpommern (2004)

Wie aus Tabelle 1 zu entnehmen, nimmt sowohl in der Uckermark als auch in Uecker-Randow die Landwirtschaft einen Großteil der Flächen ein. Barnim hat aufgrund der geringen Landwirtschaftsflächen und niedrigen Bodenwertzahlen nur einen kleinen Anteil an der Bruttowertschöpfung Brandenburgs. Uckermark erreicht hingegen, auch bedingt durch Effekte aus der chemischen Industrie, die höchsten Anteile an der Bruttowertschöpfung. Wobei der Anteil der Landwirtschaft, ähnlich wie im Barnim, lediglich 2 % beträgt. Indessen erbringt die Land- und Forstwirtschaft in der Uckermark mit über 11 % den höchsten Wertanteil am gesamten Landwirtschaftsergebnis von allen Landkreisen (LUA, 2001).

Der Anteil der Landwirtschaftsbeschäftigten ging im Barnim und in der Uckermark, infolge vieler „Freisetzungen" vor 1993 drastisch zurück (LUA, 2001). Auch in Uecker-Randow ging die Anzahl der in Land- und Forstwirtschaft Erwerbstätigen von über 16 % (1991) auf ca. 7 % im Jahr 1993 zurück (STATISTISCHES AMT, 2006). Aufgrund der voraussichtlich weiter sinkenden wirtschaftlichen Investitionen und Beschäftigungszahlen sind Landwirtschaft und nachgelagerte Bereiche, ins-besondere in Uecker-Randow aber auch in der Uckermark, weithin wichtige Arbeitgeber. Um dem negativen Trend der Bevölkerungsentwicklung in den untersuchten peripheren ländlichen Räumen entgegenzuwirken und die verbliebenen Arbeitsplätze in der Landwirtschaft zu sichern, muss die Rentabilität der Landwirtschaft, insbesondere auf Grenzstandorten, dringend erhöht werden.

1.1.2 Klimatische und phytopathologische Situation in der Untersuchungsregion

Mit einer Jahresniederschlagssumme deutlich unter 600 mm gehört Brandenburg zu den trockensten Regionen Deutschlands (GERSTENGARBE et al., 2003). In den letzten Jahrzehnten war ein deutlicher Rückgang der Sommerniederschläge und eine leichte Zunahme der Winterniederschläge zu verzeichnen. In den nächsten 50 Jahren wird sich diese Situation durch Zunahme der Sonnenscheindauer und Abnahme der Bewölkung bei anhaltendem Rückgang der Niederschläge noch verschärfen. Hinsichtlich Niederschlagsrückgang wird um das Jahr 2050 ein Gebietsmittel unter 450 mm erwartet (GERSTENGARBE et al., 2003). Die vorhergesagten klimatischen Veränderungen werden Auswirkungen auf landwirtschaftliche Kulturpflanzen und die Agrarökosysteme bzw. -produktion insgesamt haben, wobei der Wassermangel, dort wo er auftritt, die am stärksten wachstumshemmende Klimawirkung sein wird (WEIGEL, 2005). Darüber hinaus war in den letzten Jahren ein vermehrter Krankheits- und Schädlingsbefall in der Untersuchungsregion zu verzeichnen. Im Landkreis Uecker-Randow mussten in der Vergangenheit beim Anbau von konventionellen Maissorten besonders hohe Ernteausfälle in Folge von Befall durch Maiszünsler hingenommen werden. Die warmen feuchten Winter mit teilweise starken Niederschlägen erhöhen das Befallsrisiko mit Pilzen was wiederum zu einem Anstieg an Mycotoxinen im Erntegut führen kann (UMWELT BUNDESAMT, 2005). Daraus lässt sich eindeutig ein Bedarf an Kulturpflanzen mit erhöhter Resistenz gegen abiotische und biotische Stressfaktoren ableiten, denn nur bei gesicherten Erträgen ist die Landwirtschaft in peripheren ländlichen Regionen auch zukünftig wirtschaftlich und es müssen keine Flächen aufgegeben werden.

2. OPTIONEN FÜR PERIPHERE LÄNDLICHE RÄUME DURCH PFLANZEN MIT NEUARTIGEN EIGENSCHAFTEN

Das Projektziel des Clusters ‚Pflanzen mit neuartigen Eigenschaften' ist es, zu untersuchen, ob es zukünftig neuartige Pflanzen geben wird, die zur Inwertsetzung der Untersuchungsregion beitragen können indem sie es ermöglichen eine Landwirtschaft zu etablieren, die sich innerhalb der nächsten 20 Jahre möglichst subventionsfrei, ökonomisch, ökologisch und dabei sozial vertretbar entwickelt. BIRKENHAUER (1994) versteht unter Inwertsetzung u. a. einen Prozess, in dem die ausgestaltete Kulturlandschaft zu einem bestimmten Zeitpunkt als Summe der insgesamt geleisteten Arbeit anzusehen ist. Dies impliziert, dass dieser Prozess die Beteiligung vieler Disziplinen erfordert. Das Cluster ‚Pflanzen mit neuartigen Eigenschaften' setzt sich daher aus insgesamt 10 Wissenschaftlern zusammen, die auf den unterschiedlichsten Fachgebieten – Molekularbiologie, Ökonomie, Agrarwissenschaften, Ökologie, Lebensmittelqualität und Biologische Sicherheit – arbeiten.

2.1 Neuartige Pflanzen: Züchtung, grüne Gentechnik und ihre Einsatzmöglichkeiten

Den Begriff ‚Pflanzen mit neuartigen Eigenschaften' definiert das Cluster als landwirtschaftliche Kulturpflanzen deren Primär- und/oder Sekundärstoffwechsel durch Züchtung, Gentechnik oder andere Verfahren so modifiziert wurde, dass sie eine verbesserte Nutzbarkeit besitzen. Der Mensch nutzt seit Jahrtausenden Pflanzen und passt sie durch Züchtung an seine Erfordernisse an. Wichtigstes Verfahren bei der Erstellung neuer Pflanzensorten ist nach wie vor die klassische Züchtung (MENRAD et al., 2003). Während jedoch die Kreuzung von Pflanzen im Wesentlichen auf nahverwandte Arten begrenzt ist, ermöglicht die Gentechnik zielgerichtet bestimmte Gene einzuführen und dadurch die Eigenschaften von Pflanzen zu verändern. Dabei ist auch der Gentransfer zwischen auf natürlichem Wege nicht kreuzbaren Arten möglich. Vorteil der grünen Gentechnik ist somit, dass die gewünschten Merkmale schneller und gezielter in Pflanzen eingebracht werden können, als mit klassischen Verfahren (MENRAD et al., 2003). Vorrangiges Ziel der grünen Gentechnik ist die Erzeugung von Pflanzen mit verbesserten Eigenschaften. Dazu zählen Resistenzen bzw. Toleranzen (input traits), verbesserte Inhaltsstoff-Zusammensetzung und die Optimierung des Stoffwechsels zur Erhöhung der Erträge (output traits).

Ein wichtiger Ansatz zur Verbesserung der Pflanzenproduktion in der Untersuchungsregion ist die Reduzierung der Aufwandmenge von Pflanzenschutzmitteln bei gleichzeitig verminderter Bodenbearbeitung und verringertem Einsatz anderer Betriebsmittel (z. B. Kraftstoff) sowie das Mulchen, um die Struktur und den Wasserhaushalt der Böden zu verbessern. Für die Verwirklichung dieser Strategie werden herbizid- und/oder insektenresistente Nutzpflanzen benötigt, die häufig nur mit Hilfe der Gentechnik erzeugt werden können. Weitere wesentliche Voraussetzung für die Sicherung der trockenen Standorte im Untersuchungsgebiet sind trockentolerante Nutzpflanzen. Pflanzen mit input traits, deren agrarische Eigenschaften verändert wurden, sind allerdings nicht ausreichend, um peripheren Regionen eine langfristige Perspektive zu geben. Für die Region sind Pflanzen mit so genannten output traits von besonderem Interesse. Dies gilt vor allem für den Bereich der nachwachsenden Rohstoffe, sofern sie wirtschaftlich produziert werden können, so dass eine Subventionierung nicht mehr erforderlich ist. Die Gentechnik bietet hier Möglichkeiten Pflanzen mit veränderter Fettsäure- oder Stärkezusammensetzung, aber auch solche mit völlig neuartigen Inhaltsstoffen wie Biopolymeren oder Medikamenten, zu erzeugen.

2.2 VERWENDETE METHODIK

Zur Umsetzung des Projektziels erfolgte im ersten Schritt die Ermittlung des Bedarfs der Haupterwerbslandwirte an Pflanzen mit neuartigen Eigenschaften in Form einer schriftlichen Befragung (vgl. auch Abbildung 1). In einem weiteren Schritt wurden Experten zu dem möglichen Angebot an neuartigen Pflanzen befragt. Dem Abgleich von Bedarf und Angebot

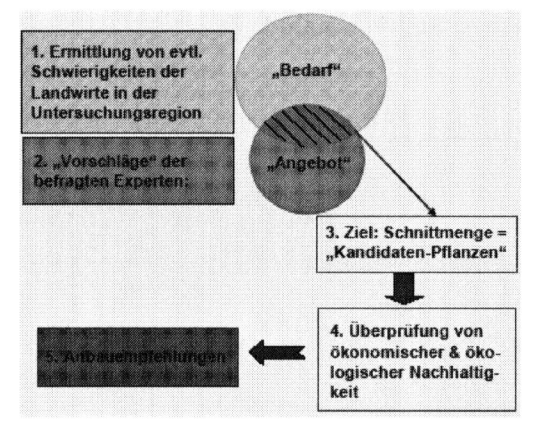

Abb. 1: Schema zur Umsetzung des Projektziels

folgte die Festlegung so genannter „Kandidaten-Pflanzen", die für einen Anbau in der Region innerhalb der nächsten 20 Jahre voraussichtlich zur Verfügung stehen. Nach Überprüfung der biologischen Sicherheit werden mit den verbliebenen Kandidaten-Pflanzen im 4. Schritt Deckungsbeiträge optimierter Fruchtfolgen für die unterschiedlichen Standorte der Region berechnet. Im 5. und letzten Schritt erfolgt die Abgabe von Anbauempfehlungen.

Da es unter wirtschaftlichen Gesichtspunkten vorteilhaft ist, Pflanzen mit neuartigen Eigenschaften einzusetzen, für welche die notwendige Agrartechnik bereits vorhanden ist, wurde auf Grundlage von Datenmaterial der beiden Statistischen Landesämter die Tabelle 2 zusammengestellt.

In dieser Tabelle sind die wichtigsten Kulturarten aufgeführt, deren Bedeutung in den zu untersuchenden Landkreisen aus den aufgeführten Anbau-

Kulturpflanze	Barnim	Uckermark	Uecker-Randow
Getreide			
Winterweizen (ohne Durum)	3.957	45.991	13.757
Roggen	6.308	8.464	6.356
Wintergerste	2.726	15.603	5.741
Triticale	5.194	7.060	2.477
Körnermais (einschl. CCM)	443	1.708	84
Hackfrüchte			
Silomais	3.057	8.197	5.959
Mittelfrühe und späte Kartoffeln	103	126	346
Zuckerrüben	296	4.201	1.186
Ölfrüchte			
Winterraps	3.735	25.522	10.127
Raps und Rübsen zusammen	4.216	27.801	10.495

flächen ersichtlich wird.

Tabelle 2: Anbauflächen wichtiger Kulturpflanzen in der Untersuchungsregion (Angaben in ha)
Quellen: Landesbetrieb für Datenverarbeitung und Statistik, Potsdam (2005/1); Statistisches Landesamt Mecklenburg-Vorpommern (2004).

Aus Tabelle 2 lassen sich eindeutige Präferenzen hinsichtlich bestimmter Kulturarten ableiten. Bei Getreide dominiert eindeutig der Anbau von Winterweizen und bei den Hackfrüchten ist der Silomais von größerer Bedeutung als die Zuckerrübe. Hinsichtlich Ölfruchtanbau ist Winterraps die Kulturart, die auf dem größten Teil der Flächen angebaut wird.

Zur Befragung der Haupterwerbslandwirte, mit einer bewirtschafteten Fläche von jeweils mindestens 100 Hektar, wurde ein Fragebogen ausgearbeitet. Mit Hilfe dieses Fragebogens wurden Daten zur Ortslage und den betriebswirtschaftlichen Daten der Betriebe sowie zu möglichen Schwierigkeiten der Betriebe bei der Pflanzenproduktion und beim Feldfutterbau ermittelt. Bei der Befragung wurden auch Anbauflächen auf Betriebsebene erfasst, so dass die Angaben aus Tabelle 2 durch eigene Daten möglicherweise gestützt werden. Der Kontakt zu den Landwirten in den drei zu untersuchenden Landkreisen wurde durch den Bauernverband (Uecker-Randow) bzw. durch die Landwirtschafts- und Umweltämter (Barnim und Uckermark) hergestellt. Die Fragebögen wurden im Rahmen von Informationsveranstaltungen der jeweiligen Institutionen an die Haupterwerbslandwirte verteilt. Dabei wurde ein Umschlag übergeben, der neben dem Fragebogen und einem Anschreiben auch einen adressierten und mit dem Stempel „Gebühr zahlt Empfänger" versehenen Rückumschlag enthielt. Darüber hinaus war ein neutraler Umschlag enthalten, in den ein separates Blatt mit der Adresse eingelegt werden konnte, falls Interesse an den Ergebnissen der Befragung bestand.

Von den in der untersuchten Region überwiegend angebauten Kulturarten (vgl. Tabelle 2) stehen zurzeit lediglich für Weizen, Gerste, Roggen, Mais, Raps, Kartoffel und Zuckerrübe Transformationsverfahren zur Verfügung. Welche transgenen Pflanzen derzeit in der EU eine Zulassung für den Anbau haben bzw. deren Zulassung bald zu erwarten sein wird, ist aus der folgenden Tabelle 3 zu entnehmen. Diese Pflanzen werden somit in den nächsten Jahren voraussichtlich für einen EU-weiten Anbau zur Verfü-

Kulturpflanze	Merkmal	Stand der Zulassung
Mais	Insektenresistenzen	Fortbestand einer früheren Zulassung nach alten Rechtsvorschriften
Mais	Herbizidresistenz	Fortbestand einer früheren Zulassung nach alten Rechtsvorschriften
Raps	Herbizidresistenz (einschl. männliche Sterilität)	Fortbestand einer früheren Zulassung nach alten Rechtsvorschriften
Mais	Herbizidresistenz	Zulassungsantrag eingereicht
Mais	Insektenresistenz	Zulassungsantrag eingereicht
Mais	Herbizid- und Insektenresistenz	Zulassungsantrag eingereicht
Raps	Herbizidresistenz	Zulassungsantrag eingereicht
Raps	Pollensterilität	Zulassungsantrag eingereicht
Raps	Herbizidresistenz und Pollensterilität	Zulassungsantrag eingereicht
Soja	Herbizidresistenz	Zulassungsantrag eingereicht
Zuckerrübe	Herbizidresistenz	Zulassungsantrag eingereicht
Kartoffel	veränderte Stärke	Sicherheitsbewertung abgeschlossen

gung stehen.

Tabelle 3: Derzeit für einen Anbau in der EU zugelassene oder für die Zulassung beantragte transgene Kulturpflanzen
Quelle: www.transgen.de (Stand: 25.7.2006)

In den nächsten Jahren werden demnach im Wesentlichen Mais- und Rapspflanzen mit Herbizid- und/oder Insektenresistenz auf dem Saatgutmarkt erhältlich sein. In naher Zukunft werden jedoch darüber hinaus weitere transgene Pflanzen verfügbar sein. Bei Mais wird z. B. an der Trockentoleranz sowie an der Anreicherung der Aminosäuren Lysin, Methionin und Tryptophan gearbeitet. Beim Raps sind, zusätzlich zur männlichen Sterilität für die Erzeugung von Hybridsorten, veränderte Fettsäuremuster, z. B. mehrfach ungesättigte Fettsäuren, von Interesse. Bei der Zuckerrübe stehen Virus-, Nematoden- und Pilzresistenzen, die Produktion von Bioplastik, die Verbesserung der Lagerfähigkeit sowie die Reduzierung der Amino-Stickstoffe im Mittelpunkt. Darüber hinaus gibt es für alle bedeutenden Nutzpflanzen ein großes Interesse an erhöhter Trockentoleranz und Steigerung der Biomasseproduktion. Es wird zu prüfen sein, ob das

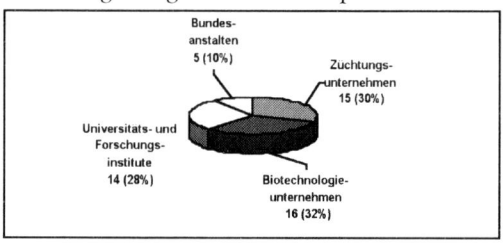

Abb. 2: Verteilung der 50 Experten auf die einzelnen Fachbereiche

hier genannte Angebot an Pflanzen mit neuartigen Eigenschaften, die voraussichtlich innerhalb der nächsten 20 Jahre für einen Anbau in Deutschland zugelassen sind, um weitere Pflanzen ergänzt werden kann.

Die Ermittlung von Daten zum zukünftigen Angebot an Pflanzen mit neuartigen Eigenschaften erfolgte in Form telefonischer Experten-Interviews anhand eines Gesprächsleitfadens. Wichtigste Voraussetzung für die Auswahl der Experten waren deren Erfahrungen im Bereich der Erstellung oder Kenntnisse über die mögliche zukünftige Präsenz neuartiger Pflanzen auf dem deutschen Saatgutmarkt. Ferner waren das Vorhandensein von Kontaktadresse und Telefonnummer erforderlich. Die Auswahl der zu befragenden Experten erfolgte hauptsächlich über Internet-Recherche. Ingesamt wurden 50 Experten angeschrieben und um Mithilfe gebeten. Zudem wurde mitgeteilt, dass in den nächsten Tagen ein Anruf erfolgt, bei dem nachgefragt wird, ob die Experten bereit sind, einen Termin für das telefonische Interview zu vereinbaren. Aus der Abbildung 2 ist die Verteilung der Experten auf die einzelnen Fachbereiche ersichtlich. Der Gesprächsleitfaden wurde so konzipiert, dass ein einheitliches und dennoch individuelles Gespräch möglich war, bei dem alle notwendigen Informationen von den Experten erhalten wurden.

Auf Basis aller bisher gesammelten Daten wurde eine Auswahl an möglichen, biologisch sicheren neuartigen Pflanzen getroffen, die einen Beitrag zu einer nachhaltigen Bewirtschaftung der Flächen leisten können. Eine wichtige Vorüberlegung dabei ist, dass gentechnisch veränderte Nutzpflanzen, insbesondere solche mit input traits, trotz Mehrkosten für das Saatgut, durch Einsparungen bei den Betriebsmitteln, dem Landwirt einen eindeutigen ökonomischen Vorteil bieten müssen, da sonst der Anbau unterbleibt. Inwieweit Einsparungen möglich sind und sich der Anbau rentiert, wird durch Berechnung von Deckungsbeiträgen zu ermitteln sein. Dazu erfolgt die Erstellung von konventionellen Fruchtfolgen, die für die Region und deren unterschiedliche Standorte zweckmäßige Fruchtfolgeglieder aufweisen. Die ökonomische Nachhaltigkeit dieser Fruchtfolgen wird mit Hilfe der KTBL-Datensammlung und des Programms REPRO der Universität Halle geprüft. Durch Ersatz unwirtschaftlicher Fruchtfolgeglieder durch Kulturen, die aufgrund ihrer neuartigen Eigenschaft eine hohe Wirtschaftlichkeit erlangen, soll die Wirtschaftlichkeit der Fruchtfolgen verbessert werden. Dabei können auch Kulturen in die Fruchtfolgen aufgenommen werden, die vor ihrer Modifikation aus wirtschaftlichen Gründen nicht für einen Anbau in der Region in Frage kamen. Auf diese Weise entsteht ein Ranking an unterschiedlichen Fruchtfolgegliedern, deren Rang anhand ihrer Wirtschaftlichkeit definiert wird. Die Kulturen am unteren Ranking-Ende fallen, aufgrund ihrer Unwirtschaftlichkeit, aus den Fruchtfolgen heraus. Die verbliebenen Pflanzen werden erneut einer Analyse bezüglich ihrer ökologischen Nachhaltigkeit unterzogen. Dies schließt die Betrachtung der denkbaren negativen wie positiven Auswirkungen auf Umwelt und Verbraucher mit ein. Pflanzen, deren Nutzung nach bisheriger Kenntnis als ökonomisch und ökologisch nachhaltig zu betrachten sind, werden in unterschiedliche Anbauszenarien einbezogen, die gemeinsam mit den anderen Clustern der interdisziplinären Arbeitsgruppe ‚LandInnovation' entwickelt werden, um auch die sozialen Auswirkungen mit einzubeziehen. Abschließend sollen den Landwirten der

Untersuchungsregion standortspezifische Fruchtfolgen für eine wirtschaftlich-ökologisch nachhaltige Pflanzenproduktion in Form von Anbauempfehlungen unterbreitet werden.

3. AUSBLICK

Welche finanziellen und ökologischen Vorteile der Anbau von Pflanzen mit neuartigen Eigenschaften für die ländlich-peripheren Räume in der Untersuchungsregion bringen wird, lässt sich momentan noch nicht endgültig abschätzen. Es kann jedoch angenommen werden, dass Pflanzen mit neuartigen Eigenschaften, insbesondere solche mit Trockentoleranz und verbesserten Inhaltsstoffen, wichtige neue Optionen für Landwirte auf Grenzstandorten darstellen um Arbeitsplätze und damit Einkommen zu sichern und auch den Erhalt der Kulturlandschaftsflächen zu gewährleisten.

LITERATURVERZEICHNIS

Anonym (2005) Endbericht: Analyse zur sozioökonomischen Lage im Land Brandenburg – Handlungsempfehlungen zum Einsatz der EU-Strukturfonds 2007-2013. An das Ministerium für Wirtschaft im Land Brandenburg. SÖSTRA, Regionomica, SLS.
Beetz, S.; Neu, C. (2005) Demographischer Wandel und politische Handlungsfelder im ländlichen Raum. Mitteilungen der Deutschen Gesellschaft für Demographie e. V., 4 (7): 5-6.
Birkenhauer, J. (1994) Inwertsetzung – ein zentraler geographischer und geographie-didaktischer Begriff? Einige Bemerkungen zur Geschichte des Begriffes. Geographie und ihre Didaktik, Hochschulverband für Geographie und ihre Didaktik, 22 (3): 117-130.
Gerstengarbe, F.-W.; Badeck, F.; Hattermann, F.; Krysanova, V.; Lahmer, W.; Lasch, P.; Stock, M.; Suckow, F.; Wechsung, F.; Werner, P. C. (2003) Studie zur klimatischen Entwicklung im Land Brandenburg bis 2055 und deren Auswirkungen auf den Wasserhaushalt, die Forst- und Landwirtschaft sowie die Ableitung erster Perspektiven. PIK-Report 83. Potsdam-Institut für Klimafolgenforschung e. V..
Gienapp, Ch. (1999) Grenzstandorte – eine flächendeckende und nachhaltige Landbewirt-

schaftung ist möglich. Mitteilungen der Landesforschungsanstalt für Landwirtschaft und Fischerei Mecklenburg-Vorpommern Heft 20, Gülzow.

Heilmann, H.; Annen, T.; Lehmann, E. (2003) Auswirkungen der geplanten Änderungen der EU-Agrarpolitik zur Halbzeitbewertung der Agenda 2000. Mitteilungen der Landesforschungsanstalt für Landwirtschaft und Fischerei Mecklenburg-Vorpommern Heft 28, Gülzow.

Menrad, K.; Gaisser, S.; Hüsing, B.; Menrad, M. (2003) Gentechnik in der Landwirtschaft, Pflanzenzucht und Lebensmittelproduktion (Stand und Perspektiven) Physica-Verlag, Heidelberg.

Ministerium für Arbeit, Bau und Landesentwicklung (2005) Bevölkerungsentwicklung in den Kreisen bis 2020, Raumentwicklung in Mecklenburg-Vorpommern: 11, Schwerin.

Landesbetrieb für Datenverarbeitung und Statistik (2005/1) Beitrag zur Statistik. Landwirtschaft im Land Brandenburg 1991 bis 2003. Landesbetrieb für Datenverarbeitung und Statistik Land Brandenburg, Potsdam.

Landesbetrieb für Datenverarbeitung und Statistik (2005/2) Statistische Berichte. Erwerbstätige im Land Brandenburg – Kreisfreie Städte und Landkreise. Landesbetrieb für Datenverarbeitung und Statistik Land Brandenburg, Potsdam.

LUA (2001) Brandenburg regional 2001 Landkreise und kreisfreie Städte. Landesumweltamt Brandenburg, Potsdam.

Statistisches Landesamt Mecklenburg-Vorpommern (2004) Statistische Berichte, Struktur der Bodennutzung in Mecklenburg-Vorpommern. Statistisches Landesamt Mecklenburg-Vorpommern, Schwerin.

Statistisches Amt (2006) Statistische Berichte. Erwerbstätige nach Wirtschaftsbereichen in den kreisfreien Städten und Landkreisen Mecklenburg-Vorpommerns 1991 bis 2004. Statistisches Amt Mecklenburg-Vorpommern, Schwerin.

Umwelt Bundesamt (2005) Hintergrundpapier: Klimafolgen und Anpassung an den Klimawandel in Deutschland – Kenntnisstand und Handlungsnotwendigkeiten.

Vietinghoff, J. (2000) Agrarkonzept 2000. Perspektiven der landwirtschaftlichen Nutzung auf Grenzstandorten. Ministerium für Ernährung, Landwirtschaft, Forsten und Fischerei (unter Mitarbeit der Landesforschungsanstalt für Landwirtschaft und Fischerei Mecklenburg-Vorpommern), Schwerin.

Weigel, H. J. (2005) Gesunde Pflanzen unter zukünftigem Klima. Wie beeinflusst der Klimawandel die Pflanzenproduktion? Gesunde Pflanzen 57: 6-17.

Weith, T. (2005) Szenarien zur Entwicklung ländlich-peripherer Regionen Nord-Ostdeutschlands (Working Paper). Akademie für Raumforschung und Landesplanung (Hg.) Umbau von Städten und Regionen, Hannover.

Internetquelle:
www.transgen.de

Kompatibilität von Agro-Gentechnik und Integrierter Regionalentwicklung in peripheren ländlichen Räumen

Doris Pick

10

ZUSAMMENFASSUNG

Landwirtschaftliche Produktionsweisen und Anbauintensitäten beeinflussen eine Vielzahl von Charakteristika und Funktionen ländlicher Räume und finden daher als Festschreibungen Eingang in ländliche Entwicklungsprojekte. Integrierte Regionalentwicklung ist dabei grundsätzlich langfristig angelegt. Ihr intergenerativer Charakter ist neben ihrer ökologischen, ökonomischen und sozialen Ausgewogenheit ein bedeutender Aspekt der ihr innewohnenden Nachhaltigkeit. Zukunftsfähige Regionalentwicklung ist zudem nur unter Berücksichtigung des Kreativitätspotentials von Menschen, Natur und Landschaft vor Ort dauerhaft möglich. Sie setzt an den regionalen Problemen oder Chancen an und versucht diese unter Einbeziehung regionaler Ziele und Leitbilder zum dauerhaften Nutzen für die Region weiterzuentwickeln.

Im vorliegenden Beitrag werden ausgewählte Beispiele zum Verhältnis von nachhaltiger Regionalentwicklung und Agro-Gentechnik aus peripheren ländlichen Agrarräumen Deutschlands und Nordamerikas vorgestellt. Regionale Akteure in diesen Untersuchungsregionen setzen derzeit in unterschiedlichen Strategien auf die bewährte Nutzung und vorausschauende Fortentwicklung von regional angepasstem traditionellem und ökologischem (Landbau)Wissen. Will die Agro-Gentechnik einen Platz in einer zukunftsfähigen regionalen Entwicklung einnehmen, muss sie einen positiven, auf Langfristigkeit angelegten Beitrag zur Nutzung regionaler Chancen oder zur Lösung regionaler Probleme leisten. Derzeit in Europa und weltweit zum Anbau zur Verfügung stehende gentechnisch veränderte Pflanzen erfüllen diese Voraussetzungen nicht und finden somit nur in ausgrenzender Form – etwa in der Gründung gentechnikfreier Regionen - Eingang in regionale Entwicklungsstrategien.

EINLEITUNG

Die Agro-Gentechnik ist als vergleichsweise neue Technologie bestrebt, Einzug in die Produktions- und Anbauprozesse von Nahrungsmitteln weltweit zu halten. Manche Fachleute und Wissenschaftler erkennen hierin einen Innovationsschub, den es zu fördern gelte (BBAW 2005, NABC 2004), andere sehen wenig erforschte Risiken und die Gefahr einer erneuten Intensivierung der Landbewirtschaftung mit möglichen negativen Folgen für Umwelt, Naturschutz, Wirtschafts- und Sozialgefüge im ländlichen Raum (Mauro 2005, Clark 2004, SRU 2004). Während dieser Prozess der Einführung der Agro-Gentechnik in Deutschland und Europa erst beginnt, sind Erfahrungen aus Nordamerika bereits bis zu zehn Jahre alt.

Landwirtschaftliche Produktionsweisen und Anbauintensitäten beeinflussen eine Vielzahl von Charakteristika und Funktionen ländlicher Räume, wie etwa das Landschaftsbild, Qualität und Image regional erzeugter Agrarprodukte, den regionalen Wohlstand (vgl. auch Nölting et al. 2005), Artenvielfalt und Tourismuspotential, aber auch die Versickerungsleistung von Böden (vgl. auch Mäder et al. 2002), damit deren Retentionspotential und sind so bis zu einem gewissen Grad mitbestimmend bei der Hochwassergefährdung einer Region. Nicht selten finden daher landwirtschaftliche Produktionsweisen als Festschreibungen Eingang in regionalen Entwicklungsprojekten.

Derzeit stehen Konsumenten und Landwirte in Deutschland und Europa den Potentialen der Agro-Gentechnik eher skeptisch gegenüber. Auch in den USA, wo die Einführung der Agro-Gentechnik weit voran geschritten ist, gibt es ganze Regionen, die sich seit 2004 offen gegen die kommerzielle Anwendung in ihrer Region aussprechen (vgl. Kap. 6 und 7). Koexistenz-Konzepte haben in Nordamerika vielerorts nicht funktioniert, da gentechnisch veränderte Pflanzen, insbesondere Raps, nicht ausreichend kontrolliert werden konnten (siehe z.B. Clark 2004). Exportmärkte gingen in großem Stil verloren und Roundup-Ready-Raps entwickelte sich regional zu einem Durchwuchsunkraut, teilweise mehrfach resistent und dann nur noch kontrollierbar durch Beimischung anderer Herbizide zu Roundup (vgl. Mauro 2005). So war der erwartete Rückgang beim Einsatz

Doris Pick

von Pflanzenschutzmitteln durch den Anbau gentechnisch veränderter Pflanzen nur kurzfristig in den ersten Jahren zu beobachten und danach erhöhte sich die Anwendungsmenge über das ursprüngliche Maß hinaus (siehe Benbrook 2004).

Es gibt quasi kein gentechnikfreies Rapssaatgut mehr im mittleren Westen. Von ehemals 70 Raps produzierenden Biolandwirten in der kanadischen Prärieprovinz Manitoba war 2002 noch einer übrig. Auf die für 2004 in Nordamerika geplante Einführung von transgenem Weizen wurde von Monsanto aufgrund massiven agrarfachlichen Drucks – auch von Seiten des offiziellen Kanadischen Wheat Boards - erst einmal verzichtet (Mauro 2005).

Der vorliegende Beitrag geht insbesondere der Frage nach, inwieweit die Agro-Gentechnik Eingang in regionale Entwicklungskonzepte Deutschlands und Nordamerikas finden konnte und welcher Art diese Einbeziehung war. Hierzu werden regionale Fallbeispiele vorgestellt. Zugleich soll der Frage nachgegangen werden, inwieweit die Agro-Gentechnik mit den Kernelementen und Zielen einer integrierten nachhaltigen Regionalentwicklung kompatibel ist.

1 BEGRIFFSKLÄRUNGEN

Unter integrierter Regionalentwicklung kann kurz gefasst verstanden werden, dass man gemeinsam in einer Region etwas voran bringen will. Im räumlichen Kontext ist hierzu eine Auseinandersetzung mit den Stärken und Schwächen der Region notwendig, wobei die in ihr lebenden Menschen die spezifischen Stärken und Entwicklungspotentiale ihrer Region im Prinzip am Besten selbst einschätzen können. Integrierte Regionalentwicklung ist zudem nachhaltig und entsprechend prinzipiell intergenerativ ausgelegt. Sie versucht sowohl den soziokulturellen und wirtschaftlichen als auch den ökologischen Funktionen und Ansprüchen an den Raum gerecht zu werden sowie die regionale Identität zu bewahren und fortzuentwickeln (vgl. auch BMVEL 2005, Hahne 1999). Dabei kann regionaler Problemdruck - wie etwa in weiten Teilen der neuen Bundesländer - zwar ein Pushfaktor der Regionalentwicklung sein, er ist aber nicht notwendiger Weise auch ein Erfolgsfaktor. Abrupte Anpassungskrisen führen nicht selten dazu, rasch nach im Grunde wenig nachhaltigen Lösungen zu greifen (vgl. Hahne 2002).

In Anlehnung an das Glossar des BMVBS herrschen in ländlichen Räumen dörfliche bis kleinstädtische Siedlungsstrukturen vor mit vergleichsweise geringer Bevölkerungsdichte. Im Raumordnungsbericht 2005 des BBR wird festgehalten, dass es unterschiedliche periphere Räume gibt, deren Vielfalt wird im nachfolgenden Kapitel umrissen. Dabei befinden sich diejenigen peripheren Räume von sehr geringer Bevölkerungsdichte weitläufig im Nordosten der neuen Länder (siehe Karte 1).

2 PERIPHERE LÄNDLICHE REGIONEN – PROBLEME POTENTIALE PERSPEKTIVEN

Periphere ländliche Räume lassen sich vielfach charakterisieren durch

- sehr geringe Einwohnerdichten von teilweise unter 50 Einwohnern/km^2
- Überalterung und Abwanderung junger gut ausgebildeter Menschen
- Leerstände beim Wohnraum und Finanzknappheit
- vielfach anhaltende Wirtschafts- und Strukturprobleme mit hohen Arbeitslosenzahlen
- hohe Anteile ökologisch sensibler Gebiete, bisweilen mit überregionaler Bedeutung
- vergleichsweise hohe Naturraum- und Tourismuspotentiale
- eine tendenziell nachhaltigere Landwirtschaft und höhere Anteile an ökologischem Landbau
- biogenetische Ressourcenvielfalt, Retentionsflächen, Regenerative Energien
- Die Agrarproduktion trägt überdurchschnittlich zur regionalen Wertschöpfung bei

Bevölkerungsdichte Karte 1

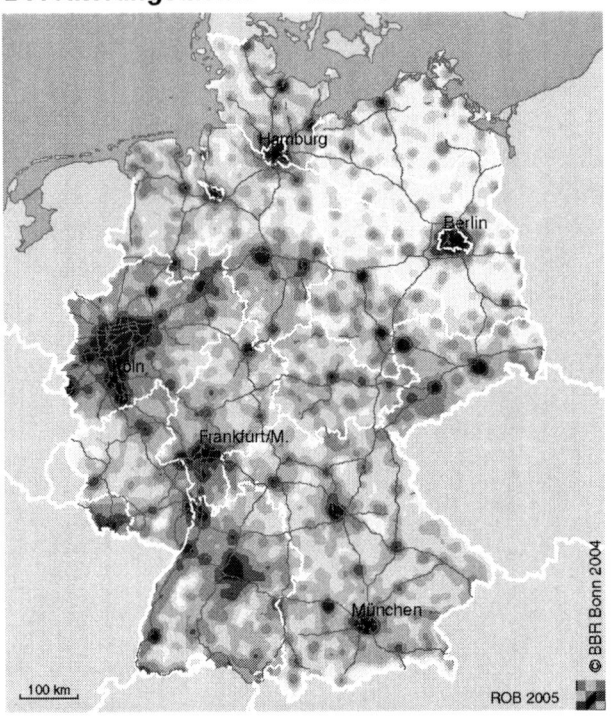

Bevölkerungsdichte 2002 in Einwohner je km² unter Einbeziehung der erreichbaren Bevölkerung im Umkreis von 12 km, distanzgewichtet, mit Einbindung der Gebiete im benachbarten Ausland

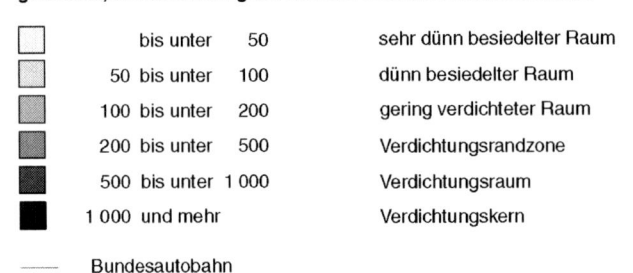

☐	bis unter 50	sehr dünn besiedelter Raum
☐	50 bis unter 100	dünn besiedelter Raum
▨	100 bis unter 200	gering verdichteter Raum
▨	200 bis unter 500	Verdichtungsrandzone
■	500 bis unter 1 000	Verdichtungsraum
■	1 000 und mehr	Verdichtungskern
——	Bundesautobahn	

Quelle: BBR (2005): Raumordnungsbericht 2005. Berichte Bd. 21, Bonn. Seite 16

Quelle: BBR (2005): Raumordnungsbericht 2005, Berichte Bd. 21, Bonn, S. 16 (Karte 1), S. 206 (Karte 2).

Kompatibilität von Agro-Gentechnik und Integrierter Regionalentwicklung

Agrarproduktion Karte 2

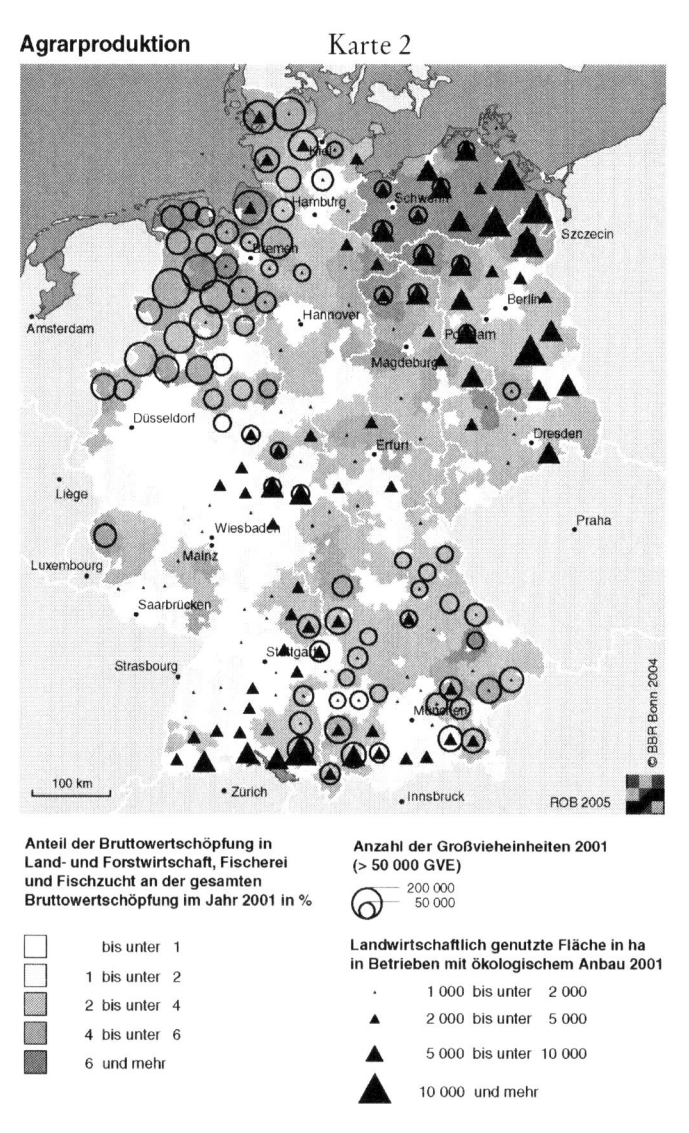

Anteil der Bruttowertschöpfung in Land- und Forstwirtschaft, Fischerei und Fischzucht an der gesamten Bruttowertschöpfung im Jahr 2001 in %

- bis unter 1
- 1 bis unter 2
- 2 bis unter 4
- 4 bis unter 6
- 6 und mehr

Anzahl der Großvieheinheiten 2001 (> 50 000 GVE)
- 200 000
- 50 000

Landwirtschaftlich genutzte Fläche in ha in Betrieben mit ökologischem Anbau 2001
- 1 000 bis unter 2 000
- 2 000 bis unter 5 000
- 5 000 bis unter 10 000
- 10 000 und mehr

Kreise, Stand 31.12.2001
Quelle: BBR (2005): Raumordnungsbericht 2005. Berichte Bd. 21, Bonn. Seite 206

Nach wie vor finden sich viele Zentrale Orte von ausreichender Tragfähigkeit in Mecklenburg-Vorpommern (vgl. Einig et. al. 2006) sowie erfolgreich und nachhaltig wirtschaftende landwirtschaftliche Betriebe (siehe Karte 2 aus dem ROB 2005). Als Strategie zur Aufwertung zentrenferner peripherer Räume empfiehlt Bätzing neben der Einrichtung von Schutzgebieten eine eigenständige und nachhaltige Regionalentwicklung (Bätzing 2000, zu den Chancen endogener Entwicklungsstrategien siehe auch Hahne 1985). Dabei dürften in regionalen Diskursprozessen die externen Interessen und finanziellen Abhängigkeiten nicht diejenigen der Bevölkerung vor Ort dominieren. In peripheren ländlichen Räumen liegen nicht selten ausgeprägte Gegensätze zwischen innerregionalen und externen Interessen vor, welche in Kombination mit sozialer und kultureller Erstarrung zu einer Art bedingungsloser Modernisierung (Bätzing 2000) und Übernahme von wenig an die regionale Situation angepassten Technologien führen können. Entsprechend ist regional angepaßten Projekten zur Erhöhung der regionalen Wertschöpfung nach Möglichkeit der Vorzug zu geben.

3   CHARAKTERISTIKA UND ZIELE INTEGRIERTER REGIONALENTWICKLUNG IM VERGLEICH ZUR AGRO-GENTECHNIK – EINE GEGENÜBERSTELLUNG VON TENDENZEN

Die folgende Tabelle stellt eine Auswahl tendenzieller Charakteristika und Ziele einer Integrierten Regionalentwicklung denen der Agro-Gentechnik gegenüber, wie sie aus der Literatur ersichtlich sind bzw. von interviewten Experten Erwähnung fanden.

Tendenzielle bzw. Vorrangige	Integrierte Regionalentwicklung[1,2,3,4]	Agro-Gentechnik[1,5,6,7]
Entwicklungsrichtung	Buttom-up-Ansatz	Outside-In-Ansatz
Ziele der Fortentwicklung bzw. Problemlösung in bereits realisierten Projekten/ Produkten	Weiterentwicklung regionaler Probleme und Chancen zum dauerhaften Nutzen der Region.	Behebung einzelner Managementprobleme der Intensivlandwirtschaft (Bsp. Bt-Pflanzen)

Kompatibilität von Agro-Gentechnik und Integrierter Regionalentwicklung

	Produktion von qualitativ hochwertigen, rückstandsfreien Lebensmitteln und Rohstoffen. Verbesserung der regionalen Wirtschaftsstruktur und Wertschöpfung in der Region. Erhalt und Weiterentwicklung von Natur-, Kultur- und Erholungslandschaften. Förderung des sanften Tourismus sowie Schutz von Gewässern und biologischer Vielfalt.	Bereitstellung gentechnisch verbesserter Pflanzen dadurch eine Einsparung von Pflanzenschutzmitteln einfachere Handhabungen im Pflanzenschutz
Nutzungsdauer der induzierten Entwicklung / Problemlösung in bereits realisierten Projekten bzw. Produkten	Langfristig angelegt mit intergenerativer Ausrichtung	Kurz- bis mittelfristige Ausrichtung
Ziele zukünftiger Entwicklungen mit Bezug zur Landwirtschaft	Verstärkte Nutzung und Weiterentwicklung regional angepasster Technologien einschließlich des Innovationspotentials von ökologischem Landbau und traditioneller Landwirtschaft sowie von nachhaltigen Nahrungs-Netzwerken zwischen Stadt und Land	Gentechnisch veränderte Pflanzen der so genannten 2. und 3. Generation versprechen eine stärkere Berücksichtigung regionaler Probleme sowie eine Verbesserung der Wertgebenden Inhaltsstoffe gentechnisch veränderter Pflanzen bzw. weniger Umweltbelastung bei der Haltung gentechnisch veränderter Tiere
Schlüsselfaktoren der Fortentwicklung bzw. Problemlösung	Kreativitäts- und Innovationspotential von Menschen, Natur und Landschaft vor Ort	Kreation und Innovation im Bereich Agro-gentechnischer Veränderungen
Akteure der derzeitigen Entwicklung bzw. Problemlösung	Vielzahl regionaler Akteure Einschließlich vieler Landwirte	Saatgutindustrie, vereinzelt Landwirte und Landhandel
Potenzielle Risiken der induzierten Entwicklung / Problemlösung	Funktionierende regionale Netzwerke und mit ihnen die entstandenen Projekte sind ohne finanzielle Förderung	Potenzielle Risiken von GVPs, insbesondere die mittel- bis langfristigen, wurden nur unzureichend

	mitunter in ihrer Existenz gefährdet	untersucht. Eine beschleunigte Ausbildung von (Mehrfach)Resistenzen beim Anbau transgener Pflanzen, z.B. Herbizidresistenzen, wurde beobachtet (Mauro 2005) Regionsfernes Wissen kann traditionelles Wissen um angepasste Technologien in regionalen Wertschöpfungsketten zurück- bzw. verdrängen (Bsp. Traditioneller und Ökorapsanbau in Nordamerika) Wirtschaftliche Abhängigkeiten von Bauern verstärken sich
Potenzielle Chancen der induzierten Entwicklung / Problemlösung	Ergeben sich in etwa aus einer Gegenüberstellung der anvisierten Ziele und den potenziellen Risiken	

Quellen: Interviews der Autorin mit regionalen Akteuren in Nordamerika und Deutschland[1], Vogtmann 2004[2], Hahne 1999[3], Rat für Nachhaltige Entwicklung 2004[4], NABC 2004[5], TAB-Arbeitsbericht[6], Mauro 2005[7]

4 ANWENDUNGSBEISPIELE INTEGRIERTER REGIONALENTWICKLUNG MIT BEZUG ZUR AGRO-GENTECHNIK – REGIONEN-AKTIV UND ANDERE LÄNDLICHE ENTWICKLUNGSPROJEKTE

In Nordamerika hat anders als in Deutschland in vielen US-Bundesstaaten auch die Regionale Ebene in Form der Kreise die Möglichkeit, Gesetze zu erlassen und dadurch auf Aspekte der Regionalentwicklung, wie etwa die Art der regionalen Flächennutzung im Kreisgebiet, einzuwirken. So gibt es im US-Bundesstaat Kalifornien zur Zeit insgesamt vier Gentechnikfreie

Kreise, welche zusammen über 2,2 Millionen ha Kreisfläche verfügen (Details siehe Kap. 7).

Anderenorts in den USA wirken regionale Akteure auf Landesebene über GVO-Vorsorgegesetze auf den regionalen Handel mit gentechnisch verändertem Saatgut ein. Vermont ist der erste US-amerikanische Bundesstaat mit einem Kennzeichnungsgesetz für gentechnisch verändertes Saatgut. Ein Haftungsgesetz für Schäden der Agro-Gentechnik, welches die Kosten hierfür größtenteils der Gentechnikindustrie anlastet, wurde ebenfalls auf den Weg gebracht und hat 2006 weitreichende Abstimmungserfolge erzielt (näheres siehe Kap. 6).

In Deutschland wirken regionale Akteure insbesondere über die freiwillige Selbstverpflichtung von Landwirten zum Verzicht auf GVO Anbau in Gentechnikfreien Regionen (GtfR) auf die Art der regionalen Flächennutzung ein (Details zu Mecklenburg-Vorpommern siehe Kapitel 5). Derzeit gibt es rund 80 GtfR in Deutschland (siehe www.gentechnikfreie-regionen.de). Einige dieser Initiativen oder ihre Projekte sind in Bundes- oder Landesprogramme zur Förderung einer nachhaltigen Regionalentwicklung eingebunden. Darunter befinden sich die folgenden Projekte und Initiativen:

Regionen-Aktiv-Projekte
(Auswahl, Näheres unter www.modellregionen.de):

Gentechnikfreie Modellregionen
Zum Netzwerk „Gentechnikfreie Modellregionen" haben sich sieben Regionen zusammengeschlossen. Alle setzen sich mit verschiedenen Projekten für eine Sicherung der gentechnikfreien Landwirtschaft in ihrer Region ein.

Futtermittelnetzwerk Wendland/Elbetal
Das Projekt entwickelt praktikable Handlungsalternativen für die Stärkung regionaler Futtermittel- und Wertschöpfungskreisläufe in der gentechnikfreien Anbauregion Wendland/Elbetal.

Einrichtung einer Gtf Anbauregion Kreis Reutlingen
Konventionell und ökologisch wirtschaftende Betriebe im Landkreis Reutlingen sehen im gentechnikfreien Anbau große Chancen für die Landwirtschaft ihrer Region. Der gentechnikfreie Anbau dient als Werbeargument für Lebensmittel und Dienstleistungen z.b. im Tourismus. Daher hat der Kreisbauernverband die Gentechnikfreie Anbauregion ins Leben gerufen.

Etablierung und Festigung der GtfR Uckermark-Barnim
An erster Stelle steht der Aufbau einer selbst tragenden Organisationsstruktur der gentechnikfreien Region Uckermark-Barnim sowie die Erzeugung gentechnikfreien Saatgutes.

Integrierte ländliche Entwicklungskonzepte:
Das Integrierte Ländliche Entwicklungskonzept des Landkreises Barnim schlägt gentechnikfreie Produktion als Marketing und Qualitätsmerkmal für Ackerbau und Tierwirtschaft vor sowie ein Projekt zur gentechnikfreien Saatgutproduktion in Uckermark-Barnim (ILEK Barnim 2005)

Projekte gefördert vom BfN:
Das Projekt ‚Gentechnikfreie Regionen in Deutschland' unterstützt regionale Akteure durch Beratung und Informationsbereitstellung bei der Gründung und Weiterentwicklung gentechnikfreier Anbauregionen. Nähere Informationen unter www.Gentechnikfreie-Regionen.de

Quelle: Pick, Eigene Zusammenstellung

Bei allen in diesem Kapitel erwähnten Projekten und Initiativen spielt in irgendeiner Form die Vernetzung der regionalen Akteure eine entscheidende Rolle.

Dabei kann man unterschiedliche Vernetzungsformen unterscheiden:

Agro-Gentechnik induzierte integrierte Entwicklung durch Vernetzungsprozesse

- *innerhalb der Landwirtschaft einer Region* führen vielfach zur Gründung Gentechnikfreier Regionen (GtfR) wie beispielsweise in Deutschland
- *zwischen Landwirten und der abnehmenden Hand* sichern bestehende und schaffen neue Abnahmemärkte (wie beispielsweise in Mecklenburg-Vorpommern)
- *zwischen Landwirten und der Futtermittelindustrie* sichern tierische Nahrungsmittel, hergestellt ohne den bewussten Einsatz von GVOs (wie beispielsweise in MV)
- *zwischen vielen verschiedenen regionalen Akteuren* können zur Ausrufung Gtf Städte mittels Abstimmungen führen (wie beispielsweise Städte in Deutschland oder Vermont) *oder*
- zu Kreiswahlen und Gentechnikfreien Kreisen (wie in Kalifornien) *oder*
- zu Agro-Gentechnik -Vorsorgegesetzen (wie in Vermont) *oder*
- zur Einbindung in Programme integrierter ländlicher Entwicklung (ILEK), wie im LK Barnim

Es folgen in den nächsten Kapiteln drei regionale Fallbeispiele mit detaillierteren Informationen. Seit Warbel-Recknitz (Mecklenburg-Vorpommern) im Herbst 2003 als Pionierregion die erste GtfR Deutschlands gründete, ist viel passiert. Gentechnikfreie Regionen Deutschlands verfügen weit über 1,7 Mill. ha Land, welches ohne den Anbau von gentechnisch veränderten Pflanzen genutzt wird. Auch anderen Orts in Europa findet sich das Konzept der Gentechnikfreien Regionen. So hat sich z.B. im Februar 2006 auch die letzte polnische Provinz GVO-frei erklärt. In der Schweiz hat die Bevölkerung Ende 2005 über ein fünfjähriges Gentech-frei-Moratorium positiv abgestimmt, wonach der kommerzielle Anbau von GVOs in der Schweiz verboten bleibt. In den USA gibt es sowohl Gentechnikfreie Regionen als auch regionale Gentechnikvorsorgegesetze, welche in regionalen Entwicklungsprozessen entstanden sind.

Doris Pick

5 MECKLENBURG-VORPOMMERN – AGRARWIRTSCHAFTSRAUM MIT HOHEM NATUR- UND TOURISMUSPOTENTIAL

Vielerorts wie zum Beispiel in Mecklenburg-Vorpommern, Baden-Württemberg und Bayern sind GtfR in Deutschland in Räumen mit hohen Naturraum- und Tourismuspotential entstanden und unterstützen die Entwicklung und Umsetzung nachhaltiger regionaler Entwicklungskonzepte. In Mecklenburg-Vorpommern gibt es derzeit fünf GtfR mit insgesamt über 60.000 ha Land. Wie aus Karte 2 ersichtlich ist, spielt die Agrarwirtschaft eine überdurchschnittliche Rolle bei der Zusammensetzung der regionalen Wertschöpfung in Mecklenburg-Vorpommern. Wegen seiner Umweltqualität und agrarischen Qualitätsproduktion gilt Mecklenburg-Vorpommern bei einigen regionalen Akteuren als das Babykost-Anbaugebiet Deutschlands. So haben ökologisch wirtschaftende Betriebe Anbauverträge, z.B. für Kartoffeln, mit den Babykostherstellern Alete und Hipp. Die Firma Hipp hat auf der Grünen Woche 2006 betont, dass sie erwägt ihre Rohstoffe wie zum Beispiel Biokartoffeln künftig aus Ländern wie Österreich zu beziehen, falls Deutschland eine gentechnikfreie Produktion nicht mehr sicher stellen könne.

Auch die Firma Edeka ist mit ihren konventionellen und ökologischen Markenfleischprogrammen in Mecklenburg-Vorpommern in Erzeuger-Verarbeiter-Beziehungen aktiv und erwartet von ihren landwirtschaftlichen Marktpartnern eine gentechnikfreie Fütterung. Große Gentechnikfreie Regionen schaffen hier vertrauen zwischen Landwirten und der aufnehmenden Hand. Die Firma Edeka wirkt als regional ansässiges Unternehmen auch als „Schrittmacher" (zu regionalen Unternehmenspartnerschaften siehe Scheff 1999) nachhaltiger regionaler Entwicklungsprozesse.

Mecklenburg-Vorpommern ist seit Jahren eines der Bundesländer mit den höchsten Anteilen an Flächen im Ökologischen Landbau (siehe Karte 2) und in Extensivierungsprogrammen. Es hat zudem mit 12 Prozent im Bundesländervergleich den höchsten Anteil von Vogelschutzgebieten an der Landesfläche. Vielfältige Küsten-, Seenlandschaften und Alleen bilden herausragendes touristisches Potential. Entsprechend verfügen viele landwirtschaftliche Betriebe auch über ein Kontingent an Fremdenzimmern. Die Gründung von Gentechnikfreien Regionen erscheint hier als konsequente Schutz- und Marketingstrategie für eine naturnahe Produktion und Landschaft, die von Landwirten der Region Warbel-Recknitz schon früh als solche erkannt und weiterentwickelt wurde.

6 VERMONT – LÄNDLICH PRODUKTIVES LEBEN IN VIELFÄLTIGEN NETZWERKEN ZWISCHEN STADT UND LAND

Die Einführung der Agro-Gentechnik findet in Vermont nur auf wenigen vereinzelten Farmen statt. Vielmehr setzt die Region entsprechend ihrer natürlichen Potentiale verstärkt auf gentechnikfreie Qualitätsproduktion und Ökologischen Landbau. So hat sich in den vergangenen zehn Jahren der ökologische Landbau in Vermont stark ausgedehnt. Die Zahl der ökologisch wirtschaftenden Milchbauern nahm z.B. von rund 15 im Jahr 1995 auf etwa 85 im Jahr 2004 zu. Im gleichen Zeitraum ging die Zahl aller Milchbauern Vermonts von rund 2050 auf ca. 1400 zurück (Davis et al. 2005).

Was den Anbau von GV-Pflanzen betrifft, besteht in den USA weder eine gesetzliche Informationspflicht von – durch experimentelle Freisetzungen oder GVO-Anbau - betroffenen Nachbarn, noch gibt es ein lokal differenziertes Standortregister für GV- Pflanzen. Oft wissen Landwirte auch nicht, ob sie GV-Saatgut aussäen, da es in der Regel nicht kennzeichnungspflichtig ist. Eine Ausnahme ist seit Ende 2004 in Vermont verkauftes gentechnisch verändertes Saatgut. Guter Kontakt zu den Nachbarn in regionalen Netzwerken kompensiert in gewissem Maße die Gesetzeslücken. Oft engagieren sich auch Landwirte in regionalen Aktionsgruppen zusammen mit Verbrauchern für eine Schließung dieser gesetzlichen Lücken (Pick 2006).

So entstand im Frühling 2001 ganz im Südosten Vermonts die „Von Stadt zu Stadt"-Kampagne. Ende 2004 hatten rund 80 Städte, mehr als ein Drittel aller Städte Vermonts, ähnliche Gentechnik-Resolutionen verabschiedet: „Wir, die Unterzeichnenden, bitten unsere Regierungen in Montpelier und Washington, gentechnisch veränderte Nahrungsmittel zu kennzeichnen, unsere Bauern von der Haftung für Schäden durch Agro-Gentechnik zu befreien, die Verantwortung für ihre Agro-Gentechnik-Produkte der Industrie aufzuerlegen, Risikoforschung zur Agro-Gentechnik zu betreiben und ein Moratorium so lange zu verhängen, bis die Unbedenklichkeit von GVOs von unabhängiger Seite bewiesen ist."

Vor dem Hintergrund der „Von Stadt zu Stadt" –Kampagne und im Angesicht des ersten entdeckten Falles gentechnischer Verunreinigungen im Maisbestand eines Vermonter Bio-Betriebes wurde das Saatgut-Kennzeichnungsgesetz 2004 vom Parlament verabschiedet. Seither muss nun erstmals in den USA das gesamte in einem US Bundesstaat (Vermont) verkaufte gentechnisch veränderte Saatgut gekennzeichnet werden. Ein geplantes Haftungsgesetz für Schäden, die aus der Nutzung der Agro-Gentechnik entstehen, wurde 2006 vom Vermonter Parlament verabschiedet. Ein Veto durch Gouverneur Douglas verhinderte Mitte Mai 2006 nur knapp dessen Inkrafttreten.

Das Beispiel Vermonts und anderer nach Gentechnikfreiheit strebender Regionen der USA zeigt auch, dass bei weitem nicht jedem US-Amerikaner oder jeder amerikanischen Region die europäische und deutsche Zurückhaltung gegenüber gentechnisch veränderten Pflanzen unverständlich und technikfeindlich erscheint. In gentechnikfreien oder nach Gentechnikfreiheit strebenden Regionen Nordamerikas wurde von den Akteuren betont, wie wichtig das europäische Moratorium war und die vorsorgende Behandlung (zum Vorsorgeprinzip siehe UBA 2004) der Agro-Gentechnik in Europa und Deutschland auch für die eigene regionalpolitische Arbeit ist.

7 KALIFORNIEN – ENTSTEHUNG VON GENTECHNIKFREIEN KREISEN IN DEMOKRATISCHEN ABSTIMMUNGSPROZESSEN

In Kalifornien engagieren sich eine wachsende Anzahl von Konsumenten und Landwirten für kürzere Transportwege im Lebensmittelsektor und den Genuss frischer traditioneller und ökologisch produzierter Lebensmittel aus der eigenen Region. Dabei entstehen vielfach direkte Erzeuger-Verbraucher-Gemeinschaften (Community Supported Agriculture, CSA) zwischen den Bürgern einer Region und den dort produzierenden Landwirten (Strochlic et al. 2004).

Kalifornische Konsumenten legen vielerorts großen Wert auf gentechnikfreie Produkte. So wurden in langwierigen demokratischen Entwicklungsprozessen im nördlichen Kalifornien im Verlauf des Jahres 2004 Kreisgesetze in den Kreisen Mendocino, Trinity und Marin erfolgreich verabschiedet und in Kraft gesetzt, welche den kommerziellen Anbau von GVOs im gesamten Kreisgebiet verbieten. In den Folgejahren entstanden weitere Gentechfrei-Initiativen in anderen kalifornischen Kreisen mit wechselnden Erfolgen (siehe Pick 2005). Erst vor kurzem, im Juni 2006, ist mit der Gemüseanbauregion Santa Cruz ein vierter Gentechnikfreier Kreis hinzugekommen. Regionale Akteure aus Landwirtschaft, Verbraucherschaft und Lokalpolitikern engagierten sich hier für ein Gentechfrei-Moratorium.

Die Landesregierungen in vielen US Bundesstaaten – so auch in Kalifornien – versuchen nun mit Landesgesetzen solche Kreisgesetze, welche über die Art des regional angebauten Saatgutes befinden, zu verbieten. Damit werden seit Jahrhunderten geltende demokratische Rechte von US-Bürgern vielerorts künftig illegal. Regionale Akteure sehen hierin eine Art vorbeugender Landesgesetzgebung, um ähnliche Entwicklungen wie in Kalifornien andernorts in den USA zu verhindern. Oft werden diese Gesetze als Ergänzung zu bereits bestehenden Gesetzen zur Saatgutreinheit verabschiedet, etwa mit den folgenden Worten: „Der Erlass weiterer Gesetze und Regelungen zum Saatgutschutz und -verkehr auf Kreis-, Stadt-, Regions- oder irgend einer anderen Ebene dieses Bundesstaates ist gesetzwidrig". Die Staaten Arizona, Florida, Georgia, Idaho, Indiana, Iowa, Kansas, North Carolina, North Dakota, Ohio, Oklahoma, Pensylvania, Texas, West Virginia und Illinois haben bereits bis zum Frühjahr 2006 ähnlich lautende Gesetzte verabschiedet (Endres et al. 2006). In Kalifornien befinden sich entsprechend eingebrachte Gesetze des Landes zur Beschränkung der Regionalen Legislative im Agrarbereich noch in der parlamentarischen Diskussion, wobei regionale Akteure hoffen, dass wenigstens bereits bestehende Kreisgesetze unangetastet bleiben.

Doris Pick

8 WELCHE TECHNIK BRAUCHT EINE INTEGRIERTE REGIONALENTWICKLUNG IN (PERIPHEREN) LÄNDLICHEN RÄUMEN

Die zögerliche Entwicklung in den drei Untersuchungsregionen bei der Anwendung einer potenziell riskanten neuen Technologie deutet nicht notwendigerweise auf Rückwärtsgewandtheit hin. Der Agrarsoziologe Kötter hat bereits Ende der 70er Jahre zu den Auswirkungen agrartechnischer Entwicklungen gesagt: „Wenn man die Meinung, man solle den technischen Fortschritt mehr nach seinen Auswirkungen auf den Menschen beurteilen, als konservativ bezeichnet, dann ist ein solcher Konservativismus heute größte Progressivität" (Kötter 1977).

Regional angepaßte Technologien fördern nachhaltige Innovationen entsprechend spezieller regionaler Ausgangsbedingungen und zur Nutzung regionaler Potentiale (Hahne 1984). In diesem Sinn ist der besondere Wert von Bt-Saatgut ohne Auftreten des Maiszünslers weder praktizierenden Landwirten noch Vertretern des Landwirtschaftsministeriums vollends einsichtig. Und selbst in den wenigen deutschen Regionen mit aktueller Maiszünslerproblematik gibt es nachhaltigere und wirksame Pflanzenschutzmethoden, wie etwa eine pflügende Bodenbearbeitung (siehe auch Seehofer 2006).

Nicht nur Verbraucher, auch Bauern in Deutschland lehnen nach einer Umfrage des Wickert-Institutes gentechnische Veränderungen mehrheitlich ab. Danach wollen 70 % der Landwirte kein gentechnisch verändertes Saatgut anbauen (Hoffmann 2003). Regionale Akteure denken an den ungestörten Absatz ihrer Qualitätsprodukte, seien dies landwirtschaftliche Qualitätsprodukte oder touristische Dienstleistungen.

Landwirte und Verbraucher setzen somit zur Zeit auf die bewährte Nutzung und vorausschauende Fortentwicklung von regional angepaßtem traditionellem und ökologischem Wissen statt auf universell einsetzbare und (teilweise nur) kurzfristig wirksame (siehe Benbrook 2004) bequeme Lösungen mit derzeit schwer kalkulierbaren mittel- bis langfristigen Folgewirkungen.

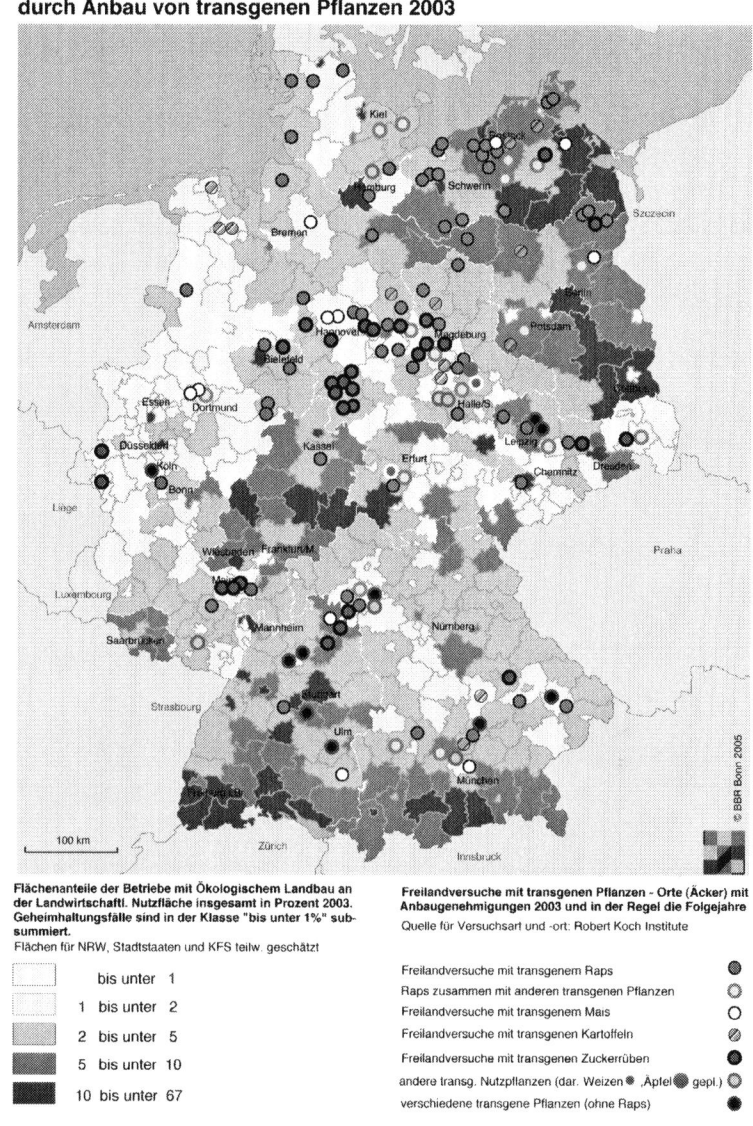

Kompatibilität von Agro-Gentechnik und Integrierter Regionalentwicklung

Ökologischer Landbau und Gefährdungspotential durch Anbau von transgenen Pflanzen 2003

Flächenanteile der Betriebe mit Ökologischem Landbau an der Landwirtschaftl. Nutzfläche insgesamt in Prozent 2003. Geheimhaltungsfälle sind in der Klasse "bis unter 1%" subsummiert.
Flächen für NRW, Stadtstaaten und KFS teilw. geschätzt

- bis unter 1
- 1 bis unter 2
- 2 bis unter 5
- 5 bis unter 10
- 10 bis unter 67

Freilandversuche mit transgenen Pflanzen - Orte (Äcker) mit Anbaugenehmigungen 2003 und in der Regel die Folgejahre
Quelle für Versuchsart und -ort: Robert Koch Institute

- Freilandversuche mit transgenem Raps
- Raps zusammen mit anderen transgenen Pflanzen
- Freilandversuche mit transgenem Mais
- Freilandversuche mit transgenen Kartoffeln
- Freilandversuche mit transgenen Zuckerrüben
- andere transg. Nutzpflanzen (dar. Weizen ●, Äpfel ● gepl.)
- verschiedene transgene Pflanzen (ohne Raps)

Quelle: Pick, eigene Berechnungen und Kartographie

Doris Pick

Gentechnikfreie Regionen bieten nach Ansicht befragter regionaler Akteure unter den gegebenen Rahmenbedingungen einige Vorteile für die Landwirtschaft in Regionen die noch nicht oder kaum von GVO-Anbau betroffen sind (siehe hierzu auch Pick 2005, zum Instrument der GtfR und diesbezüglichen Größenzusammenhängen siehe auch Brauner et. al. 2002 oder den Rat der Sachverständigen für Umweltfragen 2004). Die angeführten Vorteile sind oft umso größer, je größer die GtFR ist: So haben Landwirte in Gentechnikfreien Regionen z.b. tendenziell einen höheren Schutz ihrer Saatgutproduktion vor dem Risiko von GVO- Einträgen. Die Gründung und Weiterentwicklung einer GtfR kann

- als vertrauensbildende Maßnahme gegenüber Verarbeitern (bspw. Babykosthersteller Hipp, Edeka Markenfleischprogramm) und Verbrauchern verstanden werden.
- der Früherkennung von Fehllieferungen der Industrie dienen (Bsp. versehentliche Lieferung von gentechnisch verändertem Saatgut, wo konventionelles oder ökologisches Saatgut bestellt wurde), durch Probenziehen und Analyse derselben, was für teilnehmende Landwirte in vielen GtfR verpflichtend ist.
- dadurch das Skandalrisiko im Zusammenhang mit GVOs reduzieren.
- ein Beitrag zum Produkt- und Imageschutz für Markenproduzenten und Biobetriebe sein.
- dazu beitragen, bestehende Absatzmärkte zu sichern und neue zu erschließen (z. B. gentechnikfreie Futtermittel für Haustiere – GtfR berichten vereinzelt über Anfragen dieser Art).
- im Fall von Gtf Schutzgebieten die Pufferzone zum Schutz vor GVO-Einträgen für gentechnikfrei wirtschaftende Betriebe erhöhen (zu Gtf Schutzgebieten siehe Hoppichler 1999).
- darüber hinaus einen Beitrag zum Boden(eigentums)schutz leisten.

Experimentelle Freisetzungen bei der Entwicklung einer neuen Technologie wie etwa der Agro-Gentechnik, sollten – wie auch der GVO-Anbau insgesamt – aus einem Gebot der Fairness heraus auf die Probleme und Chancen regionaler Akteure Rücksicht nehmen und bereits bestehende nachhaltige regionale Entwicklungsprojekte sowie deren Umsetzung und Fortentwicklung nicht gefährden. Aus der Sicht der befragten regionalen Akteure, insbesondere aus der Landwirtschaft, sollte daher Folgendes (Auswahl) beachtet werden:

1 Freisetzungsversuche aufeinander abstimmen, optimal koordinieren und aufs Notwendigste beschränken
2 Entwicklungskonzepte umliegender Gemeinden, Umwelt- und Naturschutzflächen sowie landwirtschaftlicher oder touristischer Betriebe berücksichtigen und ggf. einen anderen Standort bzw. ein anderes Versuchsdesign wählen.
3 Experimentelles Saat-, Pflanz- und Erntegut darf konventionelles und biologisches Saat-, Pflanz- und Ernte- gut nicht verunreinigen.
4 Gentechnik-Versuchsanbau sollte in Verbindung mit Langzeitfütterungsversuchen sowie adäquaten Untersuchungen auf ökologische Risiken stattfinden.

Ähnliches fordern auch verschiedenste Umwelt- und Naturschutzorganisationen, Kirchen, Verbraucherorganisationen und Bauernverbände. Diese gesellschaftlichen Anregungen können bedeutsam sein zum Schutz und zur nachhaltigen Weiterentwicklung von regionalen Entwicklungskonzepten bzw. -projekten, regionalem Image, Regional- und Bioprodukten.

9 KOMPATIBILITÄT VON AGRO-GENTECHNIK UND INTEGRIERTER REGIONALENTWICKLUNG? – SCHLUSSBETRACHTUNG UND AUSBLICK

Integrierte Regionalentwicklung ist grundsätzlich langfristig angelegt. Ihr intergenerativer Charakter ist neben ihrer ökologischen, ökonomischen und sozialen Ausgewogenheit ein bedeutender Aspekt der ihr innewohnenden Nachhaltigkeit. Zukunftsfähige Regionalentwicklung ist zudem nur unter Berücksichtigung des Kreativitätspotentials von Menschen, Natur und Landschaft vor Ort dauerhaft möglich. Sie setzt an den regionalen Problemen oder Chancen an und versucht diese unter Einbeziehung regionaler Ziele und Leitbilder zum dauerhaften Nutzen für die Region weiterzuentwickeln. Entsprechend gilt es, mittel- und langfristige Risiken verschiedener Entwicklungspfade zu bewerten. Im vorliegenden Beitrag wurden ausgewählte Beispiele nachhaltiger Regionalentwicklung aus peripheren ländlichen Agrarräumen Deutschlands und Nordamerikas zur Plausibilisierung dieser Zusammenhänge vorgestellt.

Will die Agro-Gentechnik einen Platz in einer zukunftsfähigen regionalen Entwicklung einnehmen, muss sie einen positiven, auf Langfristigkeit angelegten Beitrag zur Nutzung regionaler Chancen oder zur Lösung regionaler Probleme leisten. Derzeit in Europa und weltweit zum Anbau zur Verfügung stehende gentechnisch veränderte Pflanzen erfüllen diese Voraussetzungen nicht und finden somit nur in ausgrenzender Form – etwa in der Gründung gentechnikfreier Regionen - Eingang in regionale Entwicklungsstrategien.

Es „ist zu erwarten, dass unter Schlagworten wie ‚Innovationsoffensive' erheblicher Druck entstehen wird, den Regierungsentwurf weiter zugunsten der ‚grünen' Gentechnik zu modifizieren. Der Umweltrat rät der Bundesregierung davon ab, diesem Druck nachzugeben. Da die ... Nutzung der ‚grünen' Gentechnik einen besonderen politischen Schwierigkeitsgrad besitzt und eine anspruchsvolle Regulierungspraxis eine Legitimationsbedingung der Einführung dieser Technik ist ... Da die sachlichen Kontroversen um die Gentechnik ungelöst sind, dürften substantielle Abweichungen die Konflikte eher intensivieren ...". Dieses Zitat des Rates der Sachverständigen für Umweltfragen von 2004 ist auch heute im Angesicht der am 30.08.2006 verabschiedeten Hightech-Strategie und Innovationspolitik der Bundesregierung aktueller denn je.

Die für diese Hightech-Strategie veranschlagten 14,6 Mrd. Euro sollten zu einem guten Teil in ebenso innovative und bewährt nachhaltige Forschungsvorhaben und Projekte zur Weiterentwicklung der regionalen Qualitätsproduktion der traditionellen (siehe SZ 2006) und Ökologischen Landwirtschaft (Niggli 2006) in einer Art Envirotech-Strategie gebündelt werden. Stattdessen werden derzeit regional Prämien zur Umstellung auf oder Beibehaltung des Ökologischen Landbaus mit dem Hinweis auf leere

Staatskassen gekürzt oder ganz ausgesetzt. Durch eine solche Innovative Envirotech-Strategie würden regionale Akteure und ihre nachhaltigen regionalen Entwicklungsprojekte gestärkt und nicht in Frage bzw. vor erneute Anpassungsprobleme gestellt.

„Phantasie ist wichtiger als Wissen, denn Wissen ist begrenzt", so Albert Einstein. Entsprechend möge unsere wissenschaftliche Phantasie ausreichen, auch die eigenen Wissensgrenzen zu erkennen und dem, was wir nicht wissen, genauso viel Respekt und Berücksichtigung einzuräumen wie dem, was wir wissen. Vielen Dank für Ihre Aufmerksamkeit!

LITERATURVERZEICHNIS

Einige Berichte und Zitate entstammen Aufzeichnungen der Autorin von Experteninterviews geführt in Kalifornien, Vermont und Deutschland insbesondere in den Jahren 2004 und 2005.

Bätzing, W.: Regionsspezifische Ausgestaltung der Nachhaltigkeitsziele. In: ARL (Hrsg.): Nachhaltigkeitsprinzip in der Regionalplanung. Forschungs- und Sitzungsberichte der ARL, Hannover 2000, S. 162 - 168

BMVBS: Glossar raumordnerischer Begrifflichkeiten, http://www.bmvbs.de/-,1582.20402/Glossar-Raumordnung.htm

Bundesamt für Bauwesen und Raumordnung (Hrsg.): Raumordnungsbericht, Berichte des BBR, Band 21, Bonn 2005.

Benbrook, C.: Engineered Crops and Pesticide Use in the United States: The first Nine Years, 2004, www.biotech-info.net/Full_version_first_nine.pdf.

Berlin-Brandenburgische Akademie der Wissenschaften (Hrsg.): Gentechnologiebericht – Analyse einer Hochtechnologie, Kurzfassung, BBAW Berlin 2005.

BMVEL: Ländliche Entwicklung aktiv gestalten – Leitfaden zur integrierten ländlichen Entwicklung, Bonn, 2005.

Brauner, R., Nowack, K. und Tappeser, B.: Schutzmaßnahmen zur Verhinderung des Gentransfers. In Grüne Gentechnik und Ökologische Landwirtschaft (R. Barth, R. Brauner et. al.) FIBL Berlin e.V. und Ökoinstitut e.V. im Auftrag des Umweltbundesamtes, 2002, S. 115.

Clark, A.: GM crops are not containable. In Risk Hasard Damage – Specification of Criteria to Assess Environmental Impact of Genetically Modified Organisms (B. Breckling, R. Verhöven eds.) Federal Agency for Nature Conservation, Bonn, 2004, S. 91 ff.

Davis, B., Hudson, D.: The GMO Threat to Vermont's Organic Future. Vermont Public Interest Research and Education Fund, Montpelier, 2005.

Einig, K., Kawka, R., Lutter, H., Pick, D., Pütz, T., Spangenberg, M.: Analytische Grundlagen der neuen Leitbilder, in: Informationen zur Raumentwicklung, Heft 11 2006 (im Druck).

Endres, A., Redick, P.: Agricultural regulatory update: EPA seeks Cafo rule comment and states preempt establishment of GM-free zones, in: Agricultural Management Committee -Newsletter Vol. 10, 2/2006.

Gentechnikfreie Regionen in Deutschland, Projektdetails siehe www.gentechnikfreie-regionen.de

Hahne, U.: Lokale Agenda 21 als Basis nachhaltiger Regionalentwicklung – Dilemmata eines neuer Politiktypus, in: Geographische Revue, Jahrgang 4, Heft 2, Flensburg, 2002.

Hahne, U.: Integrierte regionale Entwicklungskonzepte – Begriffsbestimmung, Anspruch und Realität, in: Regionale Entwicklungskonzepte planen und realisieren, Deutsche Vernetzungsstelle LEADER II, Frankfurt, 1999.

Hahne, U.: Regionalentwicklung durch Aktivierung intraregionaler Potentiale - Zu den Chancen endogener Entwicklungsstrategien, Herbert Utz Verlag 1985.

Hoffmann, W.: Gentechnik in Lebensmitteln, in: Grüne Gentechnik. Kirchliches Umweltmagazin Forum 69 (3/2003), Evangelische Kirche im Rheinland, Düsseldorf 2003, S. 32ff.

Hoppichler, J.: ExpertInnenbefragung zur Bewertung und Evaluation „GVO-freier ökologisch sensibler Gebiete", Forschungsbericht 10/99, Bundeskanzleramt, Wien, 1999.

ILEK Barnim: Integriertes Ländliches Entwicklungskonzept des Landkreises Barnim, Barnim 2005.

Kötter, H.: Soziale Auswirkungen agrartechnischer Entwicklungen, in: Landwirtschaft – Angewandte Wissenschaft, Vorträge der 31. Hochschultagung der landwirtschaftlichen Fakultät der Universität Bonn, Münster-Hiltrup, 1977.

Mäder P., Fliessbach A., Dubois D., Gunst L., Fried P., Niggli U.: Soil fertility and Biodiversity in organic farming; Science p 1694-1697, 2002.

Mauro, Ian: Seeds of Change: Farmers, Biotechnology and the New Face of Agriculture, Documentary Movie prepared at University of Manitoba, Winnipeg 2005

National Agriculture Biotechnology Council: Biotechnology – Science and Society at a Crossroad, NABC Report 15, Ithaca 2003

Niggli, U.: Biologische Landwirtschaft – das nachhaltige System für eine bessere Zukunft, in Bio Austria (Hrsg): Biologische Landwirtschaft – Schlüsseltechnologie des 21. Jahrhunderts, Wien 2006.

Nölting, B. & Boeckmann, T.: Struktur der ökologischen Land- und Ernährungswirtschaft in Brandenburg und Berlin - Anknüpfungspunkte für eine nachhaltige Regionalentwicklung, Diskussionspapier des Zentrum Technik und Gesellschaft (ZTG) der TU Berlin, 2005, S. 25f.

Pick, D.: Gentechnikfreie Regionen – Pioniere nachhaltigere Regionalentwicklung in Deutschland und Nordamerika, in: Der Kritische Agrarbericht, Hamm 2005.

Pick, D.: Importance of networking for organic farms with regard to GMO issues – a comparison of selected regions in North America and Germany. In Conference Proceedings book, Guelph Organic Conference 2006.

Rat für Nachhaltige Entwicklung (Hrsg.): Momentaufnahme Nachhaltigkeit und Gesellschaft, Rat für Nachhaltige Entwicklung beim Wissenschaftszentrum Berlin gGmbH, Berlin, S.: 78.

Rat der Sachverständigen für Umweltfragen (SRU): Koexistenz sichern: Zur Novellierung des Gentechnikgesetzes, www.umweltrat.de/03stellung/downlo03/komment/kom_Gentechnik_2004.pdf

Scheff, J.: Lernende Regionen – Regionale Netzwerke als Antwort auf globale Herausforderungen, Wien, 1999.

Sauter, A., Hüsing, B.:Grüne Gentechnik – Transgene Pflanzen der 2. und 3. Generation, Büro für Technikfolgenabschätzung beim Deutschen Bundestag, TAB-Bericht Nr. 104, www.tab.fzk.de, 2005, S. 6f.

Seehofer, H.: Äußerungen während der Podiumsdiskussion „ZEIT Forum der Wissenschaft – Grüne Gentechnik: Die Zukunft der Landwirtschaft", BBAW, Berlin, 29.06.2006.

Strochlic, R., Crispin, S.: Community supported agriculture in California, Oregon and Washington – Challenges and Opportunities, California Institute for Rural Studies, Davis 2004.

Süddeutsche Zeitung (SZ): Hightech ohne Gentech – Mit modernen Methoden erzielen Klassische Züchter Erfolge, von denen Gentechniker nur träumen können, SZ vom 10.08.2006

Umweltbundesamt (UBA): Späte Lehren aus Frühen Warnungen – Das Vorsorgeprinzip 1896-2000, Berlin 2004.

Vogtmann, H.: Naturschutz als Motor regionaler wirtschaftlicher Entwicklung, Vortrag gehalten am 07.05.04 in Neustadt a. d. Weinstraße, ww.bfn.de/fileadmin/MDB/documents/neustadt_07_05_04.pdf, S.: 11

Gentechnikfreie Regionen als alternative Entwicklungsperspektive in benachteiligten Gebieten

Josef Hoppichler • Markus Schermer

11

ZUSAMMENFASSUNG

Die wissenschaftlichen Unsicherheiten und die Nicht-Beantwortbarkeit der Risiko-Fragen bedingt, dass auf Grundlage des Vorsorgeprinzips seit Ende der 90er Jahre, zuerst nur in einzelnen Ländern wie z.b. Österreich, doch neuerdings auch in der gesamten EU, Konzepte für gentechnikfreie Gebiete, Zonen bzw. Regionen verstärkt diskutiert werden. Dabei besteht aber rechtlich ein grundsätzlicher Widerspruch zum Binnenmarktziel der EU-Freisetzungsrichtlinie. Vor diesem Hintergrund werden die Konzepte von gentechnikfreien Regionen in der EU diskutiert und daraus Schlussfolgerungen für benachteiligte Gebiete abgeleitet. Bei vermehrtem Anbau von gentechnisch veränderten Organismen (GVOs) wird die „Gentechnikfreiheit" ein wesentliches Element für jene Regionen, die sich über die lokale Nahrungsmittelqualität definieren (geschützte Herkunftsbezeichnungen), sowie für jene Gebiete, die sich als besonders umweltfreundlich positionieren wollen (Öko-Regionen, Bio-Regionen).

Auch für Tourismus- und Ausflugsregionen und vor allem auch für alle Schutzgebiete bzw. für alle regionalen Entwicklungsgebiete um die Schutzgebiete herum (Nationalpark- und Öko-Tourismus) werden gentechnikfreie Positionierungen von Vorteil sein. Das positiv besetzte Image der „Gentechnikfreiheit" kann den Wettbewerb der Regionen wesentlich beeinflussen und damit zu einer nachhaltigen Regionalentwicklung beitragen.

1 GRENZEN DER RISIKOABSCHÄTZUNG FÜR GVOS

Die Frage der Zulassung und kontrollierten Anwendung von gentechnisch veränderten Organismen (GVOs) in der Europäischen Landwirtschaft und Ernährung wird von einer Vielzahl von Themen bestimmt, die insbesondere Fragen der Reversibiltät der Technologie sowie Fragen nach den möglichen längerfristigen Auswirkung von GVOs auf die menschliche Gesundheit und die Umwelt betreffen.

Auf dem Gebiet einer komplexen Technologie, die in ein komplexes Gefüge von Ökosystemen eingreift sowie mit den komplexen Fragestellungen der menschlichen Ernährung in Beziehung steht, ist eine allein auf beschränkte naturwissenschaftliche Erkenntnissen beruhende Prognose immer mit Grenzen konfrontiert (Concept of Uncertainty) (Müller 1998).

Diese theoretischen Defizite setzen sich auch in der praktischen Risikoabschätzung fort, indem in einer umfassenden Evaluation der bisherigen Dossiers zu den Risikoabschätzungen der in der EU zugelassenen GVOs von Spök et al. (2004) u.a. festgestellt wird, dass der Schluss auf die Sicherheit häufig auf indirektem Beweis beruht bzw. durch Annahmen basierende Argumentationen erfolgt, während die direkte Prüfung der möglichen toxischen oder allergenen Eigenschaften sehr begrenzt durchgeführt wird, sofern sie überhaupt erfolgt. Zudem müsste die Methodik der Sicherheitsprüfung wesentlich umfangreicher und tiefer gehender erfolgen (vgl. Pusztai and Bardocz 2006).

Im Zusammenhang mit diesen Unsicherheiten in der Risikoabschätzung von GVOs stellte die EU-Kommission erst kürzlich im Rahmen des WTO-Panels zum De-facto-Freisetzungsmoratorium der EU u.a. fest, dass „ es auf Grund der wissenschaftlichen Gutachten, die dem Panel vorliegen, offensichtlich ist, dass keine einheitlichen, absoluten und wissenschaftlichen Trennungskriterien vorhanden sind, um zu entscheiden, ob ein GV-Produkte sicher ist oder nicht" (EU-Kommission 2005). Damit steht man aber in einem klaren Widerspruch zu den Sicherheitsgutachten des GVO-Panel der Europäischen Lebensmittelbehörde EFSA, das bisherig und selbst bei Vorliegen von signifikanten Unterschieden in Blut- und Organparametern bei Tierfütterungsversuchen wie bei MON 863 bescheinigte, dass es keine nachteiligen Effekte auf die menschliche Gesundheit und die Umwelt geben würde (EFSA 2005).

2 DAS VORSORGEPRINZIP UND GENTECHNIKFREIE GEBIETE IM EU-RECHTSRAHMEN

Diese wissenschaftliche Nicht-Beantwortbarkeit der Risiko-Fragen bedingt, dass auf Grundlage des Vorsorgeprinzips seit Ende der 90er Jahre, zuerst nur in einzelnen Ländern wie z.B. Österreich, doch neuerdings auch in der gesamten Europäischen Union, Konzepte für gentechnikfreie Gebiete, Zonen bzw. Regionen verstärkt diskutiert werden. Dabei besteht aber auf der rechtlichen Ebene ein grundsätzlicher Widerspruch zum Rechtsvereinheitlichungsziel bzw. Binnenmarktziel der EU-Freisetzungsrichtlinie, die weitgehend unabhängig von geografischen Gebieten und besonderen Ökosystemen allein die Fall- zu Fall-Beurteilung von GVOs anerkennt.

Obwohl das Vorsorgeprinzip im Artikel 15 der Deklaration von Rio de Janeiro festgehalten ist und in verschiedenen einschlägigen europäischen (EU-Richtlinie 2001/18 und EU-Verordnung 178/2002) und internationalen Rechtsinstrumenten (Cartagena-Protokoll) ausdrücklich verankert ist, wird es im Rahmen von konkreten Politiken auch in der EU nur sekundär berücksichtigt. So dominiert in der Freisetzungsrichtlinie 2001/18/EG das Rechtsvereinheitlichungsziel des Artikels 95 und nicht die im Artikel 174 des EG-Vertrages festgehaltenen „Grundsätze der Vorsorge und Vorbeugung". In diesen Gründsätzen wäre festgehalten, dass neben „den verfügbaren wissenschaftlichen und technischen Daten" die EU-Institutionen auch „die Umweltbedingungen in den einzelnen Regionen der Gemeinschaft" berücksichtigen müssten - eine Bestimmung, die durch die EU-Zulassungsbehörden weitgehend ignoriert und verdrängt wird (siehe Zitat von Artikel 174 in EU-Kommission 2000 bzw. Ergebnisse in Umweltbundesamt 2006).

Ein anderer Ansatzpunkt für gentechnikfreie Gebiete in Relation zum Vorsorgeprinzip ergibt sich aus dem Umstand, dass die Risikoabschätzung einfach eine spezielle Art der Umweltverträglichkeitsprüfung

(UVP) ist und folglich auch mit dem UVP-Recht korrespondiert bzw. korrespondieren sollte. (Sie wird in der deutschen Übersetzung der EU-Freisetzungsrichtlinie auch als solches bezeichnet.) So findet sich in der EU-RL 97/11/EG über die UVP bei öffentlichen und privaten Projekten die Verwendung des Begriffes der „ökologischen Empfindlichkeit der geographischen Räume", der darin sehr präzise gebietstypisch definiert wird (z.B. Feuchtgebiete, Küstengebiete, Bergregionen und Waldgebiete, Reservate und Naturparks, nationale sowie Natura 2000 Schutzgebiete…). Nachdem benachteiligte Gebiete mit ökologisch sensiblen Gebieten sehr häufig übereinstimmen, würde sich daraus ein besonderer Zugang für die Definition von gentechnikfreien benachteiligten Gebieten ergeben (Hoppichler 2000).

3 ANSÄTZE FÜR GENTECHNIKFREIE ZONEN

Trotz eines relativen Widerspruchs zum Rechtsrahmen der EU, der vorwiegend durch die Vereinheitlichung des Binnenmarktes und durch eine undifferenzierte Anwendung des Fall-zu-Fall-Prinzips gekennzeichnet ist, erzeugt die politische und gesellschaftliche Dynamik der allgemeinen Gentechnikdiskussion zwangsläufig auch einen Diskurs über verschiedene Ansätze für GVO-freie Gebiete. Diese sozialpolitische Bewegung für gentechnikfreie Regionen basiert aber auf sehr unterschiedlichen Entwicklungen und Konzeptionen, die im Folgenden kurz vorgestellt seien.

3.1 GVO-freie ökologisch sensible Gebiete als Schutzkonzepte für die Biodiversität

Die Unsicherheitsfaktoren in der Risikoabschätzung von GVOs waren Ausgangspunkt für Überlegungen – sollte es in Europa zur weitgehend „uneingeschränkten" Inverkehrbringung von GVOs kommen – unter Anwendung des Vorsorgeprinzips, größere geographische Gebiete, insbesondere aber ökologisch sensible Gebiete, in denen keine GVOs freigesetzt werden, auszunehmen (Hoppichler 2000).

Ansatzpunkt war dabei neben den Regelungen in der UVP-Richtlinie auch die Möglichkeiten im Rahmen der Natura 2000 Naturschutzrichtlinien der EU eine eigenständige UVP durchführen zu können. In Artikel 6 (3) der FFH-Richtlinie, ist festgehalten, dass neue Pläne oder neue Projekte, die ein ausgewiesenes Gebiet einzeln oder im Zusammenwirken mit anderen Plänen und Projekten erheblich beeinträchtigen könnten, einer Prüfung auf Verträglichkeit mit den festgelegten Erhaltungszielen für dieses Gebiet zu unterziehen sind. D.h. es ist eine sorgfältige Abwägung zwischen Naturschutzinteressen und entgegen gesetzten Interessen notwendig, wobei allein die Wahrscheinlichkeit von erheblichen Beeinträchtigungen die Verträglichkeitsprüfung bedingt.

Obwohl der Begriff der „ökologisch sensiblen Gebiete" nicht in die neue EU-Freisetzungsrichtlinie 2001/18/EG Eingang fand, ermöglichte der Diskurs, der von Österreich ausging, doch Abänderungen in Artikel 19 Absatz 3 lit.c: Demnach muss die zuständige Behörde bei der „schriftliche Zustimmung auf jeden Fall ausdrücklich folgende Angaben enthalten ...c)... und die Bedingungen für den Schutz besonderer Ökosysteme/Umweltgegebenheiten und/oder geographischer Gebiete". Auch in den Anhängen der EU-Freisetzungsrichtlinie bzw. Leitlinien zur Risikoabschätzung gibt es besondere Hinweise in Bezug auf Angaben zum Ort der Freisetzung bzw. zum „Region-by-Region Assessment". (vgl. Hoppichler 2005b).

Die mögliche Definition von gentechnikfreien ökologisch sensiblen Gebieten zielte aber nicht nur auf gentechnikfreie Naturschutzgebiete und angrenzende Gebiete, sondern auch auf

- Gebiete für die verstärkte In-situ Erhaltung pflanzengenetischer Ressourcen (siehe auch den Schutz der Vielfalts- und Ursprungszentren im Biosafety-Protokoll),
- Gebiete für die Sicherung einer möglichst weitgehenden „gentechnikfreien" Produktion für den biologischen Landbau als alternative Technologieoption (siehe Punkt 4.2),
- Entwicklungsgebiete in Anlehnung an Biosphärenreservate (als Experimentierraum für nachhaltige Entwicklung) – D.h. man würde längerfristig auch eine eigenständige großflächige Schutzgebietskategorie

- wie länderübergreifende, international akkordierte gentechnikfreie Biosphärengebiete – benötigen,
- Ausgleichs- und Regenerationsräume, sollte es zu Fehlentwicklungen beim GVO-Anbau kommen,
- die besondere Berücksichtigung der ökologischen Empfindlichkeit der Berggebiete nach Agenda 21.

Es geht bei dieser Konzeption um einen allgemeinen Biodiversitätsschutz, der auch die In-situ-Erhaltung landwirtschaftlicher Kulturpflanzen und den Schutz des Biolandbaues in solchen Gebieten mit einschließt.

3.2 Der Biolandbau und die Notwendigkeit von gentechnikfreien Zonen

Es ist derzeit noch weitgehend ungeklärt, wie sich Biobauern oder Landwirte, die gentechnikfrei erzeugen möchten, vor der gentechnischen Belastung schützen können, und in wie weit eine so genannte Koexistenz mit dem GVO-Anbau möglich wäre. Der Biologische Landbau, der auf Grund seiner Prinzipien den Einsatz von GVO ablehnt, hat auf die Problematik der Verunreinigung frühzeitig verwiesen (IFOAM 2002) und insbesondere auch die Möglichkeiten von GVO-Gebieten aktiv unterstützt (Hoppichler 2005).

In diesem Zusammenhang wurde in Österreich bereits im Jahre 1999 von der Bundesanstalt für Bergbauernfragen eine ExpertInnenbefragung durchgeführt, um die Möglichkeiten für GVO-freie Gebiete auszuloten. Insbesondere die VertreterInnen der Bio-Verbände plädierten zu einem sehr hohen Prozentsatz (85 %) für große gentechnikfreie Gebiete (Hoppichler 2000).

Obwohl die Forderungen des Biosektors für gentechnikfreie Gebiete europaweit eine sehr starke Unterstützung erfuhren, reagierte die EU-Kommission anfänglich nicht darauf. Im Rahmen der Konzeption zur Koexistenzproblematik wies die EU-Kommission sogar eingehend darauf hin, dass es sich bei der GVO-Verschmutzung um ausschließlich wirtschaftliche Schäden handle und dass gentechnikfreie Gebiete deshalb nicht durch rechtliche Regulierung geschaffen werden können, da dies die Erwerbsfreiheit zu sehr einschränken würde (EU-Kommission 2003).

3.3 GVO-freie Regionen auf Grundlage von wirkungsvollen Koexistenzmaßnahmen bzw. in Umkehrung – die Schaffung von begrenzten GVO-Zonen

Ein anderer Ansatz, wie gentechnikfreie Gebiete als alternative Option entstehen, ergibt sich aus dem Stufenprinzip, wie es beispielsweise in Großbritannien angewandt wurde. Wenn man praxisnahe Großversuche macht und diese Versuche in bestimmten Regionen konzentriert, dann entstehen automatisch so genannte GVO-Zonen, während die übrigen Gebiete GVO-frei bleiben.

Der Nachteil einer solchen Konzeption besteht darin, dass es kaum eine rechtliche Handhabe gibt, um auf einer Stufe von gebietsspezifischen Großversuchen zu bleiben, bzw. dass diese Art von Kompromiss politisch äußerst konfliktträchtig für die örtliche Bevölkerung in oder nahe von GVO-Zonen ist. Denn viele nicht agrarische Bewohner werden sich fragen, warum sollten sie das Risiko bzw. die Nachteile von GVO-Freisetzungen tragen, ohne irgendeinen unmittelbaren Nutzen davon zu haben. Zudem kann das Verunreinigungspotential mit GVO weder beim Anbau noch in den Sammel-, Transport- und Verarbeitungsketten ausgeschlossen werden.

Einen ähnlichen Effekt der Exklusion von GVO-Anbau und der Schaffung großer GVO-freier Gebiete würde sich ergeben, wenn - so wie es in Österreich vielfach gefordert wurde - agrarische Förderungsprogramme insbesondere aber die Umweltförderungen an einen GVO-freien Anbau gebunden würden. Damit würden durch ein wirtschaftliches Anreizsystem unter bestimmten Bedingungen große GVO-freie Gebiete entstehen. Umgekehrt aber könnten je nach der Wahl des Anreiz- und Regelungssystems für besonders industrieorientierte Landwirte Möglichkeiten entstehen, auf freiwilliger Basis und durch privatrechtliche Vereinbarungen mit Nachbarn GVO-Gebiete zu schaffen, um gleichzeitig die Haftungen für mögliche Verunreinigungen möglichst niedrig zu halten.

3.4 GVO-freie Gebiete und Regionen, die durch freiwilligen Verzicht oder die auf Grundlage einer vertraglich abgesicherten GVO-freien Produktion entstehen

Die einfachste Methode, auf freiwilliger Basis zu gentechnikfreien Gebieten zu kommen, ergibt sich, indem Grundeigentümer mit Hilfe einer offiziellen Erklärung auf den GVO-Anbau verzichten. Durch das organisierte Vorgehen und einen folgenden Zusammenschluss von vielen Betrieben in einer Region können GVO-freie Zone gebildet werden. Diese Vorgangsweise, die vorwiegend in Deutschland bisher gewählt wurde, ist aber relativ strukturabhängig, indem bei großbetrieblicher Struktur leichter größere Gebiete ausgenommen werden können. Dagegen ist bei kleinbetrieblicher Struktur ein erhöhter Organisationsaufwand notwendig bzw. neigen einzelne Betriebe eben dazu, aus diversen Gründen nicht teilzunehmen. Eine ähnliche Vorgangsweise wurde durch Kommunen gewählt, indem diese für ihre eigenen Flächen oder Pachtflächen auf einen GVO-Einsatz verzichten und zusätzlich ein örtliches Gentechnikfrei-Konzept unterstützen. Solche gentechnikfreie Gemeinden oder, wenn sich mehrere Gemeinden zusammenschließen, solche gentechnikfreien (Bio-)Regionen haben aber vorwiegend nur einen deklaratorischen Charakter, da keine rechtliche Bindung bisher möglich ist.

Auf freiwilliger Basis können gentechnikfreie Regionen aber auch auf Grundlage eines Vertraganbaus durch den Agrarhandel organisiert werden. Durch Lieferverträge werden Landwirte zur gentechnikfreien Erzeugung verpflichtet und diese Übereinkommen gebietsabdeckend getroffen. Dadurch entstehen geringere Kosten für Koexistenzmaßnahmen und Qualitätssicherungsprogramme (z.B. auch weniger DNA-Tests).

3.5 Geschlossene Anbaugebiete für GVO-freie Saatgutzüchtung und -vermehrung

In Österreich können nach dem Saatgutgesetz 1997 (§ 18 (3)) geschlossene Anbaugebiete festgesetzt werden bzw. kann dies auch im Zusammenhang mit der Vermeidung von GVO-Verunreinigungen gesehen werden.

Josef Hoppichler • Markus Schermer

3.6 Die politische Bewegung für GVO-freie Regionen in Europa

In den letzten Jahren hat sich dieser politische Diskurs über gentechnikfreie Gebiete auch institutionell verankert, indem sich innerhalb der Vereinigung der Europäischen Regionen (Assembly of European Regions - AER) unter Leitung von Oberösterreich und Toskana bereits 39 Regionen zu einem „Netzwerk Gentechnikfreier Regionen" zusammengeschlossen haben; mit dem Ziel des Schutzes und der Weiterentwicklung einer gentechnikfreien Agrarerzeugung sowie mit der Forderung nach einem Selbstbestimmungsrecht der Regionen für Anwendung oder Nichtanwendung von GVO in ihrem Gebiet (AER/FOE 2005). Dabei handelt es sich vorwiegend um Regionen, die in agrarischer Hinsicht eher als benachteiligt zu bezeichnen sind bzw. besondere Interessen in der Qualitätsnahrungsmittelerzeugung und Tourismusentwicklung haben.

Grundsätzlich ist aber anzumerken, dass GVO-freie Regionen mit rechtlicher Absicherung beim gegenwärtigen EU-Rechtsbestand nicht möglich sind. Aber vorübergehende Importverbote (z.B. Italien Österreich, Griechenland, Luxemburg) oder auch allgemein definierte Anwendungsverbote (z.B. Polen, Ungarn) ermöglichen einen bestimmten Spielraum, damit sich Subregionen als gentechnikfreie Gebiete etablieren können.

4 VORAUSSETZUNGEN FÜR GENTECHNIKFREIE REGIONEN

Aus der Analyse dieser Konzeptionen ergeben sich folgende Schlüsselelemente bzw. Thesen für gentechnikfreie Regionen:

- Die kritische Einstellung der Bevölkerung – insbesondere auch in Bezug auf mögliche Ernährungsfolgen ist das wesentliche Kernelement für GVO-freie Regionen. Wichtig sind aber auch die Einstellungen zu Fragen bezüglich der Umwelt bzw. auch zur agrarischen Tradition, sowie die Bedeutung dieser Inhalte in einer zukünftigen Politikgestaltung für die Region. Ernährungsfragen stehen in Zusammenhang mit der

Gentechnikfreie Regionen als alternative Entwicklungsperspektive

Ernährungskultur und weisen deshalb sehr stabile Elemente im Wertespektrum der Menschen auf. Wenn man Begriffskomplexe im Zusammenhang mit Ernährung, Umwelt, Tradition und Kultur in Bezug auf ihre politische Wirkung analysiert, ergibt sich, dass bei der Gestaltung der Mehrheitsmeinung in Bezug auf den GVO-Einsatz in Landwirtschaft und Ernährung progressive und konservative Politikinhalte relativ harmonisch zusammenspielen. Dies erklärt auch zum Teil die breite Unterstützung von vielen gentechnikfreien Gebieten durch die Bevölkerung.

- Diese meinungsbildenden Faktoren sind aber nicht überall in Europa gleich gewichtet. In manchen Ländern wie Italien oder Frankreich stehen Fragen bzw. das Bewusstsein über regionale Nahrungsmittelqualitäten im Vordergrund, während in anderen europäischen Ländern wiederum allgemeine regionale Traditionen oder die Identifikation mit der traditionellen kleinbäuerlichen Struktur oder der Umweltschutz die primäre Motivation liefern.
- Wirtschaftlich und gesellschaftlich vorteilhafte Prozesse im Zusammenhang mit der Schaffung von GVO-freien Regionen sind
    - die Identifikation mit der eigenen Region,
    - das Interesse für lokale Nahrungsmittel,
    - die Politisierung des Essens,
    - der erweiterte politische Diskurs über Umwelt, Gesundheit und Dritte Welt,
    - neue „gentechnikfreie" Nahrungsmittel als Innovationen
    - sowie die mögliche Lösung der Koexistenzproblematik mit dem Ökolandbau.

Zudem vermittelt im Kontext mit der kritischen Einstellung der Bevölkerung „Gentechnikfreiheit" ein allgemeines positives Image mit einer besonderen Bedeutung für die Tourismuswerbung. Damit kann die Einrichtung GVO-freier Regionen auch zu einer generelleren Ausrichtung einer gesamthaften nachhaltigen Regionalentwicklung beitragen (vgl. Schermer et al. 2004).

- Es gibt aber auch potentielle wirtschaftliche Nachteile, die durch die Schaffung GVO-freier Gebiete induziert werden. Durch einen mög-

lichen zukünftigen Verzicht auf eine eventuelle intensive agrarische Massenproduktion haben Regionen, die bereits auf agrarische Intensivproduktion ausgerichtet sind und wenig Potential zur Qualitätsdifferenzierung aufweisen, einen eventuellen zukünftigen Wettbewerbsnachteil. Dieser potentielle Wettbewerbsnachteil dürfte aber für benachteiligte Gebiete weniger ins Gewicht fallen.
- Sollte es aber zu vermehrtem Anbau von GVOs kommen, so ist für die Zukunft zu erwarten, dass die „Gentechnikfreiheit" ein wesentliches Element wird –
  - für jene Regionen, die sich über die lokale Nahrungsmittelqualität definieren (z.B. geschützte Herkunftsbezeichnungen)
  - für jene Regionen, die sich als besonders umweltfreundlich positionieren wollen (Öko-Regionen, Bio-Regionen)
  - für Tourismus- und Ausflugsregionen
  - für alle Schutzgebiete und für alle regionalen Entwicklungsgebiete um die Schutzgebiete herum (Nationalpark-, Naturschutz-Tourismus und Öko-Tourismus)

Dazu kommt, dass in einer Dienstleistungs- und Informationsgesellschaft das positiv besetzte Image der „Gentechnikfreiheit" den unmittelbaren Wettbewerb der Regionen beeinflusst.

Benachteiligte Gebiete aber auch andere Gebiete, die Entwicklungsperspektiven in den aufgezählten Bereichen sehen, werden somit das Projekt der gentechnikfreien Regionen in Europa weiter vorantreiben, und – sollte es zum großflächigen Anbau von GVO kommen – ihren Differenzierungsvorteil als gentechnikfreie Region aktiv suchen.

LITERATURVERZEICHNIS

AER/FOE (2005): Safeguarding Sustainable European Agriculture: Coexistence, GMO free Zones and the Promotion of Quality Food Produce in Europe. Homepages: http://www.gmofree-conference.org/Index.htm bzw. http://www.gmofree-europe.org/NetworkofGMOfree_regions.htm.

EFSA (2005): Opinion of the GMO Panel on an application (Reference EFSA GMO DE 2004 03) for the placing on the market of insect protected genetically modified maize MON 863 x MON 810, for food and feed use, under Regulation (EC) No 1829/2003 from Monsanto. The EFSA Journal (2005) 252, 1-23. http://www.efsa.europa.eu/science/gmo/gmo_opinions/1031/gmo_opinion_ej252_mon863x810_2_en1.pdf

EU-Kommission (2005): European Communities - Measures affecting the approval and marketing of biotech products (DS291, DS292, DS293). Comments by the European Communities on the scientific and technical advice to the panel. 28 January 2005.

EU-Kommission (2003): COMMUNICATION FROM Mr FISCHLER TO THE COMMISSION - Co-existence of Genetically Modified, Conventional and Organic Crops, Brussels, C(2003) (http://www.saveourseeds.org/downloads/Communication_Fischler_02_2003.pdf)

EU-Kommission (2000): Mitteilung Der Kommission - die Anwendbarkeit des Vorsorgeprinzips. EU-Kommission Dokument KOM (2000)1 vom 2.2.2000. http://europa.eu.int/eur-lex/de/com/cnc/2000/com2000_0001de01.pdf

Hoppichler, Josef (2005): Biolandbau und Gentechnik: Von der Unmöglichkeit eines Nebeneinander. In: Groier, Michael, Schermer, Markus (Hrsg.) (2005): Biolandbau in Österreich im internationalen Kontext. Band 2. Forschungsbericht Nr. 55 der Bundesanstalt für Bergbauernfragen. Wien. 139-154.

Hoppichler, Josef (2005b): GMO-free areas: legal, political and scientific issues in relation to nature protection. Referat bei der „European Conference on GMO free Regions, Biodiversity and Rural Development" vom 22. - 23. Jänner 2005 in Berlin (Harnack-Haus).(http://www.gmo-free-regions.org/proceedings-2005/workshops/workshop-b4-gmos-and-protected-areas.html, http://www.gmo-free-regions.org/gmo-free-regions/austria.html)

Hoppichler, Josef (2000): Concepts of GMO-free Environmentally Sensitive Areas. Gutachten im Auftrag des Bundesministeriums für Soziale Sicherheit und Generationen - Sektion IX, August/September 2000. Wien. (publiziert: on-line Library of Mountain Forum: (http://www.mtnforum.org/resources/library/hoppj00b.htm)

IFOAM (2002): Position on Genetic Engineering and Genetically Modified Organisms. Homepage der International Federation of Organic Agriculture Movements (IFOAM), http://www.ifoam.org/press/positions/ge-position.html.

Müller, Werner (1998): Entscheidungsgrundlagen für eine Positionierung des Ökologischen Landbaues zu den Methoden und Anwendungen der Gentechnologie. Bericht für das Bundesministerium für Land- und Forstwirtschaft, Wien.

Pusztai, Arpad; Bartocz, Susan (2006): GMO in animal nutrition: potential benefits and risks. In: Biology of Nutrition in Growing Animals by Mosenthin R., Zentek J., Zebrowska T. (Ed.), Elsevier Limited, S. 513-540.

Schermer, Markus; Hoppichler, Josef (2004): GMO and sustainable development in less favoured regions - the need for alternative paths of development. Journal of Cleaner Production 12 (2004). S 479-489.

Spök, Armin; Hofer, Heinz; Lehner, Petra; Valenta, Rudolf; Stirn, Susanne; Gaugitsch, Helmut (2004): Risk Assessment of GMO-Products in the European Union - Toxicity assessment, allergenicity assessment and substantial equivalence in practice and proposals for improvement and standardisation. Study for the Federal Ministry of Health and Women, Vienna. http://www.bmgf.gv.at/cms/site2/attachments/6/8/7/CH0255/CMS1090828056047/risk_assessment_of_gmo_products-bmgf-layout.pdf

Umweltbundesamt (2006): Ergebnisse der Konferenz „Die Rolle des Vorsorgeprinzips in der GVO-Politik". http://www.umweltbundesamt.at/precautionandgmos/

Neue Formen der Kooperation von Landwirten bei der Befürwortung und Ablehnung der Agro-Gentechnik

Volker Beckmann und Christian Schleyer

12

ZUSAMMENFASSUNG

Neue Technologien ziehen häufig neue Organisationsformen nach sich. Ein Beispiel hierfür sind verschiedene Formen der Kooperation von Landwirten zur Reduzierung der aus der Koexistenz gentechnischer, konventioneller und ökologischer Landwirtschaft resultierenden Kosten. Zu den möglichen und teils auch bereits realen Formen kooperativen Handels zählen die Bildung von „Gentechnikfreien Regionen" (GFR), die Zusammenarbeit zwischen GVO-nutzenden Landwirten sowie die Kooperation von benachbarten GVO-meidenden und GVO-nutzenden Landwirten. Der Beitrag untersucht die einzelbetrieblichen Anreize zur Entscheidung für oder gegen den Anbau von zugelassenen GVO, die Bestimmungsgründe für die Herausbildung unterschiedlicher Kooperationsformen sowie die Rolle anderer Akteure (z.B. Naturschutzverbände, Saatgutunternehmen etc.). Hierzu beleuchtet der Beitrag zunächst die rechtlichen Rahmenbedingungen, fasst den aktuellen empirisch fundierten Wissensstand über Kooperationen bei der Befürwortung und Ablehnung von Agro-Gentechnik zusammen, widmet sich anschließend den Potentialen und Grenzen unterschiedlicher Kooperationsformen im Umgang mit der Agro-Gentechnik und skizziert schließlich den weiteren Forschungsbedarf.

1 EINLEITUNG

Neue Technologien ziehen häufig neue Organisationsformen nach sich. Es überrascht deshalb nicht, dass die Europäische Kommission in ihren Leitlinien zur Koexistenz von gentechnischer, konventioneller und ökologischer Landwirtschaft erwartet, dass „mit dem Anbau gentechnisch veränderter Organismen (GVO) in der EU ... sich auch die Organisation der landwirtschaftlichen Erzeugung verändern" wird (Europäische Kommission 2003: 4). Neue Formen der Kooperation von Landwirten sind dabei eine der möglichen und auch bereits realen Veränderungen. Dazu bemerkt die Europäische Kommission im gleichen Papier, dass „mehrere benachbarte Landwirte ... die Kosten für die Trennung von gentechnisch veränderten und gentechnisch nicht veränderten Kulturen erheblich absenken [können], wenn sie freiwillig ihre Erzeugung aufeinander abstimmen" (ebenda: 17). Die Abstimmung der Erzeugung kann allerdings sehr verschiedene Formen annehmen. Eine der bekannten neuen Kooperationsformen ist die Bildung von „Gentechnikfreien Regionen" (GFR), in denen benachbarte Landwirte sich verpflichten, für zumindest ein Jahr auf den Anbau von GVO zu verzichten. Bisher weniger bekannt ist, dass Landwirte kooperieren, um GVO gemeinsam anzubauen und damit eine Art „Gentechnik-Regionen" (GR) gründen. Beide Kooperationsformen, GFR und GR, setzen auf eine strikte und räumlich-homogene Trennung von GVO und konventioneller/ökologischer Landwirtschaft. Daneben ist aber auch eine Kooperation zwischen benachbarten Landwirten zur Gewährleistung der Koexistenz von konventioneller/ökologischer und GVO-Landwirtschaft vorstellbar, z.B. durch die Abstimmung von Anbauplänen.

Um diese drei möglichen Formen der Kooperation bei der Befürwortung und Ablehnung der Agro-Gentechnik soll es in dem vorliegenden Beitrag gehen. Im Zentrum der Betrachtung stehen Landwirte, die letztlich Entscheidungen über den Anbau von zugelassenen GVO treffen, wobei auch andere Akteure (z.B. Naturschutzverbände, Bauernverbände, Landhandel, Saatgutunternehmen etc.) eine z.T. erhebliche Bedeutung für die konkrete Form der Kooperation haben können. Nach einem kurzen Abriss der rechtlichen Rahmenbedingungen, fasst der Beitrag zunächst den aktuellen empirisch fundierten Wissensstand über Kooperationen bei der Befürwortung und Ablehnung von Agro-Gentechnik zusammen. Anschließend widmet er sich der Frage, welche Potentiale, aber auch Grenzen, die unterschiedlichen Kooperationsformen im Umgang mit der Agro-Gentechnik haben. Der Beitrag endet mit einem Ausblick auf die mögliche zukünftige Bedeutung der Kooperationen sowie auf den weiteren Forschungsbedarf.

2 UNSICHERE RECHTLICHE RAHMENBEDINGUNGEN

Mit dem Entschluss der Europäischen Kommission vom 5. März 2003, bei der Regelung der Koexistenz von gentechnischer, konventioneller und ökologischer Landwirtschaft das Subsidiaritätsprinzip anzuwenden, ist es den Mitgliedsstaaten überlassen, entsprechende Vorschriften zu erlassen (Europäische Kommission 2003). Die Europäische Kommission beschränkte sich somit darauf, Leitlinien festzulegen - am 23. Juli 2003 veröffentlicht -, nach denen der nationale Rechtsrahmen so gestaltet werden sollte, dass er die Koexistenz der Anbauformen prinzipiell ermöglicht; ein generelles Verbot des Anbaus von zugelassenen GVO wurde den Mitgliedsstaaten untersagt (ebenda). In Deutschland waren dementsprechend die Jahre 2003 und 2004 durch eine intensive und kontroverse Diskussion um die Ausgestaltung der rechtlichen Rahmenbedingungen und somit durch große Unsicherheit gekennzeichnet. Mit der im Dezember 2004 verabschiedeten Novelle des Gentechnikgesetzes, die am 1. Januar 2005 in Kraft trat (Gentechnikgesetz 2004), wurde vorerst Rechtssicherheit geschaffen. Die Eckpunkte der bis heute geltenden Koexistenzregeln lassen sich wie folgt zusammenfassen: (1) Aufbau eines öffentlich zugänglichen Standortregisters, mit der Verpflichtung für Landwirte, die GVO anbauen wollen, dies mit detaillierten Angaben zu Frucht und Standort anzuzeigen (§ 16a); (2) Die Verpflichtung für GVO-anbauende Landwirte, Vorsorge zur Schadensvermeidung nach den Regeln der guten fachlichen Praxis im Umgang mit GVO zu treffen (§ 16b); (3) Die Einführung einer gesamtschuldnerischen Haftung der GVO-anbauenden Landwirte für wirtschaftliche Schäden in ihrer Nachbarschaft durch Vermischung von GVO und Nicht-GVO-Kulturen (§ 36a).

Die Risiken der Agro-Gentechnik und die Kosten der Koexistenz sind somit maßgeblich von den GVO-anbauenden Landwirten zu tragen, die für den möglichen Schadensersatz bzw. die Kosten der Schadensvermeidung aufkommen müssen. Mit dem Wechsel der Bundesregierung im Oktober 2005 hat allerdings die Diskussion um weitere Novellen wieder begonnen, wobei insbesondere die Haftungsregel im Zentrum der Diskussion steht (Koalitionsvertrag 2005: 73).

Die Ausgestaltung der gesetzlichen Rahmenbedingungen, aber auch die nach wie vor vorhandene Unsicherheit über ihre weitere Entwicklung haben Auswirkungen auf die gegenwärtigen und zukünftigen Kooperationsformen, indem sie die erwarteten Nutzen und Kosten unterschiedlicher Entscheidungen und Aktivitäten beeinflussen.

3 NEUE KOOPERATIONEN IM UMGANG MIT DER AGRO-GENTECHNIK – EINE ERSTE BESTANDSAUFNAHME

Welche Kooperationsformen bestehen bisher? Wie weit sind sie verbreitet und wie haben sie sich entwickelt? Zur Beantwortung dieser Fragen ist zunächst eine Bestandsaufnahme notwendig.

3.1 Kooperationen zur Verhinderung des Anbaus von GVO – Dynamik der Gentechnikfreien Regionen

Gentechnikfreie Regionen (GFR) und damit Kooperationen von Landwirten, die explizit auf den Anbau von GVO verzichten, gehören zweifelsohne zu den am stärksten wahrnehmbaren neuen Organisationsformen. Aufgrund eines durch das Bundesamt für Naturschutz geförderten Begleitforschungsprojekts des Instituts für Arbeit und Wirtschaft (IAW) der Universität Bremen ist die Informationslage über GFR als sehr gut einzustufen (GFR 2006; Nischwitz 2006). Die erste GFR wurde im November 2003 in Mecklenburg-Vorpommern gegründet. Derzeit (Juni 2006) existieren in Deutschland bereits 93 GFR und entsprechende Initiativen mit einer landwirtschaftlich genutzten Fläche (LF) von 861.424 ha und 25.436 beteiligten Landwirten (GFR 2006). Gab es besonders im Jahre 2004 zunächst eine sehr rapide Zunahme an GFR, so flachte die Entwicklung ab Januar 2005 deutlich ab und weist nur noch geringe Zuwachsraten auf. Im Jahre 2005 wurden zudem die ersten GFR bereits wieder aufgelöst (Nischwitz 2006). Die GFR beruhen in erster Line auf gegenseitigen Selbstverpflichtungserklärungen von Landwirten in einer Region, keine GVO anzubauen. Diese gelten häufig für ein Jahr und verlängern sich automatisch um ein weiteres Jahr, falls sie nicht gekündigt werden. Die Strukturen der GFR sind sehr heterogen und reichen von vier beteiligten Landwirten bis zu mehreren tausend und von 150 ha LF bis zu knapp 100.000 ha LF (GFR 2006), wobei es sich nicht zwingend um räumlich zusammenhängende Gebiete handelt. Zudem sind an vielen GFR nicht nur Landwirte beteiligt, sondern auch landwirtschaftliche Verbände, Kommunen, Naturschutzverbände, kirchliche Einrichtungen, Bürgerinitiativen, regionale Entwicklungsvorhaben, Naturschutzverwaltungen sowie Vertreter der Ernährungswirtschaft. Bemerkenswert ist auch, dass ein starkes Nord-Süd-Gefälle in der Verbreitung der GFR besteht; allein ca. 50% der Fläche der GFR sind in Bayern zu finden. Auffallend ist auch, dass es kaum GFR in den intensiv genutzten Agrarregionen Nordwest- und Ostdeutschlands gibt (Nischwitz et al. 2005).

3.2 Kooperationen zum Anbau von GVO – Sind Gentechnik-Regionen im Entstehen?

Verglichen mit den GFR liegen in Bezug auf die Kooperationen von Landwirten zum gemeinsamen Anbau von GVO kaum Informationen vor. Die zentrale Informationsgrundlage über den Anbau von GVO ist das Standortregister. Seit 2005 erfolgt der kommerzielle Anbau von GVO in Deutschland, wobei der Bt-Mais eine herausragende Stellung einnimmt. Der GVO-Anbau ist dabei von 341,59 ha im Jahre 2005 auf 951,32 ha im Jahre 2006 gestiegen (Standortregister 2006). Auffallend ist eine z.T. starke räumliche Konzentration der Anbauflächen. Der Anbau findet größtenteils in den östlichen Bundesländern und dort insbesondere in Brandenburg statt. Während sich im Jahre 2005 knapp 38% der gesamten GVO-Anbaufläche in Brandenburg konzentrierte, ist dieser Anteil auf 47% im Jahre 2006 gestiegen. Innerhalb Brandenburgs ist nochmals eine Konzentration auf die östlichen Landesteile, insbesondere auf den Oderbruch, festzustellen. Trotz dieser räumlichen Konzentration ist es eine offene Frage, welche Bedeutung die Kooperation zwischen den GVO-anbauenden Betrieben hierbei spielt. Fest steht, dass die Bt-Mais-anbauenden Betriebe in Brandenburg miteinander in engem Kontakt stehen (Piprek 2005). Eine Rolle spielt hierbei auch der private Landhandel, konkret die Märka Kraftfutter GmbH (Eberswalde), die Bt-Mais-Saatgut vertreibt und damit ein Bindeglied zwischen den Saatgutfirmen Monsanto und Pioneer und den Landwirten darstellt. Die entstehenden Kooperationen umfassen demzufolge nicht nur Landwirte, sondern auch Landhandel und Saatgutfirmen. Es erscheint allerdings zu früh, um von der Entstehung von Gentechnik-Regionen zu sprechen.

3.3 Kooperationen zur Koexistenz – Eine Unbekannte und Innovationen im Landhandel

Auch über die Kooperation zwischen Landwirten, die GVO anbauen wollen, und benachbarten Landwirten, die darauf verzichten möchten, ist insgesamt wenig bekannt. Durch die gegenseitige Abstimmung der Anbaupläne kann die Gefahr eines wirtschaftlichen Schadens durch GVO-Verunreinigung erheblich reduziert werden (Messean et al. 2006). Es stellt sich die Frage, ob die Betriebe, die in den Jahren 2005 und 2006 GVO angebaut haben, diese Anbauentscheidung mit ihren Nachbarbetrieben koordiniert haben oder nicht. Aus Brandenburg ist für das Jahr 2005 bekannt, dass die meisten Betriebe Bt-Mais innerhalb von größeren Schlägen angebaut und so das Problem betriebsfremder benachbarter Felder umgangen haben (Landtag Brandenburg 2005). Nach Auskunft der Brandenburgischen Landesregierung ist lediglich ein Fall bekannt, bei dem Bt-Mais in direkter Nähe zu einem Feld mit konventionellem Mais eines anderen Landwirts angebaut wurde. Bei dieser Kooperation hat wiederum die Märka Kraftfutter GmbH eine besondere Stellung eingenommen. Märka bietet konventionell wirtschaftenden Landwirten aus der direkten Nachbarschaft zu Feldern mit Bt-Mais an, den konventionellen Mais – unabhängig von möglichen GVO-Anteilen - zum jeweils geltenden Marktpreis für GVO-freie Ware anzukaufen. Damit garantiert Märka den benachbarten konventionellen Landwirten, keine wirtschaftlichen Schäden aufgrund des Bt-Mais-Anbaus des Nachbarn zu erleiden. Märka ist das erste Unternehmen das ein derartiges Modell der Koexistenz entwickelt hat, welches auf einer dreiseitigen Kooperation zwischen zwei Landwirten und dem Landhandel beruht (Weber et al. 2006).

3.4 Zwischenfazit

Wie die kurze Bestandsaufnahme zeigt, ist die Verfügbarkeit von Informationen über neue Kooperationen zwischen Landwirten bei der Ablehnung und Befürwortung der Agro-Gentechnik sehr unterschiedlich ausgeprägt. Während über GFR detaillierte und ausführliche Informationen verfügbar sind, ist der empirisch fundierte Kenntnisstand über bestehende Kooperationen zum Anbau von GVO und solcher zur Koexistenz der beiden Anbausysteme sehr spärlich und unsystematisch. Neben den Informationen aus dem Standortregister, die auf eine gewisse räumliche Konzentration der GVO-Anbauflächen hindeuten, sind für diese Kooperationsformen Landwirte in Brandenburg sowie die Aktivitäten der Märka Hauptinformationsquellen.

Tabelle 1: Erklärt gentechnikfreie Landwirtschaft und der Anbau von GV-Pflanzen in Deutschland 2005-2006

	2005		2006	
	Hektar LF	Prozent	Hektar LF	Prozent
Erklärt gentechnikfreie Landwirtschaft[a]	483.000	2,84	938.547	5,51
GVO-Landwirtschaft	341	0.00	951	0,01
De facto gentechnikfreie Landwirtschaft	16.551.859	97,16	15.997.502	94,48
LF insgesamt	17.035.200	100	17.035.200 [b]	100

Anmerkungen: a) Gentechnikfreie Regionen, Initiativen und Einzelerklärungen. Zur Definition siehe GFR (2006), b) Landwirtschaftlich genutzte Fläche (LF) des Jahres 2005, Daten von 2006 liegen noch nicht vor.

Quellen: GFR (2006); Standortregister (2006); BMELV (2006)

Tabelle 1 macht die quantitative Dimension des Verhältnisses zwischen GVO-Landwirtschaft und (erklärt bzw. de facto) gentechnikfreier Landwirtschaft nochmals deutlich. Seit 2005 hat sich sowohl die erklärt gentechnikfreie Fläche als auch der Anbau von GVO deutlich ausgedehnt, wenngleich auf sehr unterschiedlichem Niveau. Dennoch kann der Anteil der GVO-Flächen als verschwindend gering bezeichnet werden, und 94,5 % der LF in Deutschland sind auch 2006 noch de facto gentechnikfrei. Die weitaus überwiegende Zahl der Landwirte baut also weder GVO an, noch verzichtet sie erklärtermaßen auf den Anbau von GVO. Es stellt sich deshalb die Frage, welches Potential zukünftig der GVO-Anbau sowie die unterschiedlichen Kooperationsformen im Umgang mit der Agro-Gentechnik haben.

4 WELCHE POTENTIALE HABEN KOOPERATIONEN BEI DER ZUKÜNFTIGEN BEFÜRWORTUNG UND ABLEHNUNG DER AGRO-GENTECHNIK?

Um die Potentiale für Kooperationen im Umgang mit der Agro-Gentechnik einschätzen zu können, soll im Folgenden von den Anreizen der Landwirte ausgegangen werden. Die Landwirte entscheiden darüber, ob sie (1) GVO anbauen, oder nicht, und, (2) ob sie diese Entscheidung mit anderen Landwirten koordinieren, oder nicht. Es wird davon ausgegangen, dass beide Entscheidungen aufgrund von Kosten-Nutzen-Überlegungen getroffen werden. Neben den Kosten und Nutzen des Anbaus von GVO sind deshalb die Kosten und Nutzen einer möglichen Kooperation von Landwirten systematisch zu betrachten. Ein Landwirt baut unter diesen Annahmen nur dann GVO an bzw. kooperiert mit anderen Landwirten, wenn der erwartete Nettonutzen positiv ist. Andere Akteure können versuchen, diese Entscheidung zu beeinflussen, indem sie dessen Erwartungen über Kosten und Nutzen beeinflussen (z.B. die Nutzen oder Kosten des Anbaus von GVO entweder übertreiben oder untertreiben) oder indem sie explizit Kosten übernehmen (z.B. Organisationskosten der GFR bzw. Schadensvermeidungskosten des GVO-Anbaus). Bevor jedoch auf das Verhalten und die Bedeutung anderer Akteure eingegangen wird, soll im Folgenden zunächst von den Anreizen für die Landwirte ausgegangen werden. Die Überlegungen bauen dabei auf den Beiträgen von Beckmann und Wesseler (2007) sowie Beckmann, Soregaroli und Wesseler (2006) auf.

4.1 Anreize zum Anbau von GVO

Entsprechend der o.g. Annahmen wird ein Landwirt dann GVO anbauen, wenn der Nettonutzen des Anbaus von GVO, v_{G_i}, größer ist als der Nettonutzen des Anbaus von konventionellen oder ökologischen Kulturen, v_{N_i}. In der Abbildung 1 ist jede beliebige Kombination positiver Ausprägungen dieser Werte v_{G_i} und v_{N_i} dargestellt, wobei zunächst von den Kosten der Koexistenz abstrahiert wird. Auf der 45°-Linie (Indifferenzlinie) ist der Nettonutzen der beiden Alternativen identisch, oberhalb dieser Linie ist der Nettonutzen des Anbaus von GVO größer ($v_{G_i} > v_{N_i}$), unterhalb ist er kleiner als der des konventionellen/ökologischen Anbaus ($v_{N_i} > v_{G_i}$). In der Abbildung kann somit jeder beliebige landwirtschaftliche Betrieb i entweder in die Gruppe potentiell GVO-anbauender Landwirte (Gruppe B, $v_{G_i} > v_{N_i}$) oder Nicht-GVO-anbauender Landwirte (Gruppe A, $v_{N_i} \geq v_{G_i}$) eingeteilt werden. Der Nettonutzen sowohl des GVO-Anbaus als auch des konventionellen/ökologischen Anbaus ist dabei u.a. abhängig vom Betriebstyp (ökologisch oder konventionell), der Schlaggröße (Anbaufläche) sowie der Fruchtart (Verfügbarkeit von zugelassenen GVO). Für Betriebe des ökologischen Landbaus ist der Nettonutzen des GVO-Anbaus deutlich geringer als für konventionelle Betriebe; erstere sind deshalb rechts unten in der Abbildung anzusiedeln. Die Schlaggröße bestimmt in der Abbildung die Entfernung vom Ursprung, nicht aber per se die Lage ober- oder unterhalb der 45°-Linie. Die Fruchtart bestimmt schließlich, ob überhaupt entsprechende GV-Varianten zugelassen sind und angeboten werden und wenn ja, welche Vorteile damit verbunden sein können. Während beim Mais bereits mehrere zugelassene GV-Sorten existieren, sind diese bei Kartoffeln in der Beantragung und bei Weizen erst in der Entwicklung.

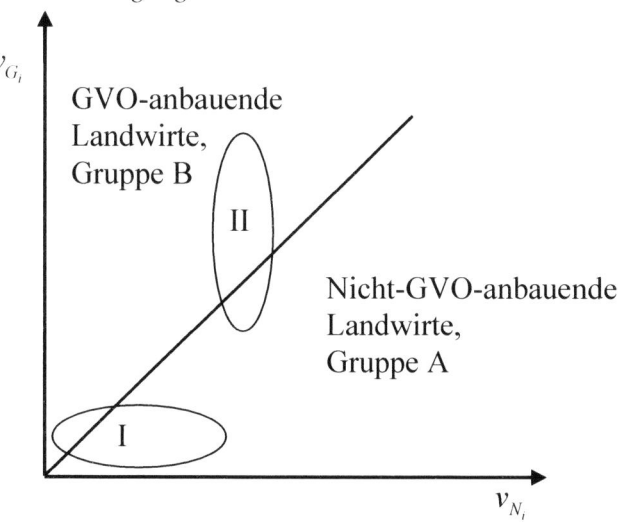

Abb. 1: Nettonutzen des Anbaus von GVO und Anreize zur Adaption
Quelle: Beckmann und Wesseler (2006), leicht verändert

In einer Region, in der Pflanzen angebaut werden, für die GV-Sorten existieren, können nun unterschiedliche Betriebe vorkommen. Die Ellipse I umreißt hier eine Region, in der die Mehrheit der Betriebe keinen oder nur einen geringen Anreiz besitzt, GVO anzubauen. Dies ist eine Region mit mittleren bis kleineren Schlaggrößen und einer größeren Anzahl von ökologischen Betrieben. Die Ellipse II hingegen kennzeichnet eine Region mit größeren Schlägen, in der ökologische Betriebe kaum vorkommen und die Landwirte mehrheitlich ein Interesse am Anbau von GVO haben.

Gegenwärtig ist der Nettonutzen des Anbaus von GVO lediglich für Bt-Mais eindeutig belegt, dies aber auch nur dann, wenn der Maiszünsler ernsthafte Schäden verursacht (Degenhardt, Horstmann und Mülleder 2003; Nischwitz et al. 2005: 43f.). Für die stark vom Maiszünsler betroffenen Regionen Oderbruch (Brandenburg) und Rheintal (Rheinland-Pfalz) ermitteln Degenhardt, Horstmann und Mülleder (2003) einen monetären Zusatznutzen des Bt-Maisanbaus gegenüber der besten konventionellen Alternative (d.h. $v_{G_i} - v_{N_i}$) von 38 bis 66 € je ha und Jahr. Die Autoren schätzen die Fläche, die in Deutschland insgesamt vom Maiszünsler betroffen ist, auf jährlich 356.000 ha (ca. 21% der gesamten Maisanbaufläche in Deutschland), wobei eine sehr stark unterschiedliche räumliche Verteilung vorliegt (Deutsches Maiskomitee 2006). In Brandenburg wird die jährliche Befallsfläche auf 20.000 ha geschätzt, was ca. 17% der gesamten Maisanbaufläche in Brandenburg im Jahr 2005 entspricht. In Bayern belaufen sich die Schätzungen auf 200.000 ha jährlich und damit auf ca. 49% der gesamten Maisanbaufläche. Das bedeutet, (1) dass die überwiegende Zahl der Maisanbauenden Landwirte gegenwärtig kein Interesse am Anbau von Bt-Mais hat, weil für sie aufgrund eines nur geringen Schadensdrucks kein wirtschaftlicher Vorteil gegeben ist, aber auch, (2) dass ein erhebliches Potential für den Anbau von Bt-Mais in Deutschland besteht.

Die Anreize sind jedoch nicht nur vom potentiellen wirtschaftlichen Vorteil geprägt, sondern auch von den zusätzlichen Kosten, die durch die Koexistenzregelungen auferlegt werden. Je nach dem, wer diese Kosten tragen muss, verändern sich die Anreize zum Anbau von GVO. In der Abbildung 2 sind die Effekte der unterschiedlichen Kostenzuordnung abgebildet.

Neue Formen der Kooperation von Landwirten

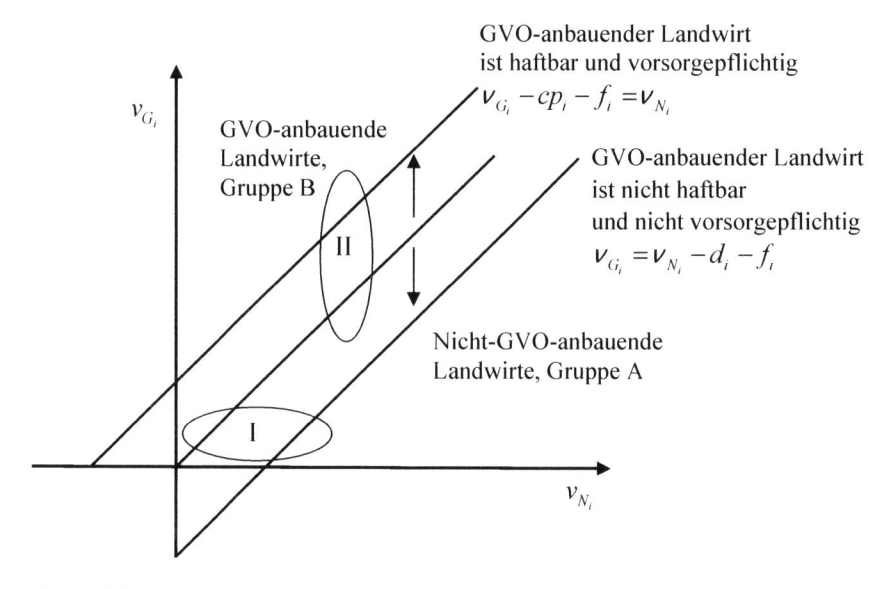

Abb. 2: Koexistenzregeln und der Nettonutzen des Anbaus von GVO
Quelle: Beckmann und Wesseler (2007), leicht verändert

Ist der GVO-anbauende Landwirt für eventuell auftretende wirtschaftliche Schäden haftbar und ist er zu Maßnahmen der Schadensvermeidung verpflichtet, wie im deutschen Gentechnikgesetz derzeit verankert, reduziert sich der Nettonutzen des GVO-Anbaus um die damit verbundenen Kosten der erwarteten Schadensersatzzahlungen cp_i und der Schadensvermeidungskosten f_i, was einer Verschiebung der 45°-Linie nach oben entspricht. Die Wahrscheinlichkeit von Schäden sowie die Schadensvermeidungskosten hängen von sehr vielen Faktoren (Flächengröße, Topographie, Landschaftselemente, Windverhältnisse, etc.) ab und sind generell kulturartenspezifisch, d.h. Mais unterscheidet sich stark von Raps oder Kartoffeln (siehe auch Beckmann und Wesseler 2006; Messean et al. 2006). Unter den gemachten Annahmen verzichten in der Beispielregion I die Landwirte vollständig auf den Anbau von GVO, während in der Beispielregion II sich zwar der Anteil der Landwirte, die GVO anbauen, deutlich reduziert, aber nicht vollständig verschwindet. Auch fällt auf, dass es die größeren

Schläge sind, auf denen noch GVO angebaut wird. Ein anderes Verhalten wäre sicher festzustellen, wenn keine Haftung und keine besonderen Regeln der guten fachlichen Praxis gelten würden. In diesem Fall hätten die konventionellen/ökologischen Betriebe die Schäden d_i hinzunehmen bzw. sie hätten Vorsorgemaßnahmen zu ergreifen, um sich vor dem Einfluss der GVO zu schützen, was ebenfalls mit Schadensvermeidungskosten f_i verbunden wäre (siehe ausführlicher Beckmann und Wesseler 2006). Die 45°-Linie würde sich unter diesen Bedingungen nach unten verschieben. In der Beispielregion I würde jetzt auch in einem erheblichen Umfang GVO angebaut werden, wenngleich nach wie vor einige Betriebe auch darauf verzichten würden. Die Region II würde sich hingegen vollständig für den GVO-Anbau entscheiden.

4.2 Anreize zur Kooperation

Bislang wurde angenommen, dass Landwirte ihre Entscheidungen zum Anbau von GVO individuell treffen. Nun soll der Frage nachgegangen werden, wann und wie sie diese Entscheidungen untereinander koordinieren. Besonders wichtig ist dabei, ob und inwieweit benachbarte Landwirte ihr Verhalten koordinieren. Landwirte, die keine GVO anbauen wollen, können versuchen, ihre benachbarten Landwirte ebenfalls zu überzeugen, auf den Anbau zu verzichten. Umgekehrt können auch Landwirte, die GVO anbauen wollen, versuchen, ihre Nachbarn davon zu überzeugen, ebenfalls GVO anzubauen. Dieses Überzeugen ist jedoch gar nicht notwendig, wenn die benachbarten Landwirte ohnehin die gleichen Entscheidungen treffen. Interessant wird es dann, wenn benachbarte Landwirte gegensätzliche Entscheidungen treffen und diese nun im Konflikt oder durch Kooperation koordinieren müssen. Jedwede Form der Koordination ist dabei aber nicht kostenfrei. Die Frage ist somit zunächst, welche Typen von Landwirten aus den Gruppen A oder B jeweils Nachbarn sind. In Abbildung 3 sind zwei benachbarte Betriebe i und j dargestellt. Auf der vertikalen Achse ist für den Landwirt j der Zusatznutzen des GVO-Anbaus, $v_{G_j} - v_{N_j}$, abgetragen, auf der horizontalen Achse für den Betrieb i der Zusatznutzen des Nicht-GVO-Anbaus, $v_{N_i} - v_{G_i}$. Für benachbarte Betriebe können sich folglich drei logische Möglichkeiten ergeben: (1) zwei GVO-anbauende Landwirte (Kombination BB), (2) zwei Nicht-GVO-anbauende Landwirte (Kombination AA) oder (3) ein GVO-anbauender und ein Nicht-GVO-anbauender Landwirt (Kombination BA) sind benachbart.

$v_{G_j}^\ell - v_{N_j}$

Benachbarte GVO-anbauende und Nicht-GVO-anbauende Landwirte

GVO-anbauender Landwirt überzeugt den Nicht-GVO-anbauenden Landwirt vom GVO-Anbau

Benachbarte GVO-anbauende Landwirte

GVO-anbauender Landwirt unternimmt Schadensvermeidungsaktivitäten und zahlt Schadensersatz

$cp_j + f_j$

GVO-anbauender Landwirt verzichtet auf den GVO-Anbau

$v_{N_i} - v_{G_i}^\ell$

Benachbarte Nicht-GVO-anbauende Landwirte

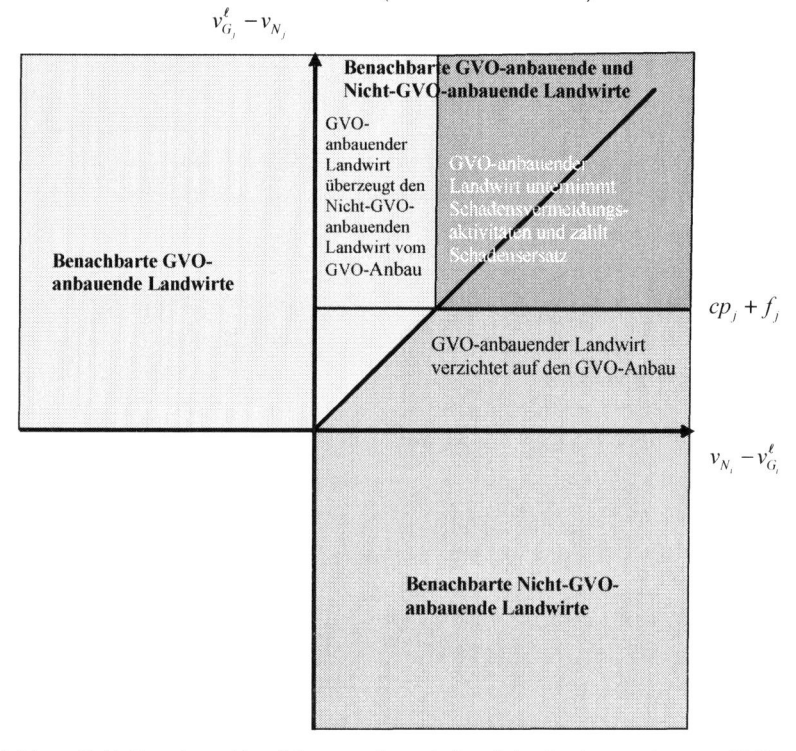

Abbildung 3: Nettonutzen, Koexistenzregeln und räumliche Agglomeration von GVO
Quelle: Beckmann und Wesseler (2007), verändert

Oberhalb der 45°-Line ist der Zusatznutzen des GVO-Anbaus im Betrieb j größer als der Zusatznutzen des konventionellen/ökologischen Anbaus im Betrieb i. Dadurch ist es dem GVO-anbauenden Landwirt prinzipiell möglich, den Nachbar (finanziell) davon zu überzeugen, ebenfalls GVO anzubauen. Unterhalb der 45°-Linie ist es dem GVO-anbauenden Landwirt (finanziell) jedoch nicht möglich, den konventionellen/ökologischen

Landwirt zu überzeugen. Es gibt kein Angebot, das der Nachbar akzeptieren würde. In diesem Fall bleibt dem GVO-anbauenden Landwirt nur, entweder auf den Anbau zu verzichten, oder Schadensvermeidungsaktivitäten zu unternehmen bzw. für mögliche Schäden zu zahlen. Liegt der Zusatznutzen höher als die Kosten der Schadensvermeidung und möglicher Schadensersatzzahlungen, so baut der GVO-anbauende Landwirt trotzdem an, ansonsten verzichtet er. Daraus ergeben sich für zwei benachbarte Landwirte in der Kombination BA insgesamt drei Möglichkeiten: (1) Der GVO-anbauende Landwirt überzeugt den konventionellen Landwirt ebenfalls GVO anzubauen; (2) Der GVO-anbauende Landwirt verzichtet auf den Anbau von GVO; (3) Der GVO-anbauende Landwirt unternimmt Schutzmaßnahmen und/oder leistet Schadensersatz, aber GVO-anbauende und Nicht-GVO-anbauende Betriebe existieren nebeneinander. Die Möglichkeit (3) wird dabei in entscheidendem Maße von den erwarteten Schadensersatzzahlungen bzw. den Kosten der Schadensvermeidung bestimmt. Je geringer die erwarteten Schadensersatzzahlungen oder je geringer die Schadensvermeidungskosten, umso größer ist der Möglichkeitsraum für die nachbarschaftliche Koexistenz. Je höher diese Kosten jedoch sind, umso stärker ist der Anreiz zur räumlichen Segregation. Diese Überlegungen dienen im Folgenden dazu, die Potentiale für die unterschiedlichen Formen der Kooperation abzuschätzen.

4.3 Potentiale zur Bildung von „Gentechnikfreien Regionen"

Vorrausetzung der Kooperationen zwischen landwirtschaftlichen Betrieben zur Verhinderung des Anbaus von GVO und damit zur Bildung von Gentechnikfreien Regionen (GR) ist, dass mehrere benachbarte Betriebe der gentechnikfreien Produktion einen hohen Wert zumessen bzw. kaum Nachteile darin sehen, auf GVO zu verzichten. Gegenwärtig sind diese Bedingungen in Regionen gegeben, in denen (1) der Maiszünsler keinen wirtschaftlichen Schaden verursacht und (2) der ökologische Landbau stark verbreitet ist. Die erste Bedingung ist gegenwärtig für 98% der LF in Deutschland gegeben, während die zweite Bedingung räumlich sehr unterschiedlich ausgeprägt ist (SÖL 2006). Daraus folgt, dass die Opportunitätskosten der Etablierung von GFR gegenwärtig gering sind. Das alleine schafft aber noch keinen Nutzen, der die zusätzlichen Kosten einer solchen Kooperation rechtfertigt und Landwirte dazu bewegt, explizit auf den zukünftigen Anbau zu verzichten. Aufschluss über mögliche Nutzen der Kooperation gibt eine Untersuchung der Gründung der GFR Uckermark-Barnim (Nischwitz et al. 2005). Während ökologische Betriebe in erster Linie durch die Abwehr von wirtschaftlichen Schäden motiviert sind, sind es bei den konventionellen Betrieben überwiegend die fehlenden wirtschaftlichen Vorteile durch GVO und ggf. erhöhte Kosten bei der Vermarktung und Fruchtfolge. Offenbar war es in diesem Fall möglich, dass ökologische Landwirte benachbarte konventionelle Landwirte davon überzeugen, explizit auf den Anbau zu verzichten. Als kleinster gemeinsamer Nenner der Kooperation wurde vor allem die Vermeidung von Nachbarschaftsstreitigkeiten sowie das Fehlen von klaren wirtschaftlichen Vorteilen durch GVO genannt (ebenda). Der mögliche Nutzen einer Kooperation zur Verhinderung des Anbaus von GVO liegt somit a) in der Reduzierung von Unsicherheit, b) der Vermeidung von Rechtsstreitigkeiten, c) der Reduzierung von „Restschäden", die nicht kompensiert werden, sowie d) in der Vermeidung von Vermarktungsnachteilen bzw. der Erlangung von Vermarktungsvorteilen. In den Jahren 2003 und 2004, also vor der Verabschiedung des Gentechnikgesetzes, bestand ein zusätzlicher Nutzen der Etablierung von GFR vor allem in der Reduzierung von Unsicherheit und in der politischen Signalwirkung. Mit den seit Januar 2005 geltenden rechtlichen Rahmenbedingungen sind die Anreize zur Bildung von GFR deutlich gesunken. Aufgrund der gesamtschuldnerischen Haftung der GVO-anbauenden Landwirte und der Verpflichtung zur guten fachlichen Praxis beim Umgang mit GVO ist das Risiko des wirtschaftlichen Schadens aufgrund von ungewollten Verunreinigungen mit GVO weitgehend entfallen. Es bleiben allerdings mögliche Schäden durch GVO, die durch die bestehende Haftungsregel nicht abgedeckt sind, z.B. im Bereich des Naturschutzes, des Tourismus oder bei einem vermuteten Imageschaden für Regionen, bei denen die Vermarktung von Regionalprodukten eine starke Bedeutung hat. Dies dürfte auch das Engagement erklären, das andere Akteure motiviert, an der Gründung von GFR mitzuwirken und Kosten der Organisation zu tragen. Hinzu kommen vermutete Vermarktungsvorteile für GVO-freie Produkte, deren Realisierung jedoch mit großen Unsicherheiten verbunden ist. Die zukünftige Entwicklung für GFR ist deshalb unsicher und wird bestimmt von den zukünftig realisierbaren Vermarktungsvorteilen, den Erfahrungen über Schäden durch die GVO-Landwirtschaft, von der zukünftigen Entwicklung der Vorteile von GVO sowie von der Übernahme von Kosten der Organisation von GFR. Die GFR bieten unter den gegenwärtigen rechtlichen Rahmenbedingungen für die Landwirte kaum Kosten- oder Nutzenvorteile, sondern sind vor allem mit zusätzlichen Organisationskosten verbunden. Wie verschiedene Studien zeigen, ist das gegenwärtige Missverhältnis aus Kosten und Nutzen von GFR ein ernsthaftes Problem für deren Bestand und Weiterentwicklung (Nischwitz 2006).

4.4 Potentiale zur Bildung von Gentechnik-Regionen

Vorrausetzung der Kooperationen zwischen landwirtschaftlichen Betrieben zum gemeinsamen Anbau von GVO und damit zur Bildung von Gentechnik-Regionen (GR) ist, dass mehrere benachbarte Betriebe einen deutlichen Zusatznutzen durch den GVO-Anbau erwarten bzw. kaum Nachteile darin sehen. Gegenwärtig sind diese Bedingungen in Regionen gegeben, in denen (1) der Maiszünsler einen ernstzunehmenden wirtschaftlichen Schaden verursacht und (2) der ökologische Landbau gering verbreitet ist. Dies eröffnet die Möglichkeit, auch benachbarte Betriebe vom GVO-Anbau zu überzeugen. Neben dem potentiellen Nutzen des Anbaus von GVO muss jedoch auch ein Nutzen der Kooperation vorhanden sein. Unter den gegenwärtigen gesetzlichen Rahmenbedingungen besteht dieser vor allem (a) in der möglichen Reduzierung der Kosten der Schadensvermeidung, die z.B. durch einzuhaltende Mindestabstände entstehen und durch Flächenzusammenlegung vermindert werden können, (b) in der Reduzierung der erwarteten Schadensersatzkosten bei gesamtschuldnerischer Haftung und (c) in der Reduzierung von Vermarktungsnachteilen. Wie Messean et al. (2005: 34) feststellen, ist die Einhaltung des Grenzwertes von 0,9% GVO-Verunreinigung bei einem GVO-Flächenanteil von 10% in einer Region mit verteilten Einzelflächen schwieriger, als bei einem Anteil von 50% zusammenhängender GVO-Fläche. Die Anreize zur Kooperation sind dabei umso größer, je höher die individuellen Kosten der Schadensvermeidung sind. Diese hängen von der Frucht und von den agrarstrukturellen Voraussetzungen ab. Je größer der vorgeschriebene Mindestabstand und je kleiner die landwirtschaftlichen Flächen, desto größer sind die möglichen Vorteile einer Kooperation. Die gesamtschuldnerische Haftung der GVO-anbauenden Landwirte kann die Herausbildung derartiger Kooperationen unterstützen, da Landwirte in einer Region (im Schadensfall) ohnehin in einem Boot sitzen. Da die Vermarktung von GVO-Produkten häufig mit hohen Fixkosten der Trennung von GVO und Nicht-GVO verbunden ist, kann eine Kooperation zwischen GVO-anbauenden Landwirten in einer Region den Aufbau effektiver Vermarktungsstrukturen fördern und die einzelbetrieblichen Vermarktungsnachteile verringern. Dem Nutzen der Kooperation stehen jedoch die Kosten gegenüber, die im Wesentlichen von der Zahl der landwirtschaftlichen Betriebe und der Flächenstruktur in der Region bestimmt werden. Obwohl in kleinflächig strukturierten Agrarregionen der Nutzen der Kooperation zum Anbau von GVO groß sein kann, sind es die Kooperationskosten ebenfalls. Diese Kooperationskosten können durch andere Akteure, z.B. den Landhandel oder Saatgutfirmen, gesenkt werden. Letztlich stellt sich aber die Frage, ob die betriebsindividuellen Kosten der Kooperation die jeweiligen potentiellen Nutzen übersteigen. Sind die Kooperationskosten gering, kann dadurch ein GVO-Anbau ermöglicht werden, der bei einzelbetrieblicher Anpassung nicht möglich wäre. Sind sie hingegen hoch, so entscheidet vor allem die Flächengröße und die Nachbarschaft zu ökologischen/konventionellen Betrieben darüber, ob der Zusatznutzen des Anbaus von GVO die Koexistenzkosten decken kann oder nicht.

4.5 Potentiale von Kooperationen zur Koexistenz

Überall dort, wo nebeneinander sowohl Betriebe existieren, die der gentechnikfreien Produktion einen hohen Wert beimessen als auch solche, für die der GVO-Anbau einen hohen Zusatznutzen verspricht, ergeben sich

Möglichkeiten zur Kooperation zur nachbarschaftlichen Koexistenz. Gegenwärtig sind diese Bedingungen in Regionen gegeben, in denen (1) der Maiszünsler einen ernstzunehmenden wirtschaftlichen Schaden verursacht und (2) heterogene Betriebsstrukturen und -typen verbreitet sind. Dabei stoßen zunächst Interessensgegensätze aufeinander. Kooperation beruht in diesem Fall nicht auf gleichgerichteten Interessen, sondern auf Interessensgegensätzen und erfolgt mit dem Ziel der Vermeidung von Konflikten. Wie bereits festgestellt wurde, stellt die Vermeidung von Nachbarschaftskonflikten ein bedeutendes Motiv der Teilnahme von konventionellen Betrieben an GFR da. Die Kooperation zur Koexistenz beruht jedoch darauf, dass kein Landwirt den anderen überzeugen kann. Unter diesen Bedingungen kann ein Landwirt, der GVO anbauen will, einzelbetriebliche Schutzmaßnahmen ergreifen, er kann aber auch mit den benachbarten Betrieben bei der räumlichen und zeitlichen Gestaltung der Anbauplanung kooperieren. Die Kooperation ist dabei umso vorteilhafter, je kostenträchtiger einzelbetriebliche Schutzmaßnahmen sind. Eine Kooperation ist nur dann zu erwarten, wenn diese sowohl eine Kostenreduktion für die GVO-anbauenden Landwirte als auch für die Nicht-GVO-anbauenden Landwirte verspricht. Auch setzt es ein kooperatives und nicht konfrontatives Verhalten der beteiligten Akteure voraus und eine gegenseitige Akzeptanz der Rechte zum Anbau von GVO- oder Nicht-GVO-Sorten. Werden diese Rechte in Frage gestellt, gibt es wenig Raum zur Kooperation, da einzelne Akteure versuchen können, durch eine Verschärfung der Konflikte die Entscheidungen der GVO-interessierten Landwirte zu beeinflussen. Langfristig dürfte es aber im Interesse aller Akteure liegen, Nachbarschaftsstreitigkeiten zu vermeiden.

Eine weiteres Modell zur Kooperation zur Koexistenz stellt die bereits erwähnte Kooperation zwischen benachbarten Landwirten und dem Landhandel da, wie es die Märka in Brandenburg gegenwärtig praktiziert. Auch diese Kooperation bietet beiden Seiten Vorteile und erlaubt die nachbarschaftliche Koexistenz von Bt-Mais und konventionellen Maisflächen, indem die zu erwartenden finanziellen Schäden auf Null reduziert werden. Das Angebot der Märka gilt jedoch nur für konventionellen und nicht für ökologischen Mais.

5 FAZIT UND AUSBLICK

Dieser Beitrag argumentiert, dass die Möglichkeiten und Grenzen zur Kooperation bei der Befürwortung und Ablehnung der Agro-Gentechnik maßgeblich von den Nutzen und Kosten des Anbaus von GVO einerseits und denen der unterschiedlichen Kooperationsformen andererseits beeinflusst werden. Die Nutzen und Kosten beider Entscheidungsebenen werden von einer Vielzahl von Faktoren beeinflusst. Die verfügbaren GVO und ihre ökonomischen Zusatznutzen im Zusammenhang mit den Anbaustrukturen sind zunächst von zentraler Bedeutung. Gegenwärtig ist lediglich Bt-Mais unter bestimmten Bedingungen wirtschaftlich interessant. Auch wenn die gesamte vom Maiszünsler jährlich betroffene Fläche in Deutschland mit Bt-Mais bestellt werden würde, wären dies lediglich 20% der Maisfläche und 2% der gesamten LF. Zweitens sind die rechtlichen Rahmenbedingungen bedeutend. Durch die Zuordnung der Kosten der Koexistenz zu den GVO-anbauenden Betrieben reduzieren sich die Anreize zum GVO-Anbau. Einerseits werden dadurch Anreize zur Kooperation für GVO-anbauende Landwirte geschaffen, um diese Kosten zu senken. Andererseits ergeben sich aber auch geringe Opportunitätskosten der Schaffung von GFR. Damit kommt ein dritter Faktor ins Spiel, die agrarstrukturellen Gegebenheiten, welche darüber bestimmen, ob Betriebe mit gleichen Interessen benachbart sind, oder nicht, und welche Art der Kooperation sich möglicherweise herausbildet. Hinzu kommen noch der Einfluss der nachbarschaftlichen Beziehungen der Landwirte untereinander sowie die Aktivitäten anderer Akteure, die die Kosten der verschiedenen Kooperation beeinflussen können.

Die Implikationen der hier dargestellten Überlegungen können durch eine Gegenüberstellung von Brandenburg und Bayern gut verdeutlicht werden (siehe Tabelle 2). Die jährliche Maiszünsler-Befallsfläche wird, wie bereits ausgeführt, auf 20.000 ha in Brandenburg und auf 200.000 ha in Bayern geschätzt. Dies entspricht einem möglichen Zusatznutzen durch den Einsatz von Bt-Mais von etwa 1 Mio. € in Brandenburg sowie ca. 10 Mio. € in Bayern. Während in Brandenburg jedoch die tatsächliche Anbaufläche für Bt-Mais von 129 ha im Jahre 2005 auf 447 ha im

Jahre 2006 gestiegen ist, fiel sie im gleichen Zeitraum in Bayern von 14,2 ha auf 5,4 ha. Eine Erklärung für diese divergierende Entwicklung dürfte in den unterschiedlichen Betriebsgrößen und Flächenstrukturen liegen. In Brandenburg beträgt die durchschnittliche Betriebsgröße 200 ha LF, in Bayern etwa 23,2 ha. Die durchschnittliche Größe eines Bt-Maisfeldes betrug im Jahr 2006 in Brandenburg 14,4 ha (2005: 16 ha) verglichen mit 0,4 ha (2005: 1 ha) in Bayern. Obwohl der potentielle Zusatznutzen des Bt-Mais-Anbaus in Bayern insgesamt also groß ist, lässt er sich offenbar einzelbetrieblich nicht ohne weiteres realisieren. Während der Zusatznutzen der durchschnittlichen Bt-Mais-Anbaufläche in Brandenburg ca. 800 € beträgt, beziffert er sich in Bayern auf 52 bzw. 21 € je Fläche. Um das Risiko gering zu halten, wird in Bayern Bt-Mais in einer Größenordnung angebaut, die den Zusatznutzen gegen Null tendieren lässt. Der geringe Zusatznutzen verhindert offenbar auch eine Kooperation zum Anbau von Bt-Mais oder zur Koexistenz. Während somit in Brandenburg große Betriebsstrukturen und die Kooperation mit der Märka einen GVO-Anbau begünstigen, scheinen in Bayern die kleinen Betriebsgrößen und fehlende Kooperationen zur Koexistenz oder mit dem Landhandel dies zu verhindern. Bei einem derart geringen Zusatznutzen je Betrieb ist es im Süden Deutschlands offenbar auch möglich, viele landwirtschaftliche Betriebe zu einer Teilnahme an GFR zu bewegen, wie die bereits erwähnte Tatsache belegt, dass etwa die Hälfte aller deutschen GFR in Bayern lokalisiert sind (Nischwitz et al. 2005).

Tabelle 2: Potentieller und realisierter Nutzen des Bt-Mais-Anbaus in Bayern und Brandenburg

		Brandenburg	Bayern
Geschätzte Maiszünsler-Befallsfläche im Jahr, ha*		20.000	200.000
Potentieller Zusatznutzen des Bt-Mais-Anbaus im Jahr, €**		1.040.000	10.400.000
Bt-Mais-Anbau, ha	2005	129	14,2
	2006	447	5,4
Durchschnittliche Betriebsgröße, ha LF		200	23,2
Durchschnittliche Größe eines Bt-Maisfeldes, ha	2005	16	1
	2006	14,4	0.4
Potentiell realisierter Zusatznutzen je Bt-Maisfeld, €	2005	832	52
	2006	749	21

** Die Berechnung beruht auf der Annahme, dass ein durchschnittlicher Zusatznutzen des GVO Anbaus von 55 € je ha besteht (vgl. Degenhardt, Horstmann und Mülleder 2003)
Quellen: Standortregister (2006), *Degenhardt, Horstmann und Mülleder (2003), eigene Berechnungen

Insgesamt besteht ein erheblicher Forschungsbedarf vor allem im Hinblick auf die empirische Identifikation von Determinanten der Entscheidungsfindung von Landwirten bei der Wahl unterschiedlicher Kooperationsformen bei der Befürwortung und Ablehnung der Agro-Gentechnik. Welche Rolle spielen dabei Betriebsstrukturen, naturräumliche Charakteristika, Akteure wie z.B. Saatguthersteller und Agrar- und Umweltverwaltungen und betriebliche Erfahrungen mit dem GVO-Anbau? Brandenburg und Bayern bilden dabei zwei kontrastreiche Fallbeispiele, an denen unterschiedliche Optionen untersucht werden könnten und sollten. Länderübergreifende Studien könnten zudem die Bedeutung national unterschiedlich ausgestalteter Haftungsregeln für die Wahl und konkrete Ausgestaltung der jeweiligen Kooperationsformen herausarbeiten.

LITERATUR

Beckmann, V.; Wesseler J. (2007). Spatial Dimension of Externalities and the Coase Theorem: Implications for Coexistence of Transgenic Crops. In: W. Heijman (ed.). Regional Externalities, S. 223-242.

Beckmann, V.; Soregaroli, C.; Wesseler, J. (2006). Governing the Co-Existence of GM Crops: Ex-Ante Regulation and Ex-Post Liability under Uncertainty and Irreversibility. ICAR Discussion Paper 12/2006, Humboldt University Berlin, Division of Resource Economics.

BMELV (Bundesministerium für Ernährung, Landwirtschaft und Verbraucherschutz) (2006). Landwirtschaftliche Betriebe nach Bodennutzung und Ländern. http://www.bmelv-statistik.de

Degenhardt, H.; Horstmann, F.; Mülleder, N. (2003). Bt-Mais in Deutschland. Erfahrungen mit dem Praxisanbau von 1998-2002. mais - Die Fachzeitschrift für den Maisbauer (Sonderdruck 2/2003): 1-4.

Deutsches Maiskomitee (2006). Maisanbaufläche Deutschland in ha, 2005 und 2006 (vorläufig) nach Bundesländern und Nutzungsrichtung in ha. http://www.maiskomitee.de/dmk_download/fb_fakten/dateien_pdf/d_flaeche_0506.pdf

Europäische Kommission (2003). Empfehlungen der Kommission vom 23. Juli 2003 mit Leitlinien für die Erarbeitung einzelstaatlicher Strategien und geeigneter Verfahren für die Koexistenz gentechnisch veränderter, konventioneller und ökologischer Kulturen. Amtsblatt der Europäischen Union, L 189/36-47. Brüssel.

GFR (Gentechnikfreie Regionen) (2006). Übersicht: Gentechnikfreie Regionen in Deutschland (Stand 10.06.2006) http://www.gentechnikfreie-regionen.de/regionen/regionen_13/files/2829_gfr_kurzuebersicht_extern010606.pdf

Gentechnikgesetz (2004). Gesetz zur Regelung der Gentechnik (Gentechnikgesetz - GenTG) vom 16. Dezember 1993, geändert am 21. Dezember 2004 BGBl I, 186.

Koalitionsvertrag (2005). Gemeinsam für Deutschland. Mit Mut und Menschlichkeit. Koalitionsvertrag von CDU, CSU und SPD. 11. November 2005. http://koalitionsvertrag.spd.de/servlet/PB/show/1645854/111105_Koalitionsvertrag.pdf

Landtag Brandenburg (2005). Antwort der Landesregierung auf die Kleine Anfrage Nr. 884 der Abgeordneten Carolin Steinmetzer Fraktion der Linkspartei.PDS. Landtagsdrucksache 4/2191: Maiszünsler und der Anbau gentechnisch veränderten Mais. Drucksache 4/2309.

Messean, A.; Angevin, F.; Gómez-Barbero, M.; Menrad, K.; Rodríguez-Cerezo, E. (2006). New Case Studies on the Coexistence of GM and non-GM crops in European agriculture. Joint Research Centre (DG JRC), Institute for Prospective Technological Studies. Technical Report EUR 22102 EN.

Nischwitz, G. (2006). Aktuelle Situation der Gentechnikfreien Regionen in Deutschland. Vortrag auf der Tagung „Gentechnikfreie Regionen in Deutschland - Welche regionalen Ansätze sind erfolgreich?" 06.-09. Juni 2006, Internationale Naturschutzakademie Insel Vilm.

Nischwitz, G.; Kuhlicke, C.; Bodenschatz, T.; Thießen, B.; Tittel, K. (2005). Sondierungsstudie gentechnikfreie Regionen in Deutschland. Eine sozioökonomische Analyse am Beispiel der brandenburgischen Uckermark. Bremen, Institut für Arbeit und Wirtschaft (IAW) Universität Bremen.

Piprek, J. (2005). Der Anbau von Bt-Mais in der landwirtschaftlichen Praxis. In: Ministerium für Ländliche Entwicklung, Umwelt und Verbraucherschutz des Landes Brandenburg (Hrsg.): Gentechnik und Koexistenz in Brandenburg - Eine Bestandsaufnahme. Potsdam, 16-17.

Standortregister (2006). Öffentlicher Teil des Standortregisters. Bundesamt für Verbraucherschutz und Lebensmittelsicherheit. http://194.95.226.237/stareg_web/showflaechen.do?ab=2006

Stiftung Ökologie & Landbau (SÖL) (2006). Öko-Landbau in den Bundesländern. http://www.soel.de/oekolandbau/deutschland_bulae.html

Weber, W.E.; Bringezu, T.; Pohl, M.; Gerstenkorn, D. (2006). Bt-Mais - Landwirte und Handel praktizieren Koexistenz. mais - Die Fachzeitschrift für den Maisbauer (Vorabdruck 2/2006): 1-4.

Agro-Gentechnik –
vom Konflikt zur Koexistenz?

Barbara Köstner
Markus Vogt • Beatrice van Saan-Klein

13

ZUSAMMENFASSUNG

Offene Fragen und Konflikte mit der Agro-Gentechnik werden auf ganz unterschiedlichen Schauplätzen ausgetragen. Dabei wird die wissenschaftlich orientierte Diskussion zunehmend von Differenzierungen und von der Forderung nach einem breiten Diskurs mit Beteiligung aller Betroffenen bestimmt. Differenzierungen in der Bewertung Grüner Gentechnik ergeben sich u.a. aus der Art von gentechnisch geänderten Merkmalen, aus den ökologischen und sozialen Bedingungen des Lebensraums und aus den jeweiligen Entwicklungsstrategien von Regionen. Für Konsensfindungen in Bezug auf Koexistenz spielt die regionale Ebene bisher nur für gentechnikfreie Regionen, nicht aber für gentechnikanbauende Regionen eine Rolle. Die Akzeptanz der Agro-Gentechnik wird wesentlich davon abhängen, ob die Entwicklung und der Gebrauch sozialer und rechtlicher Instrumente für eine demokratisch-transparente, sachlich, differenzierte und sozial gerechte Konfliktregelung gelingen.

EINLEITUNG

Verfolgt man die Diskussionen um die Agro-Gentechnik, so könnte man angesichts der Vielschichtigkeit von offenen Fragen und Problemfeldern sowie der Unterschiedlichkeit von Bewertungszugängen, Schauplätzen und Zusammenhängen, die hier ins Spiel gebracht werden, an der Lösbarkeit der Konflikte grundsätzlich zweifeln. Bei näherem Hinsehen – das zeigen auch die einzelnen Beiträge dieses Buches – lassen sich jedoch Muster erkennen, wie Konflikt- und Argumentationslinien verlaufen, wie sich der Diskussionsstoff inhaltlich, räumlich und zeitlich organisiert und welche Lösungen heute versucht werden. Nicht mehr das kategorische *Pro* und *Contra* steht im Vordergrund der Diskussionen, sondern das *Was* und *Wie*, *Wann* und *Wo*. Bewusste und klare Differenzierung der Thematik sowie Offenheit für alle Argumente, seien sie nun direkt mit der Agro-Gentechnik oder indirekt mit ihrem weiteren Umfeld verbunden, sind Voraussetzungen für ein Vorankommen auf dem Weg der Konfliktlösung. Im Folgenden werden anhand der oben zitierten Fragewörter einige Erkenntnisse und offene Fragen aufgegriffen und im Kontext der Beiträge zu diesem Band diskutiert.

WAS WIRD DURCH DIE GRÜNE GENTECHNIK GEÄNDERT UND WIE?

Gentechnik kann als Fortsetzung der Evolution mit spezifisch kulturellen Mitteln und Zielen betrachtet werden. Die evolutionäre Entwicklung des Lebens besteht aus Merkmalsänderungen in Populationen. Seit Charles Darwin wissen wir, dass Mutation und Selektion zur Vielfalt des Lebens geführt haben. Die Evolutionslehre steht in engem Zusammenhang mit der Ökologie. Der deutsche Zoologe Ernst Haeckel hat 1866 den Begriff der „Oekologie"[1] geprägt, um damit die Lehre von Charles Darwin, die bereits Wechselwirkungen zwischen Organismen, Einflüsse der abiotischen Umwelt und erste Erkenntnisse über Stoffkreisläufe einschloss, den deutschen Wissenschaftlern nahe zu bringen. Die Evolution ist der zeitlich und räumlich verlängerte Arm der Ökologie.

In der (Populations-)Ökologie ist jedoch nicht Merkmal gleich Merkmal. Je nachdem, welchen Stellenwert genetische Veränderungen und ihre Merkmalsausprägungen einnehmen, ob dies redundante Funktionen ohne Konkurrenzvorteil (selektions-indifferent), nachteilige oder vorteilhafte Funktionen (selektions-different) oder Schlüsselfunktionen (key functions) sind, die nur durch diese Art oder Varietät in einer Lebensgemeinschaft vertreten werden, sind Wirkungen genetischer Veränderungen aus ökologischer Sicht ganz unterschiedlich zu bewerten. Durch Veränderungen von abiotischen und biotischen Rahmenbedingungen können sich selektions-indifferente Merkmale in selektions-differente Merkmale wandeln und umgekehrt.

Die Grüne Gentechnik verändert Eigenschaften von Pflanzen, indem sie Gene, die bestimmte Merkmale codieren, in das pflanzliche Genom einführt. Neu im Vergleich zu natürlichen Prozessen sind die potenzielle Vielfalt von Merkmalsänderungen und die schnelleren Züchtungsverfahren. Die Gentechnik ermöglicht das Einbringen von Genen in Pflanzen aus vollkommen anderen, nicht verwandten Organismengruppen. Für die Beurteilung von möglichen ökologischen Auswirkungen der neuen Eigenschaften fehlen daher Erfahrungen aus der Vergangenheit. Zur Abschätzung der möglichen Risiken muss man nach Merkmalstypen differenzieren, was im Folgenden exemplarisch aufgezeigt werden soll:

Merkmalstyp „Abwehr gegen Fraßdruck"

Die Abwehrmechanismen von Pflanzen gegen Pflanzenfresser sind vielfältig, einer davon ist, giftig oder ungenießbar zu sein. Wenn nun Mais mit *Bacillus thuringiensis*-Toxin (Bt-Mais) in die Agrarlandschaft eingebracht wird, könnte dies mit dem Einführen einer neuen Giftpflanze verglichen werden. Die Frage „Giftpflanze oder nicht" bezieht sich dabei allerdings nicht wie normalerweise auf einen Unterschied zwischen Arten, sondern zwischen Varietäten einer Art. Die Merkmalsstrategie „Giftpflanze" entspricht einer Schlüsselfunktion, die in natürlichen Systemen von nur ganz wenigen Arten eingenommen wird und deren Individuen auch nicht in Massen auftreten. Eine zu hohe Dichte an Giftpflanzenindividuen und

-arten würde zur Verdrängung anderer Arten bzw. zur Ausbildung von zu starken Abwehr- und Vermeidungsstrategien der anderen Organismen führen, die auf Dauer auch das Überleben der Giftpflanzen verhindern. Bei großflächigem Anbau und der dauerhaften Präsenz von Bt-Toxin im Mais ist es also nur eine Frage der Zeit, wann resistente Pflanzenfresser auftreten. Allerdings muss der Vergleich der technisch erzeugten „Giftpflanze Mais" mit natürlichen Giftpflanzen eingeschränkt werden, da es sich beim Bt-Mais um eine „sanfte Giftpflanze" handelt. Bt-Toxine wirken selektiv, weisen eine geringe Persistenz auf und gehören im Vergleich zu Breitbandpestiziden zu den umweltfreundlichsten Pestiziden überhaupt. Bt-Präparate werden seit Jahrzehnten in der biologischen Schädlingsbekämpfung eingesetzt. Dort hat ihre Anwendung, trotz zeitlicher und räumlicher Einschränkungen, Resistenzbildungen auf Dauer nicht verhindern können (McGauhey & Whalon 1992). Beim Anbau von Bt-Mais ist also gleichzeitig ein fortschrittliches Resistenzmanagement zu fordern, das auf den Erfahrungen der biologischen und integrierten Schädlingsbekämpfung aufbaut (May 1993) sonst werden weder für den ökologischen Landbau noch für die Agro-Gentechnik noch für den genialen „Erfinder" *Bacillus thuringiensis* selbst Bt-Toxine auf Dauer eine Option sein. Eine Differenzierung des Einsatzes von Bt-Mais nach Anbausystemen, Bodeneigenschaften und Befallsdruck wird von Ulrich et al. (in diesem Band) vorgeschlagen.

Merkmalstyp „Konkurrenzausschluss"

Während beim Bt-Mais die populationsökologische Strategie der Resistenzbildung (in diesem Fall von tierischen Schädlingen) unerwünscht ist, macht man sich diese Strategie bei pflanzlichen Populationen in der Agro-Gentechnik zu Nutze. Bei Ausbringung eines Herbizids (= Selektionsdruck) überleben die herbizid-resistenten Nutzpflanzen, während die nicht-resistenten Wildkräuter absterben. Herbizid-Resistenzen sind Merkmale, die durch konventionelle Herbizidanwendung entstanden sind, durch die Gentechnik jedoch auf verschiedene Arten und Sorten übertragen werden können und somit eine breitere Anwendung finden. Vorteil ist ein geringerer Herbizidverbrauch, Nachteil die Schädigung von Wildkräutern in Ackerrandstreifen oder längerfristig die Bildung von weiteren Resistenzen bei den Wildkräutern (s. Ober, in diesem Band). Bereits nach 3 Jahren Anwendung von glyphosphat-resistenten Nutzpflanzen in den USA tauchte das glyphosphat-resistente Ackerunkraut *Conyza canadensis* (Kanadisches Berufskraut) auf, das nun wieder mit den alten Breitbandherbiziden bekämpft wird (Freudling 2004). Die zunächst als gering eingestufte Gefahr, dass herbizid-resistente Nutzpflanzen, wie z.b. Raps, aus den Äckern auswildern und selbst zum Unkraut werden (Crawley et al. 1993), wird heute aufgrund anderweitiger Erfahrung (s. Pick, in diesem Band; van Acker et al. 2004; Beismann 2005) von Ökologen anders beurteilt. Für eine Beurteilung ungewollter Verbreitung und genetischer Vermischung mit verwandten Arten müssen die ursprüngliche Herkunft und natürlichen Merkmalsstrategien der transgenen Trägerpflanze einbezogen werden. In Europa kommen viele kreuzungsfähige Wildtypen des Rapses vor, sie finden sich an Ruderalstandorten, sind relativ mobile Rohbodenbesiedler und ihre Samen besitzen ein ausgesprochen langes Überdauerungsvermögen (Breckling und Menzel 2004).

Merkmalstyp „Änderung von Pflanzeninhaltsstoffen"

Höhere Erwartung bei Pflanzen mit neuen Eigenschaften setzt man inzwischen auf die Veränderung sogenannter „Output-traits" (s. Serr und Broer, in diesem Band). Hierbei werden Inhaltsstoffe von Pflanzen verändert (z.B. Öle, Stärke) oder hinzugefügt (z.B. Vitamine), um sie für die Ernährung oder als nachwachsenden Rohstoff besser einsetzen zu können. Im Gegensatz zu den „Input-traits", deren Vorteile den Produzenten und vorgeschalteten Wirtschaftsbereichen nutzen (s. Boysen, in diesem Band), können die Output-traits direkt dem Verbraucher zugute kommen. Auch unter natürlichen Bedingungen haben Pflanzen im Laufe der Evolution eine Vielfalt von primären und sekundären Pflanzenstoffen entwickelt, die wir z.T. als Grundnahrungsmittel, Gewürz, Heilmittel oder technischen Rohstoff verwenden. Die gentechnisch veränderten Merkmale sind hier aus ökologischer Sicht eher unauffällig (indifferent) und treten weniger in Wechselwirkung mit den Wildarten der Agrarlandschaft. Besser gesicherte

Aussagen erfordern allerdings eine längerfristige Begleitforschung[2].
Bei Verbrauchern werden transgene Produkte und biotechnische Prozesse außerhalb der menschlichen oder tierischen Nahrungskette allgemein weniger kritisch gesehen (vgl. Renn, in diesem Band; Gaskell et al. 2006). Gefährdungen beim Verzehr durch den Menschen können neue chemische Verbindungen und ihre Stoffwechselprodukte darstellen, die z.b. Allergien auslösen oder verstärken. Dies sind allerdings keine gentechnik-spezifischen Gefahren. Gentechnisch erzeugte Vitaminanreicherungen wie beim „Golden Rice" scheinen sinnvoll und ethisch gerechtfertigt (Irrgang et al. 2000). Dennoch kann die „goldene Farbe" ein Armutszeugnis unserer Weltgesellschaft nicht überdecken. Warum brauchen wir Reis mit Pro-Vitamin A? Weil viele Millionen Menschen in Asien sich fast ausschließlich von Reis ernähren müssen. Aber wer von uns isst schon lieber trockenen Reis mit Pro-Vitamin als Reis mit Gemüse? Es bleibt ein fader Beigeschmack des Kurierens an Symptomen. Bereits bei der ersten Grünen Revolution vor 40 Jahren wurde das Welthungerproblem als Argument für eine verstärkt chemische Ausrichtung des Pflanzenbaus mit einem höheren Einsatz von Pestiziden angeführt. Seitdem konnten durch eine Reihe von Maßnahmen erfolgreich die Hektarerträge um das 4-6-fache gesteigert werden, die Weltbevölkerung hat sich in der gleichen Zeit etwa verdoppelt. Das Welthungerproblem ist geblieben. Hunger ist heute in erster Linie ein soziales Problem der Verteilung sowie ein politisch-kulturelles Problem des Zugangs zu Nahrungsmitteln und Anbauflächen. Eine allein auf Mengensteigerung gerichtete Strategie kann, wenn sie – wie häufig – zu größerer Ungleichheit führt, das Hungerproblem der Armen in bestimmten Regionen sogar verschärfen (Rosenberger 2001; Sen 2003, 196-229, 247-272).

Unternehmungen der Agro-Gentechnik wie das Golden Rice Projekt (vgl. Hucho et al. 2005) würden hinsichtlich ihres humanitären Anliegens an Glaubwürdigkeit gewinnen, wenn sie gleichzeitig mit einem Engagement verknüpft werden, das Ursachenbekämpfung von Unter- und Mangelernährung in Entwicklungsländern einbezieht.

Barbara Köstner • Markus Vogt • Beatrice van Saan-Klein

Merkmalstyp „Anpassung an abiotische Faktoren"

In den oben genannten Beispielen standen Wechselwirkungen zwischen transgenen Pflanzen und anderen Organismen (biotische Faktoren) im Vordergrund. Bedingt durch den Klimawandel werden heute zunehmend auch Merkmalsänderungen angestrebt, die eine bessere Anpassung an abiotische Faktoren (Temperatur, Wasserverfügbarkeit, Salzgehalt von Böden) ermöglichen.

Eine höhere Trockenresistenz von Nutzpflanzen wäre in Anbetracht zunehmender Trockenheit und veränderter Niederschlagsverteilung von Vorteil. Bei Bewässserungsfeldbau ist mit einer zunehmenden Versalzung von Böden zu rechnen. Unter natürlichen Bedingungen ist Trockenresistenz allerdings immer mit erheblichen Wachstumsverlusten verbunden. Normalerweise ist davon auszugehen, dass die heutigen Nutzpflanzen eine geringere Trockenresistenz aufweisen als Wildkräuter und -gräser. Sollten gentechnische Veränderungen jedoch dazu führen, dass die transgenen Pflanzen auch gegenüber den Wildpflanzen bei Trockenheit im Vorteil sind, wären aufgrund des Konkurrenzvorteils Auswilderungen zu befürchten. Die neuen Eigenschaften müssten also gleichzeitig mit Merkmalen wie z.B. Sterilität gekoppelt werden, um eine ungewollte Verbreitung zu verhindern. Solche kombiniert veränderten Merkmale sind auf dem Weg (Serr und Broer, in diesem Band, Tab.3).

Durch den Klimawandel wird es erforderlich sein, neue, regional angepasste Sorten zur Verfügung zu haben, deren Erzeugung durch gentechnisch gestützte Züchtungsforschung beschleunigt und gezielt verbessert werden kann. Eine einfache Übertragung von südlichen Sorten auf unsere Regionen wird nicht ausreichen, da sich nie alle Umweltbedingungen gleichzeitig ändern. Im Zusammenhang mit dem Klimaschutz gewinnen nachwachsende Rohstoffe für die energetische und stoffliche Nutzung immer mehr an Bedeutung. Auch hierzu kann die Grüne Gentechnik Beiträge leisten. Eine breitere Anwendung wird jedoch davon abhängen, ob gleichzeitig Mechanismen entwickelt und Merkmale (Sterilität, geringe Fitness) geändert werden können, die eine ungewollte Ausbreitung der transgenen Pflanzen und ihrer Verbreitungseinheiten verhindern.

Agro-Gentechnik – vom Konflikt zur Koexistenz?

Die derzeitige Gesetzeslage zur Regelung von Anbau und Handel transgener Organismen und Produkte ist noch reichlich verwirrend und unterschiedlich verankert (s. Härtel, in diesem Band). Im Grunde können die Landwirte allein für den Anbau keine Haftung übernehmen, verschuldensunabhängig oder nicht. Selbst bei Einhaltung aller Regeln der „guten fachlichen Praxis" sind ungewollte Verbreitungen von gentechnisch verändertem Material und wirtschaftliche Schäden durch Verunreinigungen nicht auszuschließen. Ein Regelwerk der „guten fachlichen Praxis von Agro-Gentechnik" mit Einbeziehung aller beteiligten Akteure wäre noch zu entwickeln.

Die Erzeugung eines transgenen Organismus besteht heute weitgehend noch auf „Versuch und Irrtum", da die betreffenden Gene nicht gezielt an vorbestimmten Stellen des Genoms des Empfängerorganismus inseriert werden können und ein Großteil der erzeugten Produkte sich nicht für eine Weiterentwicklung eignet. Für die Zulassung einer transgenen Pflanze ist z.Z. keine vollständige Aufklärung (Sequenzierung) der neu entstandenen Genkonstrukte in der Erbsubstanz erforderlich. Die Vorschriften der Europäischen Lebensmittelbehörde EFSA dazu werden teils auch von Fachleuten als zu wenig detailliert und unzureichend bezeichnet (Moch 2006). Umso mehr misstrauen kritische Gruppen den Vorsorgemaßnahmen der kontrollierenden Behörde (vgl. Ober, in diesem Band; Hoppichler und Schermer, in diesem Band). Aus ökologischer Sicht ist eine Lebensmittelbehörde auch nicht ausreichend, um Auswirkungen transgener Pflanzen auf die Umwelt beurteilen zu können. Für die ökologische Risikobewertung muss dem sich ausprägenden Phänotyp, seinen Produkten und langfristigen Wechselwirkungen mit der Umwelt mehr Bedeutung zugemessen werden als dem Genotyp bzw. dem Verfahren der Gentechnik selbst.

Es lässt sich festhalten, dass die Argumente hinsichtlich ökologischer und sozialer Auswirkungen von transgenen Pflanzen entscheidend davon abhängen, um welche Kategorie von Merkmalen es sich handelt. Des weiteren sind bei der Planung von Merkmalsänderungen und der Abwägung ihrer möglichen Auswirkungen auf die Umwelt nicht nur die Merkmale selbst, sondern auch die ökologischen Eigenschaften der Trägerpflanzen und die jeweiligen Bedingungen der Lebensräume, in die transgene Pflanzen eingebracht werden (Snow et al. 2005), sowie die sozialen Auswirkungen und Handlungsbedingungen für Erzeuger und Verbraucher (Vogt, in diesem Band) einzubeziehen.

WANN ERSCHEINT DER EINSATZ TRANSGENER PFLANZEN GERECHTFERTIGT UND WO?

Für einige Gruppen der Gesellschaft wird der Einsatz transgener Organismen niemals gerechtfertigt sein. Dies sind Personen, die z.B. aus religiösen Gründen gentechnische Eingriffe in die Schöpfung ablehnen. Aus der Sicht christlicher Schöpfungstheologie erweist sich eine kategorische Ablehnung der Grünen Gentechnik jedoch häufig als zu pauschal, jedenfalls weder biblisch noch ethisch zwingend begründet (vgl. Vogt 2005). Die großen christlichen Kirchen verweisen in diesem Zusammenhang auf den Kulturauftrag des Menschen einschließlich einer verantwortlichen Gestaltung der Natur. Nicht kathegorisches Verbot, sondern Gestaltungsverantwortung unter Berücksichtigung der Voraussetzungen, Ziele und Folgen des menschlichen Handelns stehen im Vordergrund. Insbesondere negative Erfahrungen von Kleinbauern in Entwicklungsländern und kirchlicher Entwicklungszusammenarbeit sowie die erhebliche Verunsicherung der Bauern in Deutschland angesichts der ungeklärten Haftungsrisiken und langfristigen Folgen prägen die in den Kirchen intensiv geführte Debatte. Die Mehrheit der Diözesen und kirchlichen Landverbände stehen der Grünen Gentechnik überaus kritisch gegenüber. Viele beteiligen sich an der Organisation gentechnikfreier Regionen (siehe exemplarisch dafür die Stellungnahme des Katholischen Landvolkes im Anhang sowie Forum Umwelt und Entwicklung/Evangelischer Entwicklungsdienst 2004). In der Bildungsarbeit bieten die Kirchen ein Forum differenzierter Auseinandersetzung (Biopark Gatersleben 2007).

Für die Mehrheit der Gesellschaft, die sich heute ablehnend gegenüber der Grünen Gentechnik verhält, überwiegen derzeit die Nachteile und Unsicherheiten über Folgewirkungen über die möglichen Vorteile, die den Verbrauchern weitgehend unklar erscheinen (vgl. Gaskell et al.

2006). Es steht daher nicht die kategorische Bejahung oder Verneinung im Vordergrund, sondern die Aussage, dass heute die Zeit noch nicht reif dafür sei (vgl. Positionspapier des Kath. Landvolkes, in diesem Band). Dies lässt andererseits den Schluss zu, dass der Grünen Gentechnik Potenziale für die Zukunft nicht abgesprochen werden. Potenziale, die durch veränderte Rahmenbedingungen einen anderen Stellenwert erhalten könnten, sollten für die Zukunft nicht verbaut werden. Welche davon innerhalb der gentechnischen Machbarkeit zur praktischen Anwendung kommen, soll jedoch Gegenstand eines breiten wissenschaftlichen und gesellschaftlichen Diskurses sein. Dennoch muss damit gerechnet werden, dass sich mögliche negative ökologische und gesundheitliche Folgewirkungen erst nach Jahrzehnten beurteilen lassen, da niemals alle möglichen Wechselwirkungen durch Labor- und Freilandexperimente vorausgesehen werden können[3]. Grundsätzlich sind längerfristige Voraussagen mit hoher Unsicherheit behaftet. Die Beurteilung von Risiken erfordert daher immer wieder neu angepasste Strategien des Risiko-Managements (Wolfenbarger und Phifer 2000).

Der vielleicht spannendste Kritikpunkt an der Agro-Gentechnik ist die Frage der Koexistenz. Der kommerzielle Anbau transgener Pflanzen setzt Koexistenz mit anderen Anbausystemen einschließlich denen des ökologischen Landbaus sowie Beeinträchtigungsfreiheit der übrigen Lebensräume voraus. Dies verleiht der Thematik eine bedeutende räumliche Dimension. Bisher wird davon ausgegangen, dass Koexistenz kleinräumig durch Abstandsregelungen zu lösen sei. Die Auffassungen über geeignete Abstände, um Kontaminationen unter der Kennzeichnungsschwelle von 0,9% zu halten, laufen allerdings weit auseinander. In Ländern der EU werden z.B. für transgenen Mais Abstände zwischen 25 und 300 m vorgeschlagen (MLUV 2005). Mehrere Studien weisen auf erforderliche Abstände von mindestens 150 m hin (u.a. Bayer. Landesanstalt für Landwirtschaft). In Deutschland sehen daher Bundesländer mit kleinräumiger Agrarstruktur wie z.B. Bayern keine Chancen für einen großflächigen Anbau unter den geltenden Rechtsvorschriften (Ergebnisse des Erprobungsanbaus, Bayer. Rundfunk, 28.06.2006).

Barbara Köstner • Markus Vogt • Beatrice van Saan-Klein

Grundsätzlich muss bedacht werden, dass bei einem großflächigen Anbau über viele Jahre hinweg eine flächenhafte diffuse Verbreitung von gentechnisch verändertem Material nicht vermeidbar ist. Luftmassen über Landoberflächen bewegen sich in unterschiedlich großen Wirbeln. Große Wirbel (large eddies) können Durchmesser von mehreren hundert Metern einnehmen. Werden Teilchen in der Luft von solchen „large eddies" erfasst, können sie in kurzer Zeit über Distanzen von 10 km und mehr transportiert werden. Beim Einzelereignis wird zwar nur ein ganz geringer Prozentsatz über größere Distanzen transportiert, die Prozesse finden jedoch beständig statt. Aufgrund der großen Verdünnung lässt sich dieser Ferntransport (long-distance dispersal) nicht experimentell im Freiland, sondern nur durch Ausbreitungsmodelle aufzeigen (Katul et al. 2006, Williams et al. 2006). Diese bisher kaum beachteten Verbreitungsmechanismen (s.a. Watrud et al. 2004) unterstreichen die Notwendigkeit, transgene Merkmale so zu gestalten, dass kein lebensfähiges Material verbreitet werden kann.

Regionen mit einem hohen Anteil an ökologischem Landbau sowie hohem Natur- und Freizeitwert sind dieser Problematik von vornherein aus dem Weg gegangen, indem sie sich zu gentechnikfreien Regionen erklärt haben (Hoppichler und Schermer, in diesem Band; Beckmann und Schleyer, in diesem Band). Hier wurde in der aktuellen Praxis eine deutlich größere räumliche Dimension der Abgrenzung gewählt, als gesetzlich vorgegeben. In Anbetracht des langfristigen diffusen Durchmischungspotenzials und der persönlichen Risiken der Landwirte durch Schadensersatzforderungen bieten regionale statt lokale Abgrenzungen zur Vermeidung ökologischer und wirtschaftlicher Schäden größere Sicherheiten für Landwirte und Verbraucher. Umgekehrt wären regionale Ausweisungen von Gentechnikzonen vor allem in Regionen mit großen Feldern (Schlägen) und z.B. hohem Schädlingsdruck denkbar; organisierte Zusammenschlüsse sind allerdings bisher weit weniger entwickelt (Beckmann und Schleyer, in diesem Band). In Brandenburg organisiert der Agrarhandel Zusammenschlüsse von Bt-Mais anbauenden Landwirten und versucht, sie in ihrer Verantwortung dadurch zu entlasten, dass er sowohl für den Bt-Mais als auch den Mais der konventionell anbauenden Nachbarn Abnahmegarantien bereithält (MLUV 2005). Neue, tragfähige Kooperationsformen setzen einen umfassenden

Diskurs mit allen betroffenen Akteuren im ländlichen Raum voraus, dessen Konfliktpotenzial nicht allein den Landwirten bzw. der dörflichen Gemeinschaft aufgebürdet werden darf (s. Wagner, in diesem Band).

SCHLUSSFOLGERUNGEN

Nur ein Teil der im Zusammenhang mit der Agro-Gentechnik ins Spiel gebrachten Argumente und Konfliktstoffe sind im engeren Sinne gentechnik-spezifisch. Zu diesen spezifischen Aspekten gehört das Potenzial, durch genetische Veränderungen den Organismen auch über taxonomische Gruppen (Verwandtschaftsgruppen) hinweg in kurzer Zeit ganz neue Eigenschaften zu verleihen. Die Prüfung der Unbedenklichkeit kann sich daher nicht auf langjährige Erfahrungen mit dem Produkt in Bezug auf gesundheitliche und ökologische Wirkungen stützen. Die Art des Merkmals ist entscheidend für die Beurteilung möglicher Wechselwirkungen in der natürlichen Umwelt. Da niemals alle Faktoren und ihre Änderung in Raum und Zeit einbezogen werden können, werden immer Risiken und Unsicherheiten bleiben. Besonders problematisch können jedoch unbeabsichtigte Verbreitungen und Merkmalsausprägungen werden, die nur unvollständig und mit erheblichem Aufwand rückholbar sind. Bisher fehlt weitgehend eine Systematik der gentechnischen Veränderungen nach Merkmalstypen, eine Kategorisierung und Bewertung ihrer potenziellen Wechselwirkungen in Abhängigkeit von Merkmal, natürlicher Herkunft und Lebensstrategie des Trägerorganismus sowie den abiotischen und biotischen Faktoren im Lebensraum.

Eine weitere, gentechnisch-spezifische Frage ist die der Koexistenz. In der bisherigen Praxis gewinnt die regionale Ebene durch die Gründung gentechnikfreier Regionen eine größere Bedeutung als die lokale Ebene. Eine stärkere Herausbildung von Regionen *mit* Agro-Gentechnik wäre ebenso denkbar; Ansätze hierfür sind in Gebieten mit Intensiv-Landwirtschaft zu finden. Die Agro-Gentechnik wirft raumbezogene Fragen auf, deren Bedeutung, z.B. im Zusammenhang mit der Regionalentwicklung, bisher möglicherweise unterschätzt wird.

Insgesamt berührt der Anbau von transgenen Pflanzen eine Vielzahl von Akteuren im ländlichen Raum wie auch den Handel und Konsum im städtischen Raum. Es sind daher Strukturen erforderlich, die einen begleitenden, umfassenden Diskurs ermöglichen und Querschnittsaufgaben bearbeiten.

Im Kontext eines solchen Diskurses ergeben sich Schnittstellen zu Problemfeldern, die im weiteren Sinne auch mit der Agro-Gentechnik in Verbindung gebracht werden, wie z.b. allgemeine Lage der Agrarpolitik, Misstrauen gegen neue Techniken und weltweit agierende Konzerne, Bedrohungen durch Prozesse des globalen Wandels, Umgang mit Unsicherheiten, Risikobereitschaft und Risiko-Management. Hier ist eine Entflechtung der Debatten sowie eine Differenzierung der Argumentationsebenen erforderlich. Die ökologisch, sozial und wirtschaftlich teilweise höchst problematischen Entwicklungen der globalen und europäischen Agrarpolitik haben erhebliche Rückwirkungen auf die Art und Weise, wie Grüne Gentechnik angewendet und diskutiert wird. Entscheidend für die ethische Bewertung ist u.a., ob man die negativen Folgen der vermehrten Abhängigkeit zahlloser Kleinbauern von Agro-Konzernen als Problem der Gentechnik einstuft, oder ob man dies als ein nicht unmittelbar zur Technikfolgenabschätzung gehörendes Problem sieht.

Die Akzeptanz der Grünen Gentechnik wird wesentlich davon abhängen, ob die Entwicklung und der Gebrauch sozialer und rechtlicher Instrumente für eine demokratisch-transparente, sachliche, differenzierte und sozial gerechte Konfliktregelung im Umgang mit den komplexen Problemfeldern, die hier eine Rolle spielen, gelingen. Es ist wahrscheinlich, dass der Streit um Grüne Gentechnik keine schnelle Lösung finden wird, da Grüne Gentechnik derzeit eine der prägnantesten Projektionsflächen für ganz unterschiedliche, oft überhöhte Fortschrittserwartungen auf der einen und Fortschrittsbefürchtungen auf der anderen Seite ist (Winnacker 1993; Höffe 1993). Sie ist Testfall für die Entwicklung neuer Modelle einer ökologisch und sozial erweiterten Technikfolgenabschätzung und Risikobewertung (Höffe 1993, 73-92; Nida-Rümelin 1996). Nur durch ein erhebliches Maß an Fortschritten in globaler Rechtssicherheit und soziokultureller Verantwortung werden die Fortschritte der Grünen Gentechnik den Maßstäben der Nachhaltigkeit standhalten. Die Koexistenz gentechniknutzender und gentechnikfreier Landwirtschaft wird davon abhängen, ob gentechnisch veränderte Merkmale mit Eigenschaften gekoppelt werden können, die eine ungewollte Verbreitung und Vermehrung der transgenen Organismen verhindern. Weiter wird entscheidend sein, jeweils die konsensfähige räumliche Ebene für Koexistenz - lokal, regional, überregional - zu finden, um langfristig ein konfliktarmes Nebeneinander der verschiedenen Anbausysteme zu gewährleisten.

LITERATUR

Beismann H (2005) Gibt es ökologische Auswirkungen durch den Anbau von gentechnisch veränderten Pflanzen und wie können sie erfasst werden? Umweltmedizin, Forschung und Praxis 10 (4) 229-236

Biopark Gatersleben (2007) Katholische Kirche investiert in Grüne Gentechnik. Itranskript 4/2007, 22-25

Breckling B, Menzel G (2004) Self-organised pattern in oilseed rape distribution. An issue to be considered in risk analysis. In: Breckling B, Verhoeven R (Hrsg) Risk hazard damage – Specification of criteria to assess environmental impact of genetically modified organisms. Bonn, Bundesamt für Naturschutz, Naturschutz und Biologische Vielfalt 1, 73-88

Carson R (1962) Silent Spring. Houghton Mifflin Company, Boston

Crawley MJ, Hails RS, Rees M, Kohn D (1993) Ecology of transgenic oilseed rape in natural habitats. Nature 363, 620-623

Forum Umwelt und Entwicklung/ Evangelischer Entwicklungsdienst (Hrsg) (2004.) Die Bedeutung der aktuellen Gentechnikdebatte in der Europäischen Union für den Süden, Bonn (auch: www.eed.de).

Freudling C (2004) The circumstances surrounding glyphosate resistant horseweed in more than nine US states. In: Breckling B, Verhoeven R (Hrsg) Risk hazard damage – Specification of criteria to assess environmental impact of genetically modified organisms. Bonn, Bundesamt für Naturschutz, Naturschutz und Biologische Vielfalt 1, 61-71

Gaskell G, Allansdottir A, Allum N, Corchero C, Fischler C, Hampel J, Jackson J, Kronberger N, Mejlgaard N, Revuelta G, Schreiner C, Stares S, Torgersen H, Wagner W (2006) Europeans and Biotechnology in 2005: Patterns and Trends. Eurobarometer 64.3. A report to the European Commission´s Directorate-General for Research

Höffe O (1993) Moral als Preis der Moderne. Ein Versuch über Wissenschaft, Technik und

Umwelt, Frankfurt a.M. http://ec.europa.eu/research/press/2006/pdf/pr1906_eb_64_3_final_report-may2006_en.pdf

Hucho F, Brockhoff K, van den Daele W, Köchy K, Reich J, Rheinberger H-J, Müller-Röber B, Sperling K, Wobus AM, Boysen M, Kölsch M (2005) Gentechnologiebericht. Analyse einer Hochtechnologie in Deutschland." Forschungsberichte der Interdisziplinären Arbeitsgruppen der Berlin-Brandenburgischen Akademie der Wissenschaften, Bd. 14. Elsevier, Spektrum Akademischer Verlag, München

Irrgang B, Göttfert M, Kunz M, Lege J, Rödel G, Vondran I (2000) Gentechnik in der Pflanzenzucht. Eine interdisziplinäre Studie. Forum für interdisziplinäre Forschung, 20. Verlag J.H. Röll, Dettelbach

Katul GG, Williams CG, Siqueira M, Poggi D, Porporato A, McCarthy H, Oren R (2006) Spatial modelling of transgenic conifer pollen. In: Williams CG (ed) Landscapes, genomics and transgenic conifers. Spinger-Verlag, New York

May RM (1993) Resisting Resistance. Nature 361, 593-594

McGauhey WH, Whalon ME (1992) Managing insect resistance to *Bacillus thuringiensis* toxins. Science 258, 1451-1455

MLUV (2005) Gentechnik und Koexistenz in Brandenburg. Eine Bestandsaufnahme. Ministerium für Ländliche Entwicklung, Umwelt und Verbraucherschutz des Landes Brandenburg

Moch K (2006) Epigenetische Effekte bei transgenen Pflanzen: Auswirkungen auf die Risikobewertung. BfN-Skripten 187, Bundesamt für Naturschutz, Bonn

Nida-Rümelin J (1996) Ethik des Risikos, in: ders. (Hrsg.): Angewandte Ethik. Die Bereichsethiken und ihre theoretische Fundierung. Ein Handbuch, Stuttgart, 806-830

Rosenberger M (2001) Grünes Licht für grüne Technik? Gentechnik in Landwirtschaft und Lebensmittelverarbeitung aus der Sicht der Moraltheologie, in: E. Fulda u.a. (Hrsg): Gemachte Natur. Orientierungen zur Grünen Gentechnik (Karlsruher Beiträge zu Theologie und Gesellschaft Bd. 2), Karlsruhe, 64-86

Sen A (2000) Ökonomie für den Menschen. Wege zu Gerechtigkeit und Solidarität in der Marktwirtschaft, München/ Wien 2000 (Original: Development as Freedom, New York 1999)

Snow AA, Andow DA, Gepts P, Hallerman EM, Power A, Tiedje JM, Wolfenbarger LL (2005) ESA Report. Genetically engineered organisms and the environment: current status and recommendations. Ecological Applications 15 (2), 377-404

Van Acker RC, Brule-Babel AL, Friesen LF (2004) Intraspecific gene movement can create environmental risk: The example of Roundup Ready® wheat in Western Canada. In: Breckling B, Verhoeven R (Hrsg) Risk hazard damage - Specification of criteria to assess environmental impact of genetically modified organisms. Bonn, Bundesamt für Naturschutz, Naturschutz und Biologische Vielfalt 1, 37-47

Vogt M (2005) GenEthik. Ethische Orientierungen im Konflikt um Grüne Gentechnik. Schriften der Katholischen Landvolkbewegung, Heft 5, Bad Honnef

Watrud LS, Lee EH, Fairbrother A, Burdick C, Reichman JR, Bollman M, Storm M, King G, Van de Water PK (2004) Evidence for landscape-level, pollen-mediated gene

flow from genetically modified creeping bentgrass with *CP4 EPSPS* as a marker. PNAS, 101(40), 14533-14538. www.pnas.org/cgi/doi/10.1073/pnas.0405154101
Williams CG, LaDeau SL, Oren R, Katul GG (2006) Modelling seed dispersal distances: implications for transgenic *Pinus taeda*. Ecological Applications 16 (1), 117-124
Winnacker E-L (Hg.) (1993) Fortschritt und Gesellschaft, Stuttgart
Wolfenbarger LL, Phifer PR (2000) The ecological risks and benefits of genetically engineered plants. Science, 290, 2088-2093

ANMERKUNGEN

[1] Haeckel wählte das selbe griechische Wort „oikos" (Haus) als namensgebenden Wortstamm für die Ökologie wie er für die Ökonomie angewandt worden war. Er war der Überzeugung, dass das Wissen der Ökologie auch der Ökonomie zugute kommen wird. Zu Zeiten Haeckels verstand man unter Ökonomie vor allem die Landwirtschaft (vgl. R.C. Stauffer: Haeckel, Darwin and Ecology. *Quart. Rev. Biol.* 32, 1957, 138-144).
[2] Die veränderten Inhaltsstoffe könnten Organismen beeinflussen, die Teile der transgenen Pflanzen als Nahrung aufnehmen. Die Untersuchung von Einflüssen veränderter Nahrungsqualität auf Pflanzenfresser, Blütenbesucher oder abbauende Bodenorganismen ist langwierig und erfordert eine getrennte Betrachtung der funktionellen Organismengruppen in verschiedenen Stadien ihrer Lebenszyklen und unter wechselnden Umweltbedingungen. Jahrzehntelange ökologische Forschung über den Einfluss veränderter Nahrungsqualität auf Lebensgemeinschaften durch erhöhte Kohlendioxidkonzentrationen der Atmosphäre und Stickstoffeinträge haben die Komplexität solcher Fragestellungen aufgezeigt. Die Vielfalt von positiven wie negativen Rückkopplungen führt neben der „Wirkung auf die Biodiversität" auch zu einer „Biodiversität der Wirkungen".
[3] Negative Folgen aus der sog. ersten Grünen Revolution mit Pestizidbelastungen (DDT), die bis heute nachweisbar sind, scheinen grundlegendes Misstrauen gegenüber den Neuheiten der Agro-Industrie aufgebaut zu haben. Die ökologische Bewegung, deren historischer Beginn mit den Protesten während der ersten Grünen Revolution (Carson 1962) gleichgesetzt wird, geht nicht mehr unerfahren in die Auseinandersetzung mit der Agro-Gentechnik, die als eine neue Grüne Revolution bezeichnet wird.

Jetzt keine Einführung der Grünen Gentechnik

14

Verband Katholisches Landvolk

JETZT KEINE EINFÜHRUNG DER GRÜNEN GENTECHNIK[1]

Die Delegierten des Verbandes Katholisches Landvolk sprechen sich weiterhin entschieden gegen die vorschnelle Einführung der Grünen Gentechnik in Deutschland aus. Es gibt derzeitig keine überzeugenden ökonomischen Gründe für ihre Einführung. Die mit ihr verbundenen vielfältigen ökologischen und rechtlichen Risiken sind noch völlig ungeklärt.

Die Ernährung ist in Deutschland auch ohne Grüne Gentechnik gesichert. Zur Hungerbekämpfung in der Dritten Welt kann sie nur einen bescheidenen Beitrag leisten. Sie lenkt dort nur von den wirklichen Ursachen des Mangels an Nahrungsmitteln ab.

Die Einführung der Grünen Gentechnik wird in Deutschland per Saldo deutlich mehr Arbeitsplätze kosten als schaffen. Den geschätzten 1.000 bis 1.500 zusätzlichen Arbeitsplätzen in der Biotechnologie stehen 150.000 Arbeitsplätze in den heute biologisch wirtschaftenden Betrieben gegenüber. Deren Existenz wäre gefährdet, da sie den Risiken der Einkreuzung transgener Pflanzen in ihren Produkten ausgesetzt wären. Auch in der konventionellen Landwirtschaft würde sich der Strukturwandel durch GVOs verschärfen und damit Arbeitsplätze vernichten. Darüber hinaus ist für das landwirtschaftlich kleinstrukturierte Baden-Württemberg nicht im Ansatz erkennbar, wie eine Koexistenz geregelt werden kann.

Zusätzlich käme es zwischen gentechnikfrei wirtschaftenden und Betrieben, die gentechnisch veränderte Pflanzen aussäen, zu unübersehbaren Rechtsstreitigkeiten über die Haftungsfrage. Wirtschaftliche Vorteile hätten fast ausschließlich nur die kapitalstarken, multinational agierenden Saatgutproduzenten, die sich ihre Pflanzen auch noch patentieren lassen könnten und Landwirte in eine unerträgliche Abhängigkeit brächten.

Die Erfahrung hat leider gezeigt, dass bei tatsächlichen oder auch nur vermeintlichen Skandalen bei Nahrungsmitteln die Bauern als Sündenböcke herhalten müssen. Die unkontrollierbare Verbreitung genveränderter Pflanzen hätte katastrophale Folgen für das Ansehen der Landwirtschaft als Nahrungsmittelproduzent; von den wirtschaftlichen Einbußen ganz zu schweigen.

Der Verband Katholisches Landvolk fordert deshalb ein Moratorium bei der Einführung der Grünen Gentechnik, das dazu genutzt werden muss, eine von wirtschaftlichen Interessen unabhängige staatliche Forschung zu fördern, die die weitgehend offenen Fragen dieser Technologie wissenschaftlich klären kann. Weitere Voraussetzungen sind ein gesellschaftlicher Nutzen und die Akzeptanz in der Bevölkerung.

Bissingen, 7. Mai 2006

ANMERKUNGEN

1 Wolfgang Schleicher, Geschäftsführer des Verbandes Katholisches Landvolk e.V. in Baden-Württemberg, war Referent der eingangs erwähnten Tagung über Agro-Gentechnik an der Berlin-Brandenburgischen Akademie der Wissenschaften. Anstelle einer schriftlichen Fassung des Referates von Herrn Schleicher wird hier ein Positionspapier des Verbandes zur Einführung der Grünen Gentechnik in Deutschland abgedruckt.

Regina Becker
> geb. 1957, Dr. agr., ökologische Begleitforschung zum Anbau gentechnisch veränderter Pflanzen mit Schwerpunkt Untersuchung mikrobieller Gemeinschaften am Leibniz-Zentrum für Agrarlandschaftsforschung (ZALF), Institut für Landschaftsstoffdynamik, Müncheberg.

Volker Beckmann
> geb. 1964, Dr., Agrarökonom, Wissenschaftlicher Assistent am Fachgebiet Ressourcenökonomie des Instituts für Wirtschafts- und Sozialwissenschaften der Landwirtschaftlich-Gärtnerischen Fakultät der Humboldt-Universität zu Berlin mit den Arbeitsgebieten institutionenökonomische Analyse von Umwelt- und Ressourcenschutzproblemen, Organisationsformen in der Landwirtschaft, Aspekte der Koexistenz von GVO-, konventioneller und ökologischer Landwirtschaft.

Oliver Bens
> geb. 1967, Dr. rer. nat., Mitglied der Interdisziplinären Arbeitsgruppe „Zukunftsorientierte Nutzung ländlicher Räume (LandInnovation)" der Berlin-Brandenburgischen Akademie der Wissenschaften und Arbeitsgruppenleiter am Lehrstuhl für Bodenschutz und Rekultivierung der Brandenburgischen Technischen Universität Cottbus.

Mathias Boysen
> geb. 1970, Dr. rer. pol., Diplom-Biologe, Leiter der Geschäftsstelle „Gentechnologiebericht" der Berlin-Brandenburgischen Akademie der Wissenschaften (BBAW), Vorstandsmitglied des Unabhängigen Forums für Umweltfragen (UFU).

Autorinnen und Autoren

Inge Broer
geb. 1954, Prof. Dr. rer. nat., Professorin für Agrobiotechnologie und Begleitforschung zur Bio- und Gentechnologie, u.a. Mitglied in der Arbeitsgruppe ‚Anbaubegleitendes Monitoring' der Biologischen Bundesanstalt Braunschweig, Vorsitzende des Vereins zur Förderung Innovativer und Nachhaltiger Agrobiotechnologie MV (FINAB), des Informationskreises Gentechnik des Bundes Deutscher Pflanzenzüchter, scientific board des deutschen Pflanzengenomprojekts GABI, Leiterin der Ad hoc Arbeitsgruppe Gentechnik des Umweltministeriums Mecklenburg-Vorpommern, Ad hoc Expertin der European Food Safety Authority (EFSA), Mitglied der Interdisziplinären Arbeitsgruppe „Zukunftsorientierte Nutzung ländlicher Räume (LandInnovation)" der Berlin-Brandenburgischen Akademie der Wissenschaften.

Ines Härtel
geb. 1972, Priv.-Doz. Dr. jur., Geschäftsführerin des Instituts für Landwirtschaftsrecht der Juristischen Fakultät der Georg-August-Universität Göttingen.

Bernd Hommel
geb. 1958, Dr. agr., Arbeitsgebiet Pflanzenschutzforschung, insbesondere zum integrierten
Pflanzenschutz, Projektleiter Gentechnik an der Biologischen Bundesanstalt für Land- und Forstwirtschaft (BBA), Institut für integrierten Pflanzenschutz, Kleinmachnow.

Autorinnen und Autoren

Josef Hoppichler
> geb. 1958, Dr. rer.nat., Mitarbeiter der Bundesanstalt für Bergbauernfragen in Wien, Arbeitsgebiete Technikfolgenabschätzung, u.a. Auswirkungen der Gen- und Biotechnologie auf die Landwirtschaft, Expertentätigkeit im Europäischen Parlament - Umweltausschuss „Food Safety Panel - Genetically Modified Organisms", OECD-AG „Working Group on Economic Aspects of Biodiversity - WGEAB", Lektor für Ökonomie und Politik der natürlichen Ressourcen an der Universität für Bodenkultur, Wien.

Reinhard F. Hüttl
> geb. 1957, Prof. Dr. Dr. h.c., Professor für Bodenschutz und Rekultivierung an der Brandenburgischen Technischen Universität Cottbus, u.a. Vizepräsident von acatech - Konvent für Technikwissenschaften der Union der deutschen Akademien der Wissenschaften, Sprecher der Interdisziplinären Arbeitsgruppe „Zukunftsorientierte Nutzung ländlicher Räume (LandInnovation)" der Berlin-Brandenburgischen Akademie der Wissenschaften.

Barbara Köstner
> geb. 1958, Priv.-Doz. Dr. rer. nat., Diplom-Biologin, Wissenschaftliche Mitarbeiterin an der Professur für Meteorologie der TU Dresden, Leitung des BMBF-Verbundvorhabens „Vorsorge und Gestaltungspotenziale in Ländlichen Räumen unter regionalen Wetter- und Klimaänderungen (LandCaRe 2020)", Mitglied der Interdisziplinären Arbeitsgruppe LandInnovation der Berlin-Brandenburgischen Akademie der Wissenschaften, 1996-1999 Vorsitzende, seit 1999 Beiratsmitglied der Studiengruppe Entwicklungsprobleme der Industriegesellschaft (STEIG) e.V.

Steffi Ober
geb. 1964, Dr. vet. med., Referentin für Gentechnik und Naturschutz beim Naturschutzbund Deutschland e.V. (NABU), Bundesverband Berlin, Mitglied der VDW Vereinigung Deutscher Wissenschaftler.

Doris Pick
Dipl.-Ing. agr., Mitarbeiterin am Bundesamtes für Bauwesen und Raumordnung (BBR) in den Bereichen nachhaltige Regionalentwicklung, Kulturlandschaft sowie nachhaltige und Ökologische Landwirtschaft, seit 2004 berufsbegleitende Promotion über die Einführung der Agro-Gentechnik in Deutschland und Nordamerika im Fachgebiet Ökonomie der Stadt- und Regionalentwicklung an der Univerisität Kassel.

Tobias Plieninger
geb. 1971, Dr. rer. nat., Koordinator der Interdisziplinären Arbeitsgruppe „Zukunftsorientierte Nutzung ländlicher Räume" der Berlin-Brandenburgischen Akademie der Wissenschaften und wissenschaftlicher Mitarbeiter am Lehrstuhl für Bodenschutz und Rekultivierung der Brandenburgischen Technischen Universität Cottbus.

Ortwin Renn
geb. 1951, Prof. Dr. rer. pol., Ordinarius für Umwelt- und Techniksoziologie an der Universität Stuttgart, Direktor des Interdisziplinären Forschungsschwerpunkts Risiko und Nachhaltige Technikentwicklung am Internationalen Zentrum für Kultur- und Technikforschung (ZIRN), Direktor des gemeinnützigen Forschungsinstituts DIALOGIK gGmbH, u.a Mitglied der Berlin-Brandenburgischen Akademie der Wissenschaften, des Panels on Public Participation der US Academy of Sciences, des Umweltrates der evangelischen Landeskirche in Württemberg und der Kommission für gesellschaftliche und soziale Fragen der Deutschen (katholischen) Bischofskonferenz.

Autorinnen und Autoren

Beatrice van Saan-Klein
geb. 1962, Dr. rer.nat., Diplom-Biologin und Geowissenschaftlerin, Mitglied des Katholisch-Sozialen Instituts der Erzdiözese Köln, Projektkoordination „Kirchliche Beiträge für eine nachhaltige Landwirtschaft" an der Clearingstelle Kirche und Umwelt, freiberufliche Referententätigkeit, Umweltbeauftragte des Bistums Fulda, 2002-2007 stellvertretende Vorsitzende der STEIG e.V.

Markus Schermer
geb. 1957, Dipl. Ing. rer.nat. techn. (Agrarökonomie), Dr. rer. soz.-ök. (Soziologie), Vertragsassistent an der Universität Innsbruck, Leiter des interfakultären Forschungsschwerpunktes Berglandwirtschaft sowie der Arbeitsgruppe „Ländliche Entwicklungen" am Institut für Soziologie, Forschungstätigkeit über ländliche Entwicklung und Neupositionierung der Landwirtschaft in einem geänderten gesellschaftlichen Umfeld, Entwicklungen im Bereich Biologischer Landwirtschaft sowie der Berglandwirtschaft.

Christian Schleyer
geb. 1971, Diplom-Volkswirt, Wissenschaftlicher Mitarbeiter und Doktorand am Fachgebiet Ressourcenökonomie des Instituts für Wirtschafts- und Sozialwissenschaften der Landwirtschaftlich-Gärtnerischen Fakultät der Humboldt-Universität zu Berlin mit den Arbeitsgebieten institutionenökonomische Aspekte des Einsatzes von GVO in der Landwirtschaft, EU-Agrarumweltpolitik und agrarrelevante Fragen in der Wasserwirtschaft.

Autorinnen und Autoren

Anke Serr
geb. 1969, Diplom-Agrarbiologin, Wissenschaftliche Mitarbeiterin der Berlin-Brandenburgischen Akademie der Wissenschaften (BBAW) und Mitglied der Interdisziplinären Arbeitsgruppe „Zukunftsorientierte Nutzung ländlicher Räume (LandInnovation)" der BBAW, Doktorandin an der Agrar- und Umweltwissenschaftlichen Fakultät der Universität Rostock, Institut für Landnutzung, Lehrstuhl für Agrobiotechnologie und Begleitforschung zur Bio- und Gentechnologie.

Andreas Ulrich
geb. 1961, Dr. rer. nat., Molekularbiologe, Untersuchung mikrobieller Gemeinschaften in ihrer Wechselbeziehung zur Stoffdynamik in Landschaften am Leibniz-Zentrum für Agrarlandschaftsforschung (ZALF), Institut für Landschaftsstoffdynamik, Müncheberg.

Markus Vogt
geb.1962, Prof. Dr. theol. M.A. phil., Professor für Christlich Sozialethik an der Ludwig-Maximilians-Universität München, u.a. Berater der Arbeitsgruppe Ökologie der Kommission VI für gesellschaftliche und soziale Fragen der Deutschen Bischofskonferenz, Leitung der Arbeitsgruppe Umwelt beim Rat der Europäischen Bischofskonferenzen, 1999-2007 Vorsitzender der Studiengruppe Entwicklungsprobleme der Industriegesellschaft (STEIG) e.V.

Jost Wagner
geb. 1971, Soziologe MA, Wissenschaftlicher Mitarbeiter der Münchner Projektgruppe für Sozialforschung e.V. mit den Forschungsschwerpunkten Wissenschaftsforschung, Risikosoziologie und Agrarpolitik.